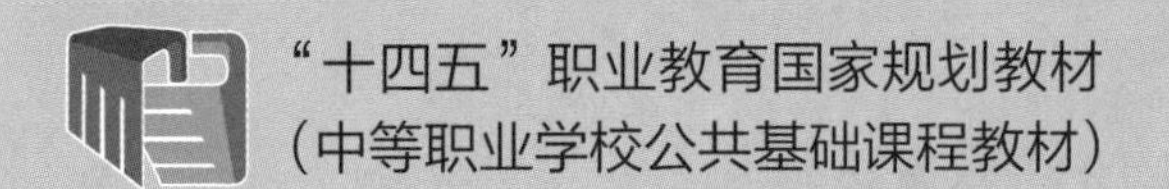

“十四五”职业教育国家规划教材

（中等职业学校公共基础课程教材）

Information Technology

信息技术

基础模块

（上册）

武马群 葛睿 李森 主编

人民邮电出版社

北京

图书在版编目（CIP）数据

信息技术 ：基础模块. 上册 / 武马群，葛睿，李森
主编. -- 北京 ：人民邮电出版社，2022.8
中等职业学校公共基础课程教材
ISBN 978-7-115-56512-9

Ⅰ. ①信… Ⅱ. ①武… ②葛… ③李… Ⅲ. ①电子计
算机－中等专业学校－教材 Ⅳ. ①TP3

中国版本图书馆CIP数据核字(2021)第091953号

内 容 提 要

本书采用任务模块的讲解方式，让学生充分了解新一代信息技术发展应用对生产、生活、学习方式的影响，并引导学生理解信息技术基础知识，掌握信息技术的应用技能。

本书由3个模块组成，对应《中等职业学校信息技术课程标准（2020年版）》基础模块的1～3单元，本书与《信息技术（基础模块）（下册）》配套使用，包括信息技术应用基础、网络应用、图文编辑等知识。

本书适合作为中等职业学校信息技术课程的教材，也可供职场中需要学习信息技术应用基础知识的人员学习参考。

◆ 主 编 武马群 葛 睿 李 森
责任编辑 初美呈
责任印制 王 郁 焦志炜
◆ 人民邮电出版社出版发行 北京市丰台区成寿寺路11号
邮编 100164 电子邮件 315@ptpress.com.cn
网址 https://www.ptpress.com.cn
临西县阅读时光印刷有限公司印刷
◆ 开本：880×1230 1/16
印张：12.25 2022年8月第1版
字数：236千字 2024年8月河北第6次印刷

定价：29.20元

读者服务热线：(010)81055256 印装质量热线：(010)81055316
反盗版热线：(010)81055315
广告经营许可证：京东市监广登字20170147号

出版说明

为贯彻党的二十大精神，落实《中华人民共和国职业教育法》规定，深化职业教育“三教”改革，全面提高技术技能型人才培养质量，按照《职业院校教材管理办法》《中等职业学校公共基础课程方案》和有关课程标准的要求，在国家教材委员会的统筹领导下，根据教育部职业教育与成人教育司安排，教育部职业教育发展中心组织有关出版单位完成对数学、英语、信息技术、体育与健康、艺术、物理、化学7门公共基础课程国家规划新教材修订工作，修订教材经专家委员会审核通过，统一标注“十四五”职业教育国家规划教材（中等职业学校公共基础课程教材）。

修订教材根据教育部发布的中等职业学校公共基础课程标准和国家新要求编写，全面落实立德树人根本任务，突显职业教育类型特征，遵循技术技能人才成长规律和学生身心发展规律，聚焦核心素养、注重德技并修，在教材结构、教材内容、教学方法、呈现形式、配套资源等方面进行了有益探索，旨在推动中等职业教育向就业和升学并重转变，打牢中等职业学校学生的科学文化基础，提升学生的综合素质和终身学习能力，提高技术技能人才培养质量，巩固中等职业教育在职业教育体系中的基础地位。

各地要指导区域内中等职业学校开齐开足开好公共基础课程，认真贯彻实施《职业院校教材管理办法》，确保选用本次审核通过的国家规划修订教材。如使用过程中发现问题请及时反馈给出版单位，以推动编写、出版单位精益求精，不断提高教材质量。

中等职业学校公共基础课程教材建设专家委员会

2023年6月

前言

PREFACE

习近平总书记指出，数字技术正以新理念、新业态、新模式全面融入人类经济、政治、文化、社会、生态文明建设各领域和全过程，给人类生产生活带来广泛而深刻的影响。当前，我国社会正在加速向网络化、平台化、智能化方向发展，驱动云计算、大数据、人工智能、5G、区块链、工业互联网、量子计算等新一代信息技术迭代创新、群体突破，加快数字产业化步伐。党的二十大报告指出：教育、科技、人才是全面建设社会主义现代化国家的基础性、战略性支撑。必须坚持科技是第一生产力、人才是第一资源、创新是第一动力，深入实施科教兴国战略、人才强国战略、创新驱动发展战略，开辟发展新领域新赛道，不断塑造发展新动能新优势。在党的领导下，我们实现了第一个百年奋斗目标，全面建成了小康社会，正在向着第二个百年奋斗目标迈进。我国主动顺应信息革命时代浪潮，以信息化培育新动能，用数字新动能推动新发展，数字技术不断创造新的可能。生活在信息化、数字化时代的人们必须具有较好的信息素养，在学习、生活和生产中遇到问题时，能主动获取、分析、判断信息，用结构化思维分析问题，善用工具和信息资源制定行动方案，用积极的态度、负责的行动去解决问题。

中等职业学校信息技术课程是一门旨在帮助学生掌握信息技术基础知识与技能，增强信息意识、发展计算思维、提高数字化学习与创新能力、树立正确的信息社会价值观和责任感的必修公共基础课程。课程任务是全面贯彻党的教育方针，落实立德树人根本任务，满足国家信息化发展战略对人才培养的要求，围绕中等职业学校信息技术学科核心素养，吸纳相关领域的前沿成果，引导学生通过信息技术知识与技能的学习和应用实践，增强信息意识，掌握信息化环境中生产、生活与学习技能，提高参与信息社会的责任感与行为能力，为就业和未来发展奠定基础，成为德智体美劳全面发展的高素质劳动者和技术技能人才。通过信息技术课程的学习，能够使学生成为具备信息素养的高素质技术技能人才，适应未来信息化社会的生活和职业发展的需要。

本套教材依据《中等职业学校信息技术课程标准（2020年版）》要求编写，适合中等职业学校信息技术课程教学使用。本套教材由基础模块和拓展模块两部分构成。基础模块分为上、下两册，具体教学内容和推荐授课学时安排如下：

教学内容		建议授课学时
上册	信息技术应用基础——感受身边的信息技术	16
	网络应用——与神奇的网络世界亲密接触	16
	图文编辑——创作极具创意的精美文档	20
下册	数据处理——让数据提供有价值的信息	18
	程序设计入门——体验程序的神奇	12
	数字媒体技术应用——创造精彩纷呈的数字媒体作品	16
	信息安全基础——加强信息社会“安保”	6
	人工智能初步——无限可能的未来世界	4
合计		108

前 言

PREFACE

本书落实立德树人根本任务，引导学生了解国家信息化发展成果，树立社会责任感，弘扬工匠精神，培养学生的信息素养。本书采用“模块－项目－任务”的结构编写，将理论知识与实践任务相结合，引导学生在完成任务、解决问题的过程中掌握知识，提升能力。本书具体教学与学习方法如图所示。

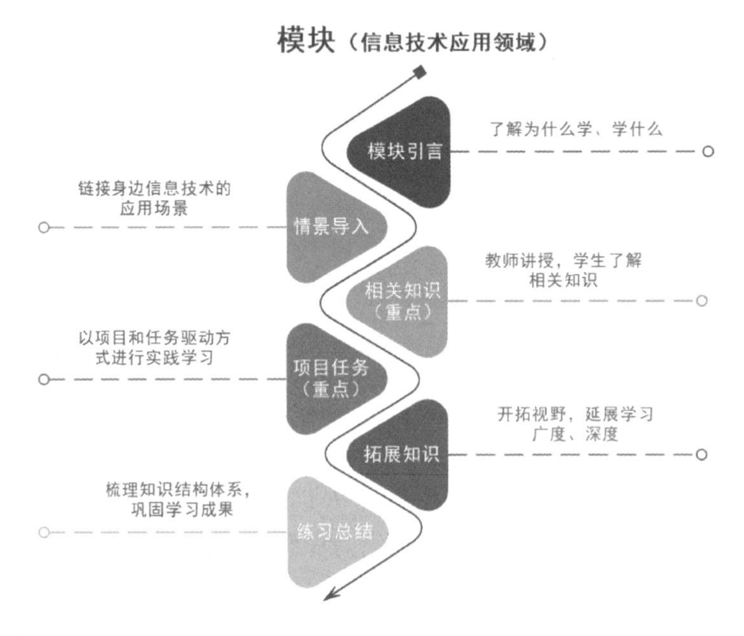

本书在讲解过程中穿插有“提示”“技巧”“注意”等小栏目，学生可以通过这些栏目全方位立体化地掌握相关知识。此外，本书提供电子课件素材、教学大纲、教案、习题答案、模拟题库等丰富的教学资源，有需要的读者可自行通过人邮教育社区（http://www.ryjiaoyu.com）网站免费下载，并根据自身情况适当延伸教材内容，以开阔视野、强化职业技能。读者登录人邮学院网站（www.rymooc.com），即可在线观看全书慕课视频。

本书编写团队包括计算机学科领域的教育专家、行业专家，教学经验丰富的一线教育工作者和青年骨干教师，具体编写分工如下：武马群编写了模块 1 并对全书进行了统稿，葛睿编写了模块 2 ～模块 5，李森编写了模块 6 ～模块 8，钟毅、李强、赵玲玲对教学素材和案例进行了审核和整理，侯方奎、李小华、赵丽英进行了课程思政元素设计，陈统为案例和新技术、行业规范提供了素材和相关资料。

由于编者水平有限，本书不足之处，敬请读者指正。（联系人：初美呈，电话：010-81055238，邮箱：chumeicheng@ptpress.com.cn）

编者

2023 年 3 月

目录

CONTENTS

模块1 信息技术应用基础——感受身边的信息技术/1

项目1.1 认识信息技术与信息社会/3

相关知识

1. 什么是信息技术 /3
2. 信息技术的发展 /3
3. 信息技术的应用 /4
4. 信息技术发展对社会的影响 /4
5. 信息社会的特征、法律常识与规范 /5
6. 信息社会的发展趋势 /6

项目任务

任务 1 今昔对比，看变化 /7
任务 2 了解数字化转型，展望未来社会 /7

拓展知识

1. 加快数字化发展，建设数字中国 /8
2. 快速发展的移动支付 /9

课后练习

项目1.2 认识信息系统/10

相关知识

1. 信息系统的组成和功能 /10
2. 常见的信息编码 /11
3. 信息的存储与存储单位 /13
4. 计算机数制及其转换方法 /15
5. 条形码和二维码 /17

项目任务

任务 1 利用“计算器”体验数制转换 /17
任务 2 查询硬盘和内存的容量 /18
任务 3 制作二维码，分享资源 /19

拓展知识

1. 0 和 1 的奥秘 /19
2. 未来可期的三维码 /20

课后练习

项目1.3 选用和连接信息技术设备/20

相关知识

1. 常见信息技术设备的类型和特点 /21
2. 选用信息技术设备 /25
3. 常用信息技术设备的连接 /27

项目任务

任务 1 为自己选购一台计算机 /28
任务 2 连接新买的计算机 /28

拓展知识

1. 家用信息技术设备 /29
2. 中国芯与光刻机 /29

课后练习

项目1.4 使用操作系统/31

相关知识

1. 认识操作系统 /32
2. 认识操作系统的界面 /33

项目任务

任务 1 熟悉操作系统的基本操作 /34
任务 2 安装和卸载应用软件与驱动程序 /35
任务 3 在记事本中输入文字 /37

拓展知识

1. 国产操作系统 /38
2. 语音与光学识别 /38

目录

CONTENTS

课后练习

项目1.5　管理信息资源/39

相关知识

1. 认识文件与文件夹 /40
2. 什么是文件夹树 /41

项目任务

任务 1　按需分类，管理自己的文件 /41
任务 2　将重要的资料压缩并保护起来 /44

拓展知识

1. 备份文件 /45
2. 备份操作系统 /45

课后练习

项目1.6　维护系统/46

相关知识

1. 操作系统安全设置 /47
2. 系统测试与维护 /47
3. 获取“帮助”解决遇到的问题 /48

项目任务

任务 1　为计算机设置防火墙 /48
任务 2　新建并管理用户账户 /49
任务 3　使用工具软件进行系统测试与维护 /51

拓展知识

1. 计算机日常维护 /52
2. 计算机主机及外围设备维护 /53

课后练习

模块小结/54

习题/55

模块 2　网络应用——与神奇的网络世界亲密接触/57

项目2.1　认识网络/59

相关知识

1. 飞速发展的网络技术 /59
2. 互联网的影响和社会文化特征 /59
3. 了解网络拓扑结构 /60
4. 互联网的工作原理 /61

项目任务

任务 1　亲身体验互联网带来的影响 /62
任务 2　配置 IP 地址和 DNS 服务器 /63

拓展知识

了解网络域名 /64

课后练习

项目2.2　配置网络/65

相关知识

1. 常见网络设备的类型和功能 /65
2. 网络故障不可怕 /68

项目任务

任务 1　连接网络 /68
任务 2　排除网络故障 /69

拓展知识

1. 家庭网络的连接规划 /71
2. 无线路由器的设置 /72

课后练习

项目2.3　获取网络资源/73

相关知识

1. 网络资源的类型 /73

目录

CONTENTS

2. 辨识和区分网络信息 /74
3. 正确使用网络资源 /75

项目任务

任务 1 搜索并下载图片 /75
任务 2 合理获取与使用资源 /78

拓展知识

知识产权保护 /78

课后练习

项目2.4 网络交流与信息发布/79

相关知识

1. 网络通信 /79
2. 自媒体信息发布 /81

项目任务

任务 1 发送电子邮件 /82
任务 2 使用 QQ 进行即时通信与远程操作 /83
任务 3 在微博上发布信息 /86

拓展知识

如何正确应对在网络中发布和传递的各种信息 /87

课后练习

项目2.5 运用网络工具/88

相关知识

1. “浩瀚无边”的云存储 /88
2. 学海无涯之网络学习 /89
3. 精彩有趣的网络生活 /89

项目任务

任务 1 使用百度网盘存储资料 /90
任务 2 观看人邮学院慕课视频 /93
任务 3 规划省时省力的旅游行程 /95

拓展知识

别再单干了，试试云协作 /95

课后练习

项目2.6 了解物联网/96

相关知识

1. 物联网技术发展 /97
2. 智慧城市要来了吗 /98
3. 什么是物联网系统 /99
4. 物联网常见设备及软件配置 /102

项目任务

任务 1 体验校园一卡通 /103
任务 2 共享单车原来是这样实现的 /103
任务 3 打造智能家居环境 /104

拓展知识

强大的蜂舞协议 /105

课后练习

模块小结/106

习题/106

模块3 图文编辑——制作极具创意的精美文档/109

项目3.1 操作图文编辑软件/111

相关知识

1. 常用图文编辑软件和工具 /111
2. 文档的基本操作 /113
3. 文档的信息操作 /115

项目任务

任务 1 进行简单的文档编辑和管理 /117

目录

CONTENTS

任务 2　移动端文档的传输与操作 /120

拓展知识

认识文档的基本元素 /122

课后练习

项目3.2　设置文本格式/123

相关知识

1. 设置页面格式 /123
2. 使用样式来提高工作效率 /126

项目任务

任务 1　设置文档的基本格式 /126

任务 2　使用多种工具美化文档 /130

拓展知识

了解纸张国际标准尺寸 /139

课后练习

项目3.3　制作表格/141

相关知识

1. 创建表格 /141
2. 编辑与美化表格 /142
3. 文本与表格的相互转换 /143

项目任务

任务 1　体验表格的“说服力”/144

任务 2　创建二十四节气对照表 /147

拓展知识

1. 计算表格数据 /151
2. 排列表格数据 /152

课后练习

项目3.4　绘制图形/153

相关知识

1. 绘制简单图形 /154
2. 编辑与美化简单图形 /154
3. 绘制示意图和结构图 /156
4. 绘制 2D 模型 /156
5. 绘制 3D 模型 /158

项目任务

任务 1　绘制功能结构图 /159

任务 2　利用基本图形美化文档 /162

拓展知识

1. 绘制思维导图 /165
2. 建立数学公式 /166
3. 插入图形符号 /166
4. 选择合适的 SmartArt 图形 /167

课后练习

项目3.5　编排图文/168

相关知识

1. 插入图片、艺术字、文本框 /168
2. 插入目录 /169
3. 添加题注、脚注、尾注 /170
4. 批量自动生成文档 /170
5. 各类版式设计规范 /172

项目任务

任务 1　批量制作荣誉证书 /173

任务 2　制作元宵节海报 /177

拓展知识

1. 美学的作用 /183
2. 美学的表现手段 /183

课后练习

模块小结/183

习题/184

模块1

信息技术应用基础

——感受身边的信息技术

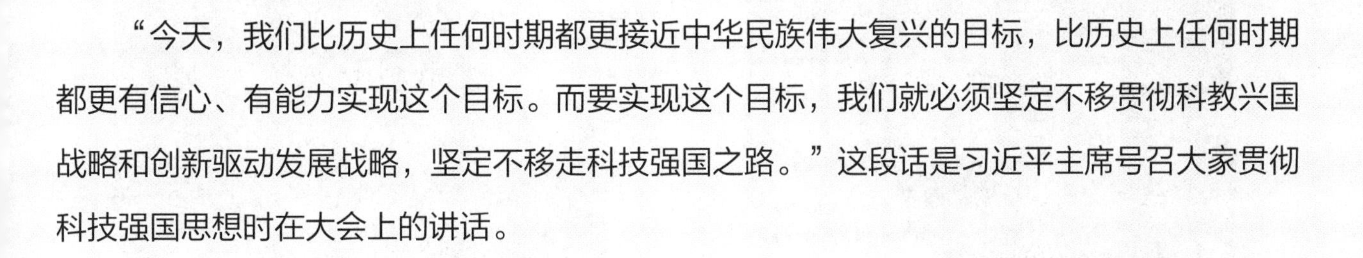

“今天，我们比历史上任何时期都更接近中华民族伟大复兴的目标，比历史上任何时期都更有信心、有能力实现这个目标。而要实现这个目标，我们就必须坚定不移贯彻科教兴国战略和创新驱动发展战略，坚定不移走科技强国之路。”这段话是习近平主席号召大家贯彻科技强国思想时在大会上的讲话。

如今，以移动互联网、云计算、大数据等新兴技术为特征的信息化时代已经深入到人们的生活、学习和工作当中，在这样一个时代，信息技术无时无刻不在对我们产生着影响。无论是个人的出行、社交，还是企业的生产、销售，都比以往更需要信息技术的帮助。对我们职校学生来说，具备信息意识、掌握信息技术、运用信息技能具有非常重要的意义，使我们学习、工作的各个阶段都受益。

本模块将首先介绍信息技术、信息社会、信息系统，然后介绍信息技术设备的选用和连接、操作系统的使用、信息资源的管理、信息系统的维护等内容，让大家可以系统且全面地认识信息技术，并进入信息技术的学习领域。

情景导入：我们身边的信息技术

几年未见，同学们在同学会上畅所欲言，当谈起信息技术的话题时，大家感触都非常深刻。小佳首先说：“现在许多朋友家里都是智能化设备，通过手机就能远程控制各种家用电器的开关和工作，真是太先进了！”小张接着说：“不只是家里，我们单位利用大数据技术打通了全国各个办事处的数据渠道，现在进行财务审计和财务管理只需要一台计算机就能轻松搞定了！”小王也兴致勃勃地说：“谁说不是呢！我所从事的电子信息领域，对信息技术的发展体会更加直观和深刻，无论是数据处理、传输、加工，还是3D打印、实体制造等行业，都离不开信息技术的支持。”小杨则感叹道：“说到加工制造我就再熟悉不过了，近些年来由于信息技术的加入，我们制造业也受益颇多，各种数控设备的研发、智能机械臂的应用，简直不胜枚举，这些都是信息技术的发展带给我们的巨大便利呀！”

项目 1.1　认识信息技术与信息社会

信息技术的蓬勃兴起，迅速而深刻地改变着人们的生活，也引起了人类社会的变革，人类因此迈入“信息社会”新时代。下面主要围绕信息技术与信息社会的关系，来介绍信息技术给个人生活与社会发展带来的影响，以及信息社会的发展趋势等。

学习要点

◎ 信息技术的概念与发展。
◎ 信息技术的应用。
◎ 信息技术发展对人类社会生产方式、生活方式的影响。
◎ 信息社会的特征和相关的法律常识与规范。
◎ 信息社会的发展趋势。

相关知识

1 什么是信息技术

信息（information）是指数据、消息、信号中所包含的意义。例如，铃声响了（信号）表示“下课了”，这个“下课了”就是信息。信息技术（Information Technology，IT）是指以计算机和通信技术为基础，设计、开发、安装和实施信息处理软硬件设备，以及对信息进行收集、存储、加工、显示、传输的技术总和。信息技术一般包括计算机与智能技术、通信技术、控制技术和传感技术等。但因其使用的目的、范围、层次不同，人们对信息技术的表述也有所差别，如图1-1所示。

图1-1　信息技术的其他表述

2 信息技术的发展

信息技术的发展经历了一个漫长的时期，从最初的语言、文字，到我国古代四大发明，再到电话、电视等的出现，可以将信息技术的发展划分为5个阶段，如图1-2所示。

第1个阶段：语言成为信息交流和传播的主要手段

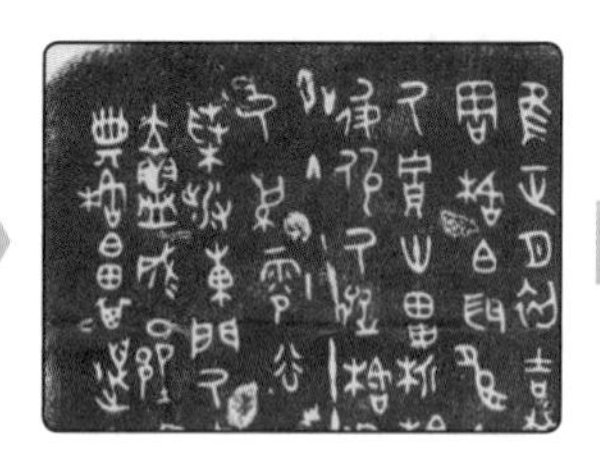

第2个阶段：文字成为重要的信息传播工具

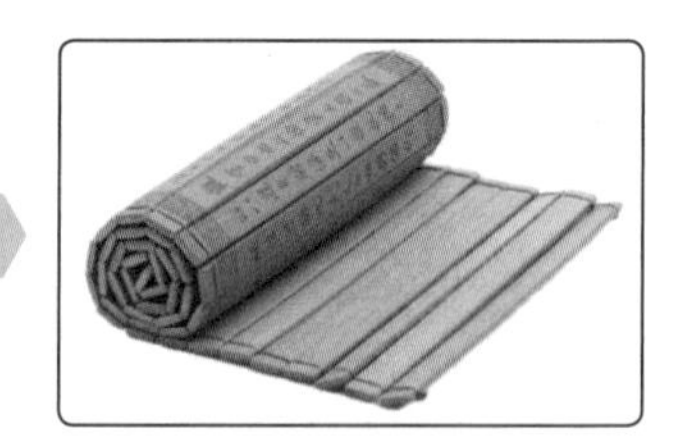

第3个阶段：书籍、报刊成为重要的信息存储和传播的媒介

第4个阶段：电磁波成为传播信息的主要手段，电话、广播、电视等应用电磁波的工具相继诞生

第5个阶段：计算机和互联网的应用成为信息技术的主要体现

图1-2　信息技术的发展阶段

③ 信息技术的应用

现代信息技术主要涉及硬件、软件、网络和通信技术等。计算机、互联网、移动终端等技术和设备日益普及后，人们便开始普遍使用计算机、手机等各种信息设备来生产、处理、交换和传播各种形式的信息（载体），例如文字、图像、语音、视频、动画等。具体来说，信息技术的部分应用场景如图1-3所示。

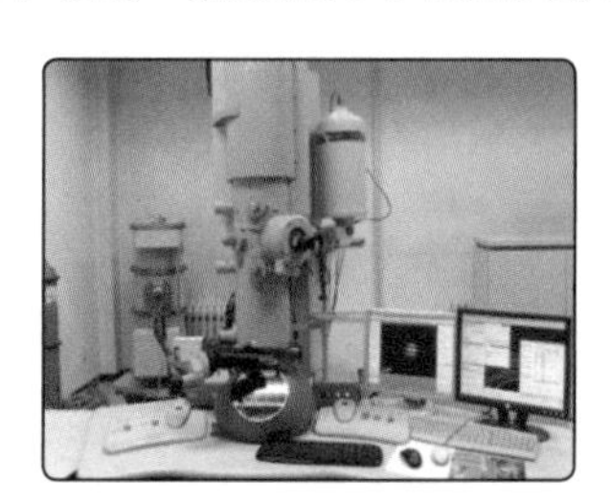

科研领域——电子显微镜

工业领域——智能机械臂

农业领域——灌溉无人机

商业领域——自助收银机

医学领域——生化分析仪

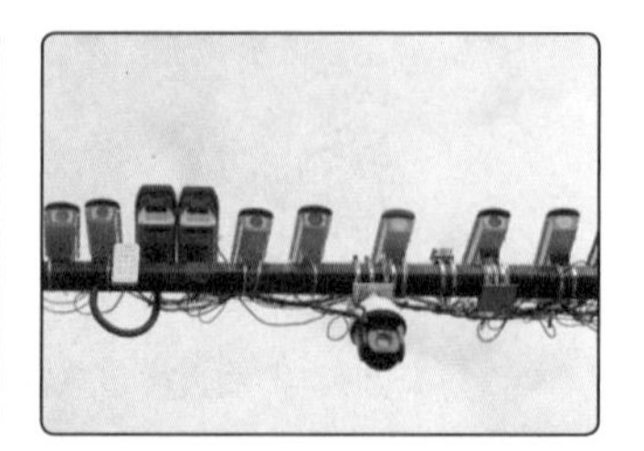

交通领域——道路监控器

图1-3　信息技术的部分应用场景

④ 信息技术发展对社会的影响

信息技术发展和应用对社会的发展产生了极其重大的影响，其影响波及社会的各个领域，使社会的生产方式和人们的生存方式、生活方式发生了根本性的改变。

（1）信息技术的广泛应用，加快了社会生产力的发展并促进了人们生活质量的提高。信息资源也成为继物质、能源之后推动经济发展的新资源。随着信息资源的不断开发和利用，人们无论从事农业、工业、商业或是其他行业，都需要具备一定的信息技术知识才能更好地开展工作。

（2）信息技术代表着当今先进生产力的发展方向，信息技术的广泛应用使信息作为重要生产要素和战略资源得以发挥作用，使人们能够更加高效地进行资源优化配置，从而推动传统产业的不断升级，提高社会劳动生产率。

（3）信息技术的发展使得世界变成了一个“地球村”，如今人们能够及时分享社会进步带来的成果，减少地域差别和经济发展程度不同造成的差异，这样不但能够促进不同国家、不同民族之间的文化交流与学习，而且能够使文化信息更加开放化和大众化。

信息技术的发展在给社会带来积极影响的同时，也会产生一些负面影响，如图1-4所示。我们一定要对信息技术有足够清醒的认识，设法消除其负面影响。

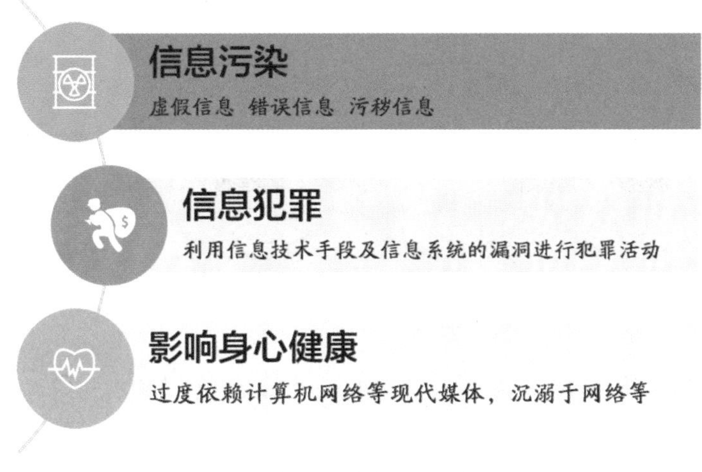

图1-4 信息技术带来的主要负面影响

提示

信息技术的进步是人类在科学上取得的重大成就之一，人类文明将通过信息技术得到发展。但是信息技术是一把“双刃剑”，在让人类获得利益的同时，也会给人类带来新问题，例如计算机病毒、黑客攻击、网络陷阱等安全问题。因此，人们要正确利用信息技术，以创造更加美好的未来。

5 信息社会的特征、法律常识与规范

信息社会是继工业社会以后，信息起主要作用的社会。信息社会的经济是以信息经济、知识经济为主导的，有别于以工业经济为主导的社会经济。在信息社会中，劳动者具有较丰富的知识成为基本要求，科技与人文在信息、知识的作用下更加紧密地结合起来。

（1）信息社会的特征

在信息社会中，信息、知识成为重要的生产力要素，和物质、能量一起构成社会的重要资源，其主要特征如图1-5所示。

图1-5　信息社会的主要特征

（2）信息社会法律常识与规范

信息法律是对信息活动中的重要问题进行调控的措施，这些措施主要涉及信息系统、处理信息的组织和对信息负有责任的个人等。从世界各国信息立法的进展以及社会信息化秩序建构的需要来看，信息法律一般包括以下基本内容，如图1-6所示。

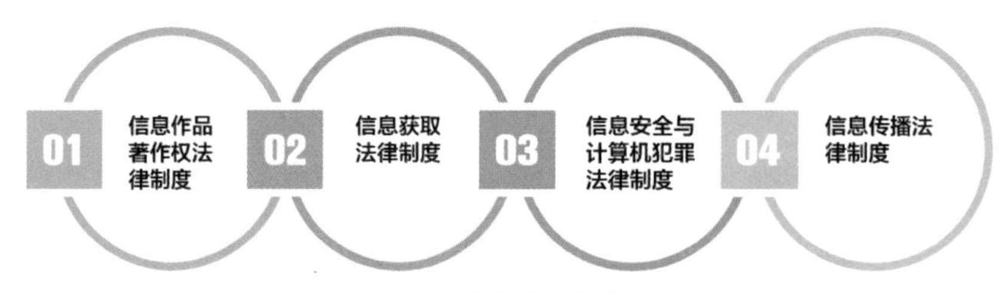

图1-6　信息法律的内容

提示

“我国坚持全面依法治国，推进法治中国建设。”近年来，我国网络与信息方面的法律法规建设也进展迅速，相继发布了《中华人民共和国网络安全法》《中华人民共和国国家安全法》《中华人民共和国电子签名法》《计算机信息系统国际联网保密管理规定》《互联网信息服务管理办法》等法律法规。

6 信息社会的发展趋势

信息社会是以电子信息技术为基础，以信息资源为发展资源，以信息服务性产业为基本社会产业，以数字化和网络化为基本社会交往方式的新型社会。信息技术自产生以来对人类社会产生了广泛而又深刻的影响。信息社会的发展趋势主要体现在以下几个方面，如图1-7所示。

图1-7　信息社会的发展趋势

项目任务

任务1 今昔对比，看变化

信息技术的应用，给我们的生活带来了重大的变化。以前学习时遇到不懂的知识，我们会询问家长和老师，现在我们可以利用互联网快速获取到相应的内容。互联网可以极大地丰富我们的知识面，开阔我们的眼界，提高我们的知识储备。又比如，以前大家买火车票需要去火车站排队，遇到人多时就会花费很多的时间和精力，而现在，我们只需要通过手机上专门的购票应用程序（App）就能快速购买……

请大家根据自己的了解，通过今昔对比来描述信息技术给我们带来了哪些变化，并将内容填写到表1-1所示表格中。

表1-1 信息技术带来的变化

行为	以前的方式	现在的方式
通信交流		
购物		
保存资料		
开会		
摄影摄像		
听歌		

任务2 了解数字化转型，展望未来社会

数字化转型通常是指企业通过利用现代信息技术和通信手段，以全方位提升企业生产、服务和管理效率为目的的一种转型方式。例如，国家电网有限公司研发的双臂自主、单臂人机协同、单臂辅助自主等人工智能配网带电作业机器人，不仅可以有效防范作业中人身安全风险，还能有力保障电网安全稳定运行；又如，中国南方航空集团有限公司研发的基于北斗卫星导航系统的机场车辆人员调度平台，依托北斗卫星导航系统，应用卫星定位、物联网、大数据等技术，实现了车辆的全面数字化管理，有效降低了车辆运行管理风险，提升了车辆安全管理水平；再如，中国铁路物资集团有限公司研发的钢轨全寿命管理平台，能够对钢轨在研发、生产、供应、焊接、铺设、养护、下线7个环节进行信息管理和大数据分析，提升了钢轨生产、流通、安装、养护的效率。

请大家列举其他典型的数字化转型案例，尝试对数字化转型后的未来中国信息社会进行畅想和展望，并将相关内容填写到下方空白区域。

典型的数字化转型案例：
畅想并展望数字化转型后的未来中国信息社会：

拓展知识

1 加快数字化发展，建设数字中国

时代的发展，要求我们加快数字化发展，建设数字中国。《中华人民共和国国民经济和社会发展第十四个五年规划和2035年远景目标纲要》（以下简称纲要）提出，迎接数字时代，激活数据要素潜能，推进网络强国建设，加快建设数字经济、数字社会、数字政府，以数字化转型整体驱动生产方式、生活方式和治理方式变革。

数字经济对于扩展新的经济发展空间、推动传统产业转型升级、促进经济可持续发展、提升社会管理和服务水平、带动创新具有极为重要的战略意义。数字经济的崛起与繁荣，赋予了经济社会发展的“新领域、新赛道”和“新动能、新优势”，这也体现了加快发展数字经济，促进数字经济和实体经济深度融合的重要性，数字经济正在成为引领中国经济增长和社会发展的重要力量。

纲要指出，建设数字中国应该从以下几个方面着手，如图1-8所示。

图1-8　建设数字中国的着手点

● 关键词：数字　建设　经济

2 快速发展的移动支付

移动支付是指移动客户端利用手机等移动终端进行电子货币支付的行为。移动支付将互联网、终端设备、金融机构有效地联合起来，形成了一个新型的支付体系，这个支付体系不仅能够进行货币支付，还可以缴纳话费、燃气、水电等生活费用。移动支付在我国已经很快地普及起来。

纵观我国移动支付的发展情况，可以汇总为以下几个阶段，如图1-9所示。

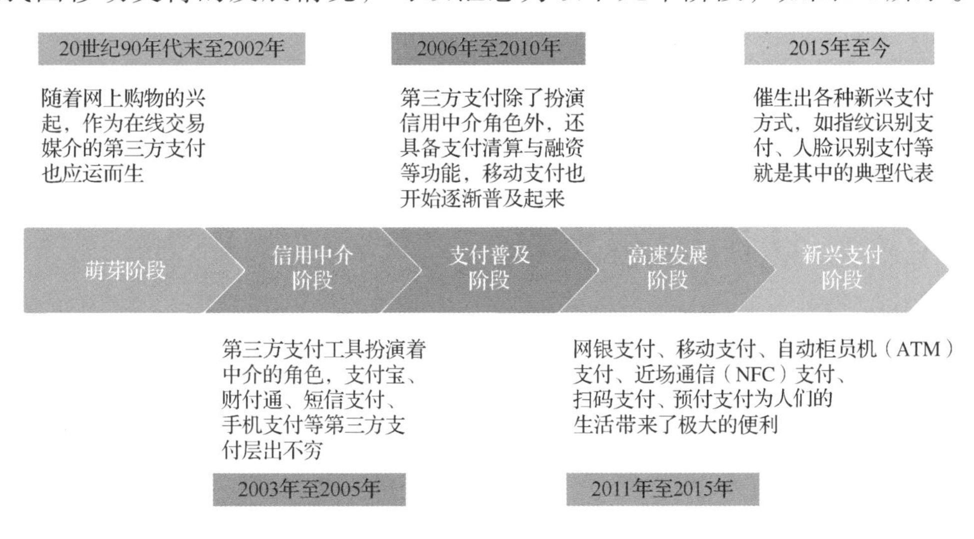

图1-9　我国移动支付的发展阶段

● 关键词：移动终端　识别技术　支付工具

课后练习

早在2001年，随着网络应用不断深入到人们的生活中，共青团中央、教育部、文化部、国务院新闻办公室、全国青联、全国学联、全国少工委、中国青少年网络协会便向社会正式发布了《全国青少年网络文明公约》，其内容为“要善于网上学习，不浏览不良信息。要诚实友好交流，不侮辱欺诈他人。要增强自护意识，不随意约会网友。要维护网络安全，不破坏网络秩序。要有益身心健康，不沉溺虚拟时空。”请根据此公约的内容，判断表1-2中的行为是否正确，并说出理由。

表1-2　判断网络行为

行为	是否正确并说明理由
小张是某微信群的群主，为了提高群内的活跃性，小张大肆转发各种未经证实的信息	
小李认为网络是虚拟的社会，其特点就是言论自由，因此他经常在网上不假思索，口无遮拦	

续表

行为	是否正确并说明理由
小王在地铁上看到有人正在制止偷窃行为，便擅自将这一过程记录下来发布到朋友圈	
小刘认为自己建立了微信群，需要对群内言论负责，因此他会经常干预群内的错误言论	

项目 1.2 认识信息系统

信息系统在计算机问世之前就已经存在，但它是在计算机和网络广泛应用之后才快速发展起来的。在计算机技术、统计理论和方法、通信技术等相互渗透、相互促进的过程中，信息系统作为一个专门的领域迅速形成。

学习要点

◎ 信息系统的组成和功能。
◎ 常见的信息编码。
◎ 信息的存储与存储单位。
◎ 二进制数、十进制数和十六进制数的转换。

1 信息系统的组成和功能

信息系统是由计算机硬件、计算机软件、网络、通信设备、信息资源、信息用户和规章制度组成的，以处理信息流为目的的人机一体化系统，如图1-10所示。

图1-10 信息系统的组成

信息系统主要包括对信息的输入、存储、处理、输出和控制五大功能，具体如图1-11所示。

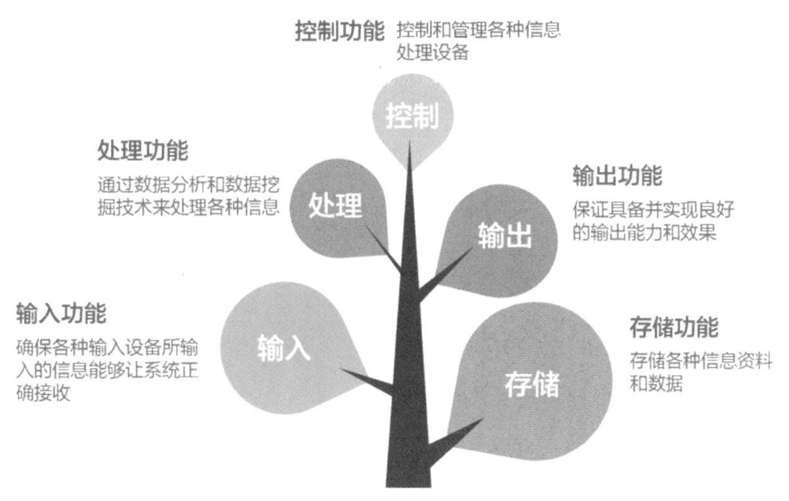

图1-11 信息系统的功能

2 常见的信息编码

在信息系统中，由于计算机分别使用1和0来表示高电平和低电平，因此所有的数据在信息系统中进行存储和运算时都使用二进制数来表示。为了将汉字、字母、符号等对象转换为二进制数，就需要对其进行编码，而为了使大家能够分享资源和数据信息，编码就需要统一。

由于信息的载体形式多种多样，因此编码的系统也非常多。就目前而言，我国较为常用的编码系统包括美国信息交换标准代码（American Standard Code for Information Interchange，ASCII）、统一码（Unicode）和汉字编码等。

（1）ASCII

ASCII是基于拉丁字母的一套编码系统，主要用于显示现代英语和其他西欧语言，它被国际标准化组织（Internation Standards Organization，ISO）指定为国际标准（ISO 646标准）。标准ASCII使用7位二进制数来表示所有的大写和小写字母、数字0~9、标点符号，以及在美式英语中使用的特殊控制字符，共有128个不同的编码值，可以表示128个不同的字符，见表1-3。

表1-3 标准7位ASCII码

低4位 $b_3b_2b_1b_0$	高3位 $b_6b_5b_4$							
	000	001	010	011	100	101	110	111
0000	NUL（空字符）	DLE（数据链路转义）	SP（空格）	0	@	P	`	p

续表

低 4 位 $b_3b_2b_1b_0$	高 3 位 $b_6b_5b_4$							
	000	001	010	011	100	101	110	111
0001	SOH（标题开始）	DC1（设备控制 1）	!	1	A	Q	a	q
0010	STX（正文开始）	DC2（设备控制 2）	“	2	B	R	b	r
0011	ETX（正文结束）	DC3（设备控制 3）	#	3	C	S	c	s
0100	EOT（传输结束）	DC4（设备控制 4）	$	4	D	T	d	t
0101	ENQ（查询）	NAK（否定应答）	%	5	E	U	e	u
0110	ACK（肯定应答）	SYN（同步空闲）	&	6	F	V	f	v
0111	BEL（响铃）	ETB（传输块结束）	'	7	G	W	g	w
1000	BS（退格）	CAN（取消）	)	8	H	X	h	x
1001	HT（横向制表）	EM（介质结束）	(	9	I	Y	i	y
1010	LF（换行）	SUB（替代）	*	:	J	Z	j	z
1011	VT（纵向制表）	ESC（溢出）	+	;	K	[	k	{
1100	FF（换页）	FS（文件分隔符）	,	<	L	\	l	|
1101	CR（回车）	GS（组分隔符）	-	=	M	]	m	}
1110	SO（移出）	RS（记录分隔符）	.	>	N	^	n	~
1111	SI（移入）	US（单元分隔符）	/	?	O	_	o	DEL（擦掉）

（2）Unicode

Unicode也是一种国际标准编码，采用两字节编码，能够表示世界上所有的书写语言中可能用于计算机通信的文字和其他符号。目前，Unicode在网络、Windows操作系统和大型软件中得到应用。

提示

假设把各种文字编码想象为各个国家或地区的方言，那么Unicode编码就像是所有国家和地区的共通语言。在这种语言环境下，可以将世界上所有的文字用2个字节统一编码，而这种编码方式就足够容纳世界上所有语言的大部分文字了。

（3）汉字编码

计算机中处理的汉字是指包含在国家或国际组织制定的汉字字符集中的汉字。常用的汉字字符集包括GB 2312、GB 18030、GBK和CJK等。为了使每个汉字有一个统一的代码，我国颁布了汉字编码的国家标准，即GB 2312—1980《信息交换用汉字编码字符集-基本集》。这个国家标准是目前国内所有汉字系统的统一标准。而具体到汉字的编码方式，则主要有输入码、区位码、国标码、机内码等几种，如图1-12所示。

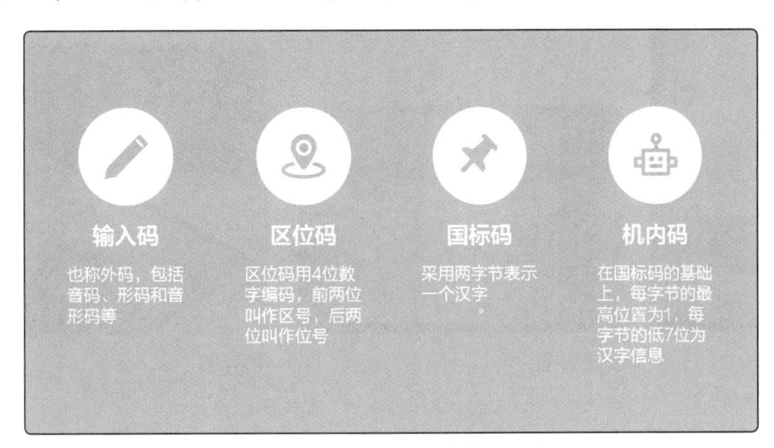

图1-12　汉字的几种编码形式

3 信息的存储与存储单位

在计算机中，各种信息都是以数据的形式出现的。数据经过处理后产生的结果为信息，因此数据是计算机中信息的载体。数据本身没有意义，只有经过处理和描述，才能有其价值。例如单独一个数据“36℃”并没有具体实际意义，但如果表示为“今天的气温是36℃”，这条信息就有价值了。

我们已经知道，数据在计算机内部都是以二进制代码的形式来存储和运算的，而存储数据时涉及的计量单位则主要包括位（bit）、字节（Byte）、字长等。

（1）位（bit）

计算机中的二进制代码只有“0”和“1”两个数码，计算机采用多个数码（0和1的组合）来表示一个数。其中，每一个数码称为1位，如图1-13所示，位是计算机中最小的数据单位。

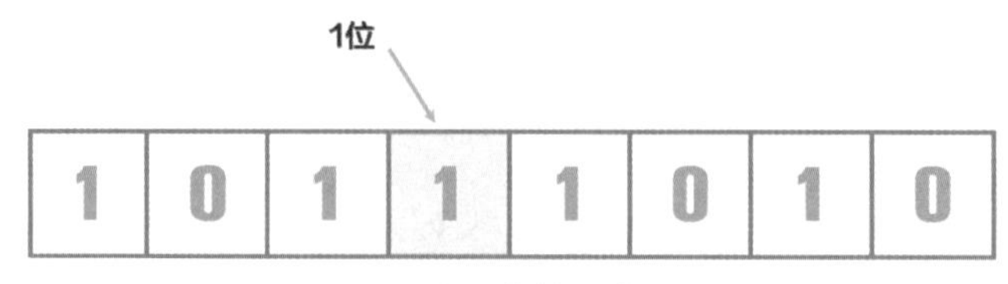

图1-13　位的示意图

（2）字节（Byte）

字节是计算机中信息组织和存储的基本单位，也是计算机体系结构的基本单位。对二进制数据进行存储时，以8位二进制代码为一个单元存放在一起，如图1-13中的8个数码组成的数据就是1个字节，即1字节（Byte或B）=8位（bit）。

在计算机中，通常用B（字节）、KB（千字节）、MB（兆字节）、GB（吉字节）或TB（太字节）为存储单位来表示存储器的存储容量或文件的大小，计算机存储器如图1-14所示。

机械硬盘　　固态硬盘　　内存条

图1-14　各种存储器上显示的存储容量

需要注意的是，存储容量指的是存储器中能够包含的字节数，各存储单位之间有标准的换算关系，如下所示。

1 KB（千字节）=1024 B（字节）=2^{10} B（字节）

1 MB（兆字节）=1024 KB（千字节）=2^{20} B（字节）

1 GB（吉字节）=1024 MB（兆字节）=2^{30} B（字节）

1 TB（太字节）=1024 GB（吉字节）=2^{40} B（字节）

提示

机械硬盘和固态硬盘在外形、工作原理、读写速度、售价等方面都有不同，其中固态硬盘的工作原理更为先进，读写速度更快，售价也更高。随着市场和用户需求的不断提高，固态硬盘已经逐渐成为用户首选的硬盘类型。

（3）字长

人们将计算机一次能够并行处理的二进制代码的位数称为字长。字长是衡量计算机性能的一个重要指标，字长越长，计算机一次处理数据包含的位数越多，计算机的数据处理速度越快。计算机的字长通常是字节的整倍数，例如8位、16位、32位、64位和128位等。

4 计算机数制及其转换方法

计算机数制除二进制外，还有八进制、十进制、十六进制等。之所以会出现这么多的数制，是因为进行计算机编程时，使用非二进制的数制会提高编程效率。但如果使用了其他数制，则需要考虑数制之间的转换问题，一方面是为了照顾计算机只能“理解”二进制数制，另一方面也可以通过数制转换来提高已有内容的利用率等。

（1）十进制数转换为二进制数

下面以将十进制数“225.625”转换成二进制数为例，介绍相应的转换方法，其具体操作如下。

① 将十进制数的整数部分“225”除以2，得到一个商“112”和余数“1”。

② 将商“112”除以2，又得到一个新的商“56”和余数“0”。

③ 如此反复，直到商为0时得到余数“1”。然后将得到的各余数，以最后余数为最高位、最初余数为最低位依次排列，这就是该十进制数整数部分对应的二进制数，如图1-15所示。

④ 小数部分“0.625”乘2，取乘积中的整数部分“1”作为相应二进制数小数点后的最高位，取乘积中的小数部分反复乘2，逐次得到0或1，直到乘积的小数部分为0，如图1-16所示。

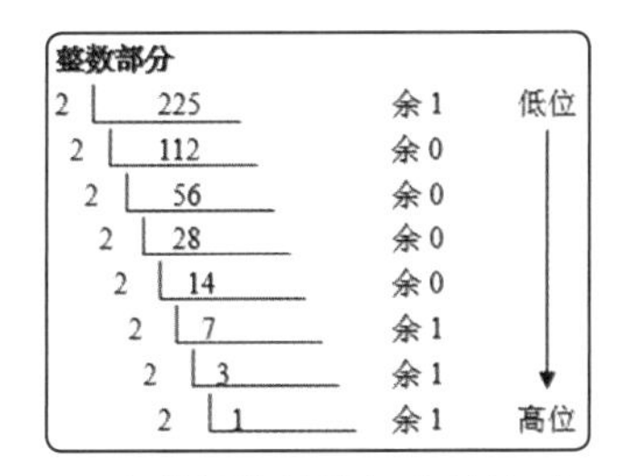

图1-15　十进制数整数部分转换成二进制数

小数部分
0.625
× 2　取整　高位
1.250　1
× 2
0.500　0
× 2
1.000　1　低位

图1-16　十进制数小数部分转换成二进制数

⑤ 把每次乘积所得的整数部分由上而下（从小数点自左往右）依次排列起来（101），

即所求的二进制数的小数部分。

⑥ 十进制数转换为二进制数的最终结果为：$(225.625)_{10}=(11100001.101)_2$。

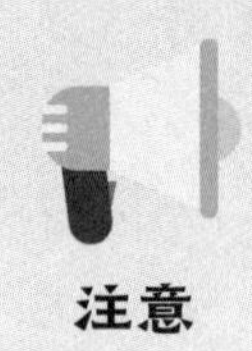
注意

在对十进制数的小数部分进行转换时，有些十进制小数不能转换为有限位的二进制小数，此时只能用近似值表示。例如，$(0.57)_{10}$不能用有限位二进制小数表示，如果要求保留5位小数，则得到$(0.57)_{10}\approx(0.10010)_2$。

（2）十进制数转换为八进制数

将十进制数转换成八进制数时，整体思路与转换为二进制数相似，即将数值分成整数部分和小数部分分别进行转换，然后将转换结果组合起来。具体转换时，应将十进制数的整数部分采用“除8取余倒读”法，将得到的各次余数，以最后余数为最高位、最初余数为最低位依次排列；将小数部分采用“乘8取整正读”法，把每次乘积所得的整数部分由上而下（从小数点自左往右）依次排列。

（3）十进制数转换为十六进制数

将十进制数转换成十六进制数时，转换思路同样相同，即整数部分采用“除16取余倒读”法，以最后余数为最高位、最初余数为最低位依次排列；小数部分采用“乘16取整正读”法，把每次乘积所得的整数部分由上而下（从小数点自左往右）依次排列。

（4）二进制数转换为十六进制数

下面以将二进制数“10001110.0101”转换为十六进制数为例，介绍相应的转换方法，其具体操作如下。

① 将二进制数的整数部分从右向左数，每4位为一组，不足4位则在最高位前面用0补齐，即分为“1000”“1110”。

② 将二进制数“1000”按位权展开，即$1000=1\times2^3+0\times2^2+0\times2^1+0\times2^0=8$，对应十六进制数“8”。

③ 按照相同的操作方法，将二进制数“1110”按位权展开，得到数字“14”，对应十六进制数“E”。

④ 小数部分从左向右每4位为一组，不足4位用0补齐，即划分为“0101”。

⑤ 将二进制数“0101”按位权展开，得到数字“5”，最终得到的转换结果为“8E.5”，如图1-17所示。

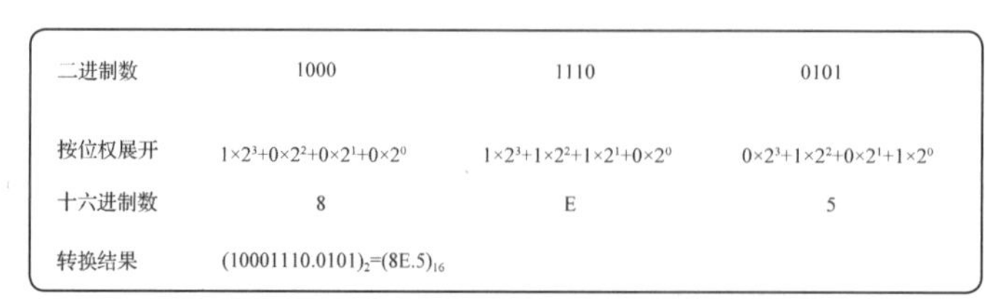

二进制数	1000	1110	0101
按位权展开	$1\times2^3+0\times2^2+0\times2^1+0\times2^0$	$1\times2^3+1\times2^2+1\times2^1+0\times2^0$	$0\times2^3+1\times2^2+0\times2^1+1\times2^0$
十六进制数	8	E	5
转换结果	$(10001110.0101)_2=(8E.5)_{16}$		

图1-17　二进制数转换为十六进制数

（5）二进制数转换为八进制数

二进制数转换成八进制数采用的转换原则是“3位分一组”，即以小数点为界，整数部分从右向左每3位为一组，若最后一组不足3位，则在最高位前面添0补足3位，然后将每组中的二进制数按位权相加得到对应的八进制数；小数部分从左向右每3位分为一组，最后一组不足3位时，尾部用0补足3位，然后按照顺序写出每组二进制数对应的八进制数即可。整体转换思路与十六进制相同。

（6）二进制数转换为十进制数

二进制转为十进制要从右到左用二进制的每个数去乘以2的相应次方，小数部分则是从左到右的方向进行计算。如将二进制数00101010转为十进制数，则过程为：$0\times2^0+1\times2^1+0\times2^2+1\times2^3+0\times2^4+1\times2^5+0\times2^6+0\times2^7=0+2+0+8+0+32+0+0=42$。

5 条形码和二维码

无论是商品包装上的条形码，还是各种场合进行手机支付时的二维码，都在社会生活中广泛流行。对于信息系统而言，不管是条形码还是二维码，都是信息识别、传递、分析的一种对象，是信息时代无处不在的一种便民工具。

首先来看条形码，超市、便利店中各种商品的外包装上印有的宽度不同、黑白相间的平行条纹，就是商品的身份证——条形码，如图1-18所示。每一件商品的条形码是唯一的。被扫描时，条形码的粗、细、疏、密等特征通过光信号转换成电信号，人们通过解码器解码电信号，从而获取到商品的信息。

条形码为一维排列，包含的信息量有限，因此产生了二维码。生活中我们经常使用的微信“扫一扫”功能，就是二维码最常见的应用之一。相比于条形码而言，二维码可以利用某种特定的几何图形，并按一定的规律在平面（二维方向）上分布黑白相间的图形，以此来记录数据符号信息，如图1-19所示。这样不但存储的信息量更多，而且能够存储汉字、数字、图片等更加多样化的内容。

图1-18　条形码

图1-19　二维码

项目任务

任务1　利用“计算器”体验数制转换

熟练掌握数制转换可以为以后使用计算机进行编程操作打下基础。在Windows 10操作系统中，大家可以利用系统自带的“计算器”程序检验数制转换的结果正确与否，其方法为：单击桌面左下角的“开始”按钮，在弹出的“开始”菜单中的“所有程序”列表中选择“计算器”（位于“J”字母栏）命令，启动该程序后，单击左上角的“打开导航”按钮≡，在弹出的下拉列表中选择“程序员”选项，此时计算器界面将转换为程序员计算器模式。在该模式下，输入任意数字，都将同时显示4种进制的结果，其中进制左侧带有蓝色矩形条的进制表示为当前进制，如图1-20所示。

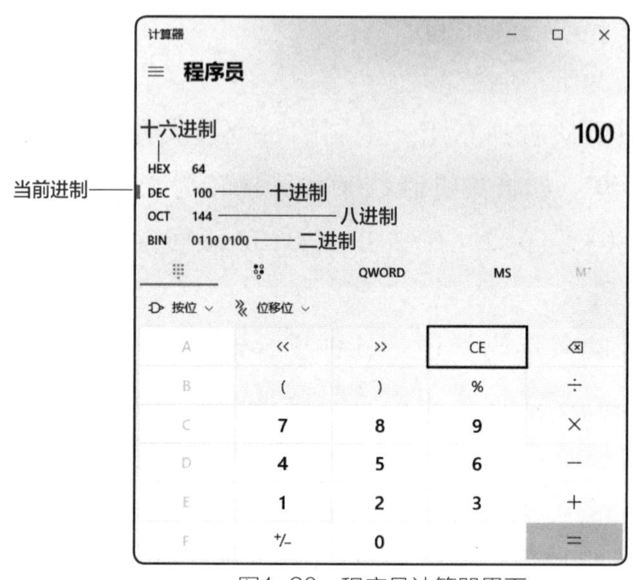

图1-20 程序员计算器界面

下面请根据所学知识对以下数字按要求进行数制转换，并利用计算器验证转换结果是否正确。

将下列十进制数依次转换为二进制、八进制和十六进制数	将下列二进制数依次转换为八进制、十进制和十六进制数
10、200、35、57、69、5、123	1011、1001 0110、1101 0011、1000 0101

任务2 查询硬盘和内存的容量

了解自己计算机上硬盘和内存的容量，可以在操作计算机时更有针对性地运行软件、存储资料，不至于让系统“负重”运行，也有利于更好地分配每个盘符的存储空间。下面分别完成存储容量的查询与计算操作，并将结果填写到表1-4中。

表1-4 查询与计算存储容量

具体任务	提示	结果
查询内存容量	在“开始”菜单中单击“设置”按钮，在打开的窗口中选择“系统”选项，在列表框中选择“关于”选项，查看内存（机带RAM）情况	

续表

具体任务	提示	结果
转换内存容量	将可用内存容量的单位转换为KB	
查询硬盘各盘符容量	打开“此电脑”窗口，查看各个分区驱动器的可用容量和整个硬盘的存储容量	
转换各盘符容量	将各个分区驱动器的可用容量的单位转换为KB	

任务3 制作二维码，分享资源

在移动互联网时代，二维码已经成为我们进行移动支付的有效工具。当然，二维码的作用远不止如此，它还可以向朋友分享文字、图片、网络链接、音频、视频、文件等各种多媒体资源。为此，我们可以自行制作出二维码，将其以图片的形式分享给朋友，让他们通过扫码操作来获取我们为他们准备好的各种资源。

在互联网上通过搜索引擎输入“二维码制作生成器”，可以找到许多在线制作并生成二维码的工具。任意打开一个“二维码制作生成器”，在网站中选择资源类型，如选择“网址”类型后，可以将待分享的网址复制到其中，单击生成二维码按钮。此时网址将生成二维码，如图1-21所示。单击保存图片按钮可以将该二维码以图片的形式保存下来，然后将图片分享到朋友圈或其他平台，对方通过扫描二维码即可访问分享的网址了。

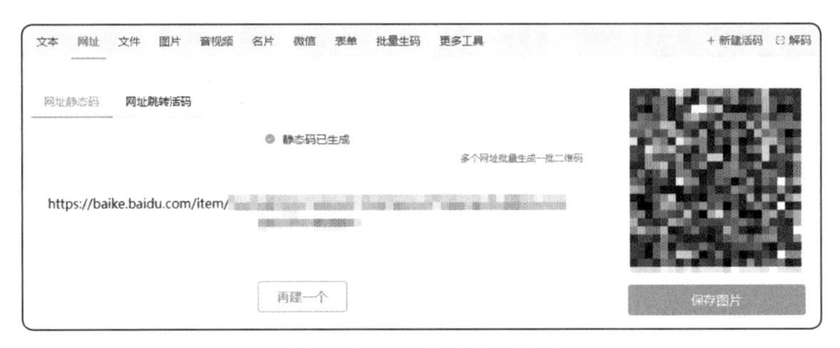

图1-21 二维码生成页面

请大家尝试通过二维码向微信好友分享一首自己喜欢的唐诗。

拓展知识

1 0和1的奥秘

计算机这种信息系统是非常复杂的，它可以完成各种高难度的任务和工作，但归根结底，无论多么复杂的计算机，其采用的数制都是最为简单的二进制，这是什么原因呢？

首先，二进制数仅用2个数码，即“0”和“1”，这非常有利于用系统中各种元器件的状态来表示，如灯泡的“亮”与“灭”、开关的“开”与“关”、电压的“高”与

“低”、电极的“正”与“负”等。利用这些截然不同的状态来代表数字，不仅很容易实现，还能够大大提高系统的抗干扰性和可靠性。

其次，二进制数的四则运算规则十分简单，最终都可以归结为加法运算和移位，这样一来，计算机中运算器的线路就可以进行简化，从而使计算速度提高。

再次，由于二进制数中只有“0”和“1”两个符号，因此可以用布尔代数来分析和检查计算机中的逻辑线路，这为设计计算机线路提供了一个十分有用的工具。

最后，二进制数“0”和“1”恰好与逻辑运算中的“对”（true）与“错”（false）对应，便于计算机进行逻辑运算。

● 关键词：计算机　二进制　逻辑运算

2 未来可期的三维码

从一维条形码到二维码，信息技术一直在不断地变化和进步着，未来，三维码也可能应用到生活中的方方面面。三维码是将某些艺术性的几何图形按一定规律在图像化内容上按深浅不同进行分布，以此来记录数据符号信息的技术。因此这种三维码也可以称为结构三维码，它除了条形码和二维码的存储功能外，还具备防伪功能。这种三维码利用结构多层纸，将防伪元素及信息集合用物理方式随机深浅雕琢在上面，让不同部位随机呈现不同深浅和不同颜色的结构特征。再使用智能识别将这种工艺所形成的结构组合特征识别出来，最终使得每一件产品都有不可复制的身份信息。

结构三维码技术的出现，为物联网注入了新鲜血液，为数据的真实性、安全性提供了有力保障。《结构三维码防伪技术条件》国家标准已经实施，该技术也在我国的食品、日化、家电、票证、医药、服装等行业开始应用，市场反应良好。

● 关键词：防伪　三维码　物联网

总结将十进制数分别转换为二进制、八进制和十六进制数，以及将二进制数分别转换为八进制、十进制和十六进制数的方法。然后将以下十进制数转换为二进制数和十六进制数：88、159、230，并将以下二进制数转换为八进制数和十六进制数：1010 0100、1100 0111 1101。

项目 1.3　选用和连接信息技术设备

信息技术设备是指利用信息技术对信息进行加工、存储、变换、传输等处理过程中所用到的设备的总称，它是现代信息系统的重要组成部分。由于实际情况的不同，现代信息系统在系统规模、结构上的差异很大，因此，所采用的信息技术设备在配置上也可能存在较大差异。

学习要点

◎ 常用信息技术设备的类型和特点。
◎ 正确选用所需的信息技术设备。
◎ 正确连接和设置常用的信息技术设备。

相关知识

1 常见信息技术设备的类型和特点

信息技术设备类型繁多，常用信息技术设备主要是指现代信息系统中常用的物理装置和机械设备，一般包括计算机主机、外存储设备、输入设备、输出设备、通信网络设备等。总体而言，我们可以将信息技术设备分为计算机主机类设备、移动终端设备和外围设备三大类。

（1）计算机主机类设备

计算机主机类设备主要包括台式计算机、一体式计算机、笔记本电脑、服务器等。以台式计算机为例，从外观上看，台式计算机主要由主机、显示器、鼠标和键盘等部分组成。其中主机背面有许多插孔和接口，用于接通电源和连接键盘、鼠标等输入设备；而主机内包括主机电源、CPU、内存、显卡、硬盘和主板等硬件。图1-22所示为台式计算机的外观及主机内部硬件。

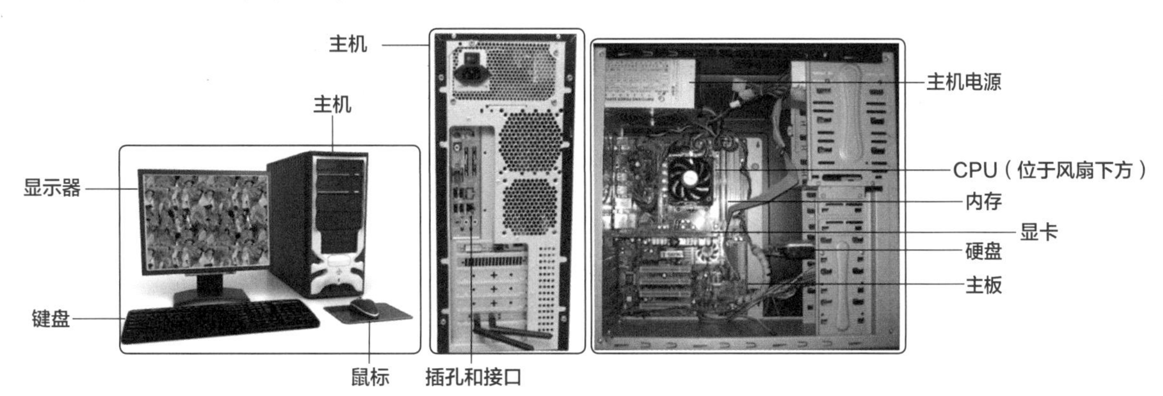

图1-22 台式计算机的外观及主机内部硬件

下面重点介绍组成计算机主机的部分硬件设备。

- **中央处理器**。中央处理器（Central Processing Unit，CPU）是一块超大规模的集成电路，用于实现控制和算术、逻辑运算的功能，是计算机系统的核心组件。用于个人计算机上的CPU主要有Intel系列和AMD系列，以及我国自主研发的龙芯系列等，如图1-23所示。

Intel CPU

AMD CPU

龙芯 CPU

图1-23 用于个人计算机上的CPU

● **内存**。内存也叫内存储器或主存储器，是计算机用来临时存放数据的地方，也是CPU处理数据的中转站，内存的容量和存取速度直接影响CPU处理数据的速度。根据数据传输速率的不同，内存有DDR2、DDR3、DDR4等类型，如图1-24所示。

DDR2

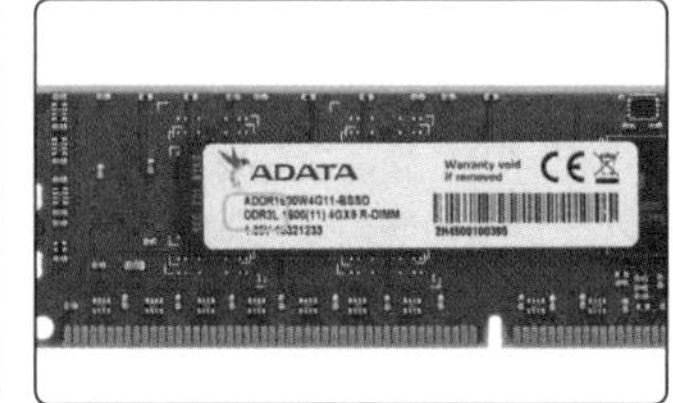

DDR3

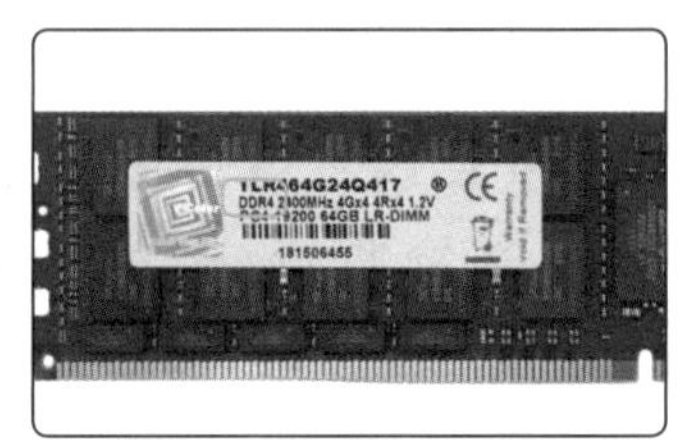
DDR4

图1-24 内存

● **硬盘**。硬盘通常是计算机主机中容量最大的存储设备，用于存放永久性的数据或程序，硬盘通常分为固态硬盘、机械硬盘等，如图1-25所示。相比于机械硬盘而言，固态硬盘读写速度更快、防震抗摔性更好、工作温度范围更大、功效更低、几乎无噪声，同时价格也更高昂。

固态硬盘的内部构造

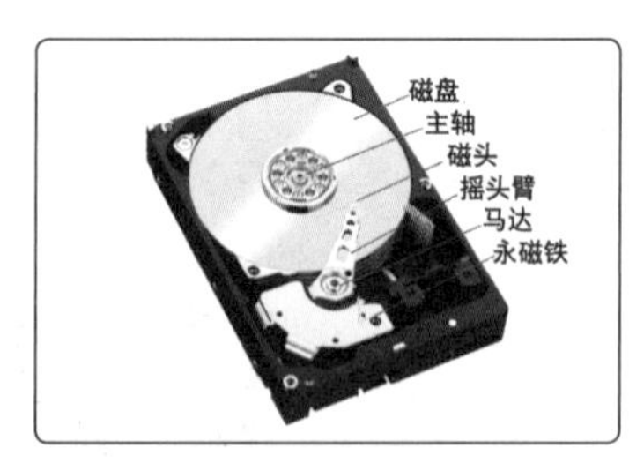

机械硬盘的内部构造

图1-25 硬盘

● **主板**。主板是一块方形的电路板，其上布满各种电子元器件、插座、插槽和各种外部接口，它可以为计算机的几乎所有部件提供插槽和接口，并通过其中的线路统一协调所有部件的工作，如图1-26所示。

图1-26 主板

（2）移动终端设备

广义上讲，移动终端类信息技术设备指的是可移动使用的设备，这就包括笔记本电脑、智能手机、平板电脑、电子付款（Point of Sale，POS）机、车载电脑等。狭义上讲，移动终端类信息技术设备特指智能手机和平板电脑，以及各种可穿戴设备。

● **智能手机与平板电脑**。智能手机与平板电脑是目前应用十分广泛的移动终端类设备，特别是智能手机，它几乎已经成为现代人不可或缺的设备。平板电脑则凭借其便携性和功能性，也成为许多人热衷选购的娱乐或工作产品，如图1-27所示。

智能手机

平板电脑

图1-27　移动终端类信息技术设备

● **可穿戴设备**。可穿戴设备是可以直接穿戴在身上，且能够实现信息数据共享、分析和处理的便携式信息技术设备。这类设备的特点是可以通过网络和软件来实现更多的功能，主要用以监测个人的体征信息和扩展感知能力等。常见的可穿戴设备有智能手环、智能手表、智能眼镜、智能服装等，如图1-28所示。

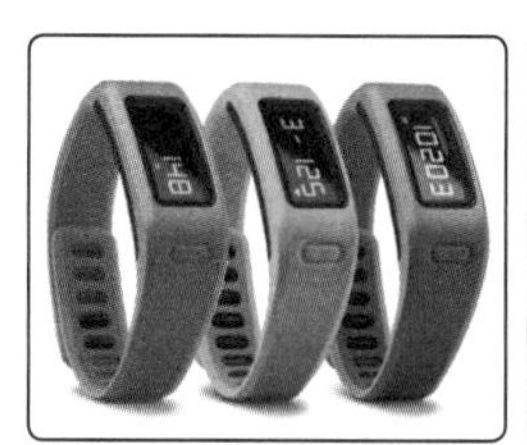

智能手环

智能手表

智能眼镜

智能服装

图1-28　可穿戴设备

（3）外围设备

外围设备种类繁多，计算机的输入、输出设备，移动存储设备，通信网络设备，虚拟现实设备，直播设备等，都可以视为外围设备。

● **输入设备**。输入设备是指向计算机输入数据的设备，是用户和计算机系统进行信息交换的主要装置，用于将数据等转换为计算机能够识别的二进制代码并进行处理和输出。输入设备主要有鼠标、键盘、扫描仪、数位板、传声器（俗称“麦克风”）、数码相机、摄像头等，如图1-29所示。

● **输出设备**。输出设备是计算机硬件系统的终端设备，用于将各种计算结果转换成用户能够识别的数字、字符、图像和声音等形式。输出设备有显示器、打印机、绘图仪、投影仪、音箱等，如图1-30所示。

图1-29 输入设备

图1-30 输出设备

● **移动存储设备**。移动存储设备用于长期存放各类数据，并能将数据放在其他计算机上使用。目前常用的移动存储设备主要包括U盘、移动硬盘和闪存卡等，如图1-31所示。

图1-31 移动存储设备

- **通信网络设备**。通信网络设备主要用于实现网络通信，包括调制解调器（Modem，俗称“猫”）、网络适配器（即网卡）、集线器、交换机、中继器、网桥和路由器等。对于个人计算机而言，要想成功接入互联网，常用的通信网络设备有调制解调器、网络适配器、路由器等，如图1-32所示。而集线器、交换机、中继器、网桥等通信网络设备，则主要适用于企业、单位、公司、学校机房、网吧等拥有多台计算机的组织，或需要组建局域网的情况。

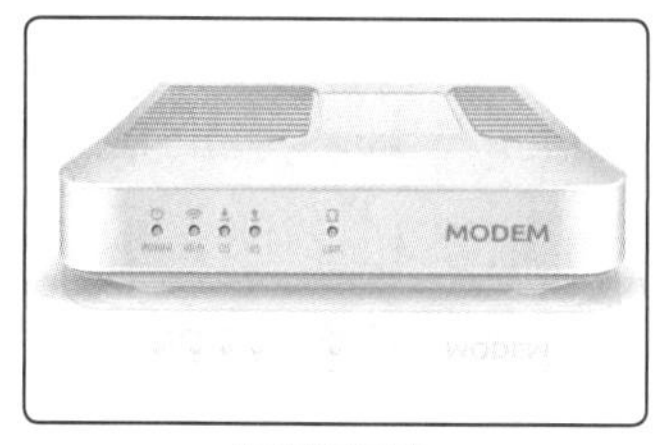

调制解调器

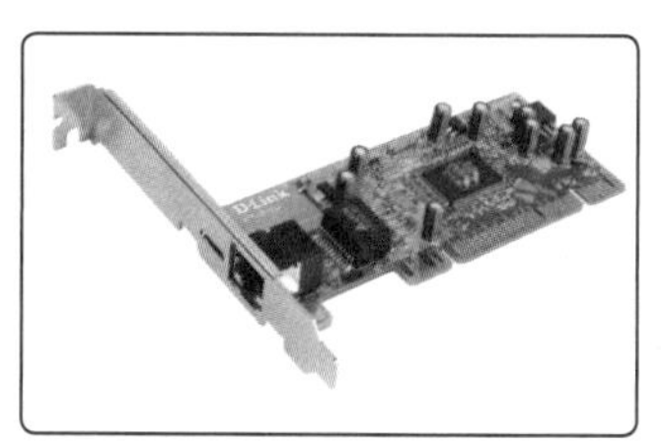
网络适配器

路由器

图1-32　个人计算机常用的网络设备

- **虚拟现实设备**。虚拟现实设备是指与虚拟现实技术领域相关的硬件产品，是虚拟现实解决方案中用到的硬件设备。现阶段虚拟现实技术中常用到的设备大致有4种，即建模设备（如3D扫描仪等）、三维视觉显示设备（如3D展示系统、大型投影系统、头戴式立体显示器等）、声音设备（如三维的声音系统等）、交互设备（包括位置追踪仪、数据手套、动作捕捉设备等），如图1-33所示。

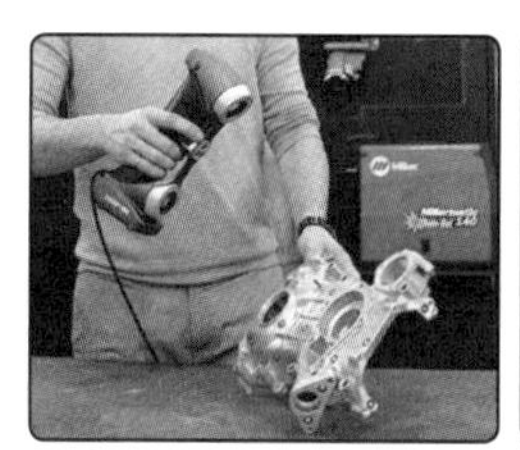
3D扫描仪

头戴式立体显示器

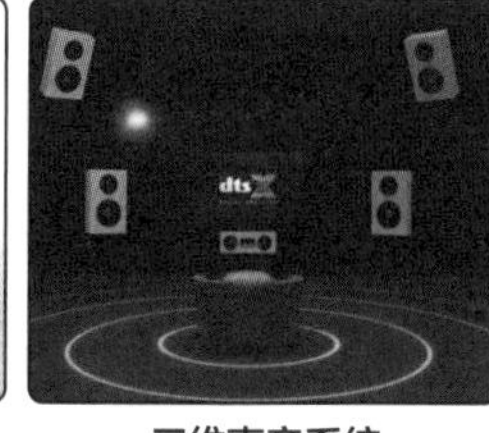

三维声音系统

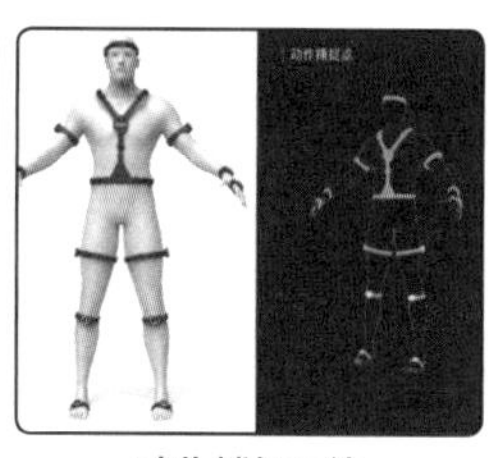
动作捕捉系统

图1-33　虚拟现实设备

2 选用信息技术设备

现代信息技术设备采用的技术越来越复杂，性能也随着技术的进步在不断提升，且种类层出不穷、琳琅满目。我们在选择信息技术设备时，一方面需要关注性价比，另一方面更应该根据自己的需求来选择。下面以选购计算机为例，简单表述信息技术设备的选用思路。

（1）确定是品牌机还是组装机

在购买计算机之前，我们应当仔细考虑购买的计算机的主要用途是什么，到底是选择品牌机还是组装机。如果计算机只用于上网、文字处理、娱乐等，而且我们自己对计算机也不是很了解，那么选择中低档品牌机就能满足使用要求。如果对计算机的要求比较高，经常会使用一些大型的设计软件，如CAD、3ds Max等，则可以考虑选择高配置的组装机。

提示

品牌机是销售计算机的企业经过兼容性测试，正式对外出售的整套计算机，这类计算机有质量保证和完整的售后服务，且外观设计非常个性化。但是在相同价位的情况下，品牌机的配置往往不及自己选择各种硬件设备后组装在一起的组装机。

（2）明确需求和预算

确定计算机的选购类型后，我们首先要根据自己的预算来确定选购什么价位的计算机。确定价位后，就可以在该价位的计算机中细心挑选。例如从计算机的配置、价格、实用性、外观、售后服务等多方面进行衡量。如果我们选择组装机，那么应该主要考虑主板、CPU、独立显卡、内存等重要设备的规格。表1-5所示为一份组装机配置清单，选购计算机时事先准备清单就能更有针对性地选择各个配件。

表1-5　组装机配置清单

配件	品牌、型号
处理器	英特尔酷睿 i5 10400
散热器	玄冰 400
主板	微星 B460M PRO-VDH Wi-Fi
显卡	影驰 RTX2060 6GB
内存	威刚 16GB 2666 双通道
硬盘	三星 PM981 512GB 固态硬盘
电源	安钛克 BP500
机箱	鑫谷图灵 N5

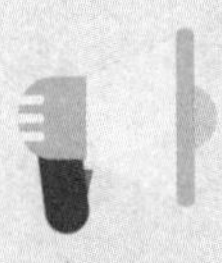

注意

表1-5中处理器指的是CPU，散热器指的是安装在CPU上的风扇。实际生活中，我们可以列出需要的配置清单，并在网上查询相应配件的大致价格，这样可以计算出组装机的大概价格范围，以便对比是否超出预算。

（3）硬件搭配要均衡、合理

CPU、主板、显卡、内存等硬件设备的合理搭配决定了计算机整体的性能。装机选配的关键在于兼容性和均衡性，例如CPU配置较高，但内存配置较低，这样就无法充分发挥CPU的效能。因此，我们在选择硬件时要特别注意各个配件之间的兼容性和均衡性，这样才能真正让各个硬件充分协作，调动出计算机的最佳功效。

（4）不要过于追新

信息技术发展的很快，产品更新换代的速度也较快，CPU、主板、显卡等生产厂家不断采取换接口或平台等方式，让用户不断地对计算机进行升级换代。因此，我们在配置计算机时要量力而行，不要过于追新、追求高性能，只要适用就好。一味追新，不但可能浪费计算机的潜在能力，而且会增加购买成本。

（5）注意方便换修和升级

我们在组装计算机时，应尽量选择平台新、可持续时间久的配件，这样方便今后换修、升级。组装机在使用一段时间后，配件即使不出现硬件故障也可能需要升级换代，如果装机选配时只图便宜，选配已经淘汰的平台，那么一旦需要换修、升级就很麻烦。例如主板配置过低，当需要升级其他硬件时，由于主板平台无法兼容，则需要一并更换，这样实际上会投入更多的成本。

3 常用信息技术设备的连接

通常情况下，在购买计算机硬件后，主机内部的硬件设备往往由专业人士进行组装，我们只需要将常用的计算机外围设备，如键盘、鼠标、显示器、音箱、打印机等正确连接上主机就可以了。

对于键盘和鼠标而言，我们应根据其连接线的端口类型（如PS/2端口或USB端口）将其插入主机对应的接口中，无线键盘和鼠标则只需要将配套的无线收发器插入主机的通用串行总线（USB）接口；而显示器、投影仪、数字电视等显示设备，可以通过数字视频接口（DVI）、高清多媒体接口（HDMI）、视频图阵列（VGA）等不同类型的接口连接到主机上；U盘、移动硬盘、打印机等设备，一般可以直接使用USB接口连接到计算机；音箱则需要将电源线插入插座，音频线插入主机对应的音频接口。

现代社会中，计算机系统需要接入互联网才能够更好地进行工作。因此完成计算机与外围设备的连接后，我们还需要通过有线或无线的方式将计算机连接到互联网。

- **通过有线方式连接互联网**。采用有线方式连接互联网时，需要用到端口为RJ-45的双绞线，即我们平常所说的网线。将网线的一端插入计算机的网线接口，将另一端插入调制解调器的网线接口，如图1-34所示。

网线

机箱网线接口

Modem网线接口

图1-34 插入网线

● **通过无线方式连接互联网**。采用无线方式连接互联网时，计算机设备可通过Wi-Fi连接网络。此时需要计算机系统配备有无线网卡和一个支持Wi-Fi网络并接入互联网的无线路由器或无线信号收发器。当计算机需要连接互联网时，只需搜索周围能够搜索到的Wi-Fi网络设备，然后选择该Wi-Fi网络设备并输入相应的密码后就可以连接到互联网。

项目任务

任务1 为自己选购一台计算机

请同学们根据自己的专业需要和日常用途，尝试选购一台计算机，并将具体的硬件需求填入表1-6所示的配置预算单中。

表1-6 配置预算单

硬件	品牌型号	价格（元）	硬件	品牌型号	价格（元）
CPU			主板		
散热器			键盘		
内存			鼠标		
硬盘			显示器		
显卡			音箱		
电源			其他		
机箱			合计		

任务2 连接新买的计算机

王杰所在的办公室新购置了一台组装机，主机内的主板、CPU、风扇、电源、显卡、内存、硬盘等各个硬件都已经安装完成。他现在的任务主要就是连接主机与外围设备，下面让我们跟着他来连接计算机，其具体操作如下。

① 将USB鼠标和键盘的连接线端口对准主机后的USB接口并插入，如图1-35所示。

② 将显示器包装箱中配置的数据线的HDMI端口插入机箱后显卡的HDMI端口中，如图1-36所示。如果显示器的数据线的端口是DVI端口或其他端口，则只需将该端口连接到机箱后对应的端口中。

③ 将显示器数据线的另外一个端口插入显示器后面的HDMI端口上，如图1-37所示，再将显示器包装箱中配置的电源线的端口插入显示器电源接口中。

图1-35　连接鼠标和键盘

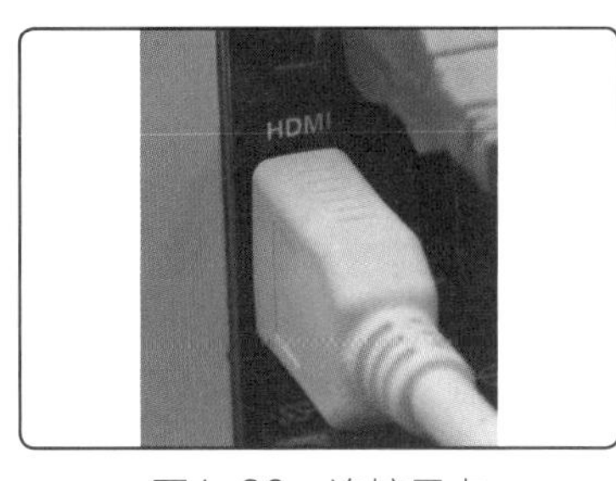

图1-36　连接显卡

图1-37　连接显示器

④ 检查前面连接好的硬件，确认无误后，将主机电源线连接到主机后的电源接口，如图1-38所示。

⑤ 将显示器电源线插头和主机电源线插头插入电源插座中，如图1-39所示。完成主机与外围设备的连接，如图1-40所示。

图1-38　连接主机电源线

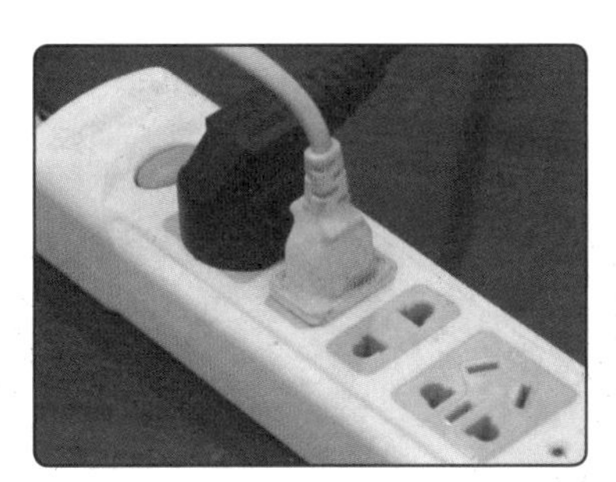

图1-39　将显示器和主机电源线插头插入电源插座

图1-40　完成连接

拓展知识

1 家用信息技术设备

现如今，很多家庭都购买了各种类型的信息技术设备，如笔记本电脑、数字电视、智能手机、平板电脑、智能手表等。选购这些家用信息技术设备时，首先我们还是应该做好预算，然后在预算范围内尽量选择有质量保证和售后保证的品牌。对于通过网上购物来选购家用信息技术设备的用户来说，则应该在知名的大型电商平台进行选购才更有保障。

目前的家用信息技术设备，无论是笔记本电脑、智能手机、平板电脑、智能手表，还是数字电视等，都内置有Wi-Fi信号收发器，因此都可以选择搜索到的Wi-Fi信号并登录，轻松接入互联网中。

● 关键词：信息技术设备　Wi-Fi

2 中国芯与光刻机

中国芯是指由我国自主研发并生产制造的计算机处理芯片。目前制造的通用芯片包括魂芯系列、龙芯系列、威盛系列、神威系列、飞腾系列、申威系列等。芯片作为大规模集成电路，广泛应用在信息技术、军工、航天等各个领域，是能够影响一个国家现代工业的重要因素。但是，我国在芯片领域却长期依赖进口，缺乏自主研发。国外芯片巨头却可以依靠在芯片领域长期积累的核心技术和知识产权，通过技术、资金和品牌方面的优势占据集成电路的战略要地。更重要的是，没有自主研发芯片的能力，我国就会处于被动地位，一旦供货方停止供货，就会严重影响我国许多领域产品的生产和销售。

为此，我国政府早在多年前就已经大力支持国内企业进行芯片的自主研发和生产制造，目的就是为了摆脱国内芯片研发和制造的空白。

工业生产中机床是核心设备，没有它就不能生产各种工业产品的零部件。对于芯片制造而言，其最核心的设备就是光刻机，它是光刻技术的载体，而光刻技术又是芯片技术的重要部分。如果想要自主研发和生产芯片，光刻机就是必不可少的设备，图1-41所示为正在工作的光刻机。

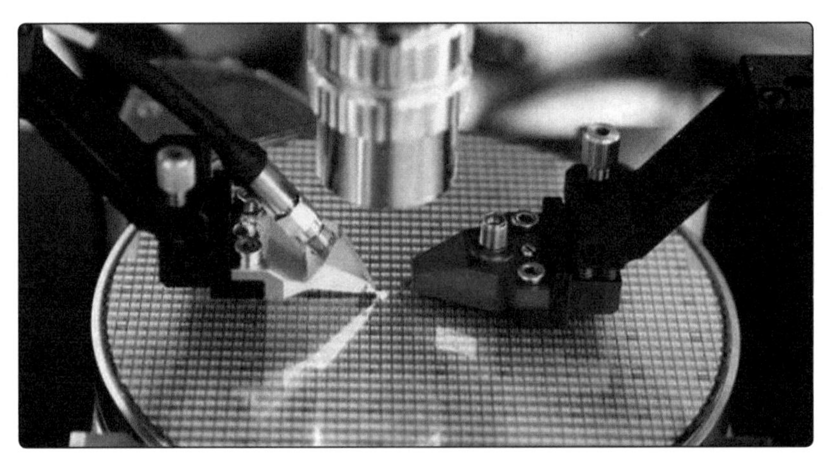

图1-41　正在工作的光刻机

以国家战略需求为导向，集聚力量进行原创性引领性科技攻关，坚决打赢关键核心技术攻坚战，对于国家的未来发展至关重要。突破以光刻机为代表的关键核心技术，是实现高水平科技自立自强的坚实基础，也是决定国家现代化事业的前景和命运的重要因素。光刻机的原理可以简单理解为利用光将图案投射到硅片上，但是如何让图案尽可能地小（目前$1mm^2$里面有上亿个晶体管），如何让生产效率尽可能地高（目前的核心技术可以在一小时出产近300片$300mm^2$晶圆，每片晶圆包含上千个芯片），就成为了光刻机的技术难点。

我国光刻机技术水平与国际上存在一定的差距，但通过科学家的不断努力，这个差距已经变得越来越小，当中国光刻机的技术更加成熟和先进后，“中国芯”便将真正实现腾飞！

● **关键词：** 芯片　光刻机　晶圆　硅片

课后练习

键盘是组装机中非常重要的输入设备之一，请根据图1-42所示的内容，以正确的姿势和指法练习键盘的使用，熟练掌握正确的键盘操作指法。

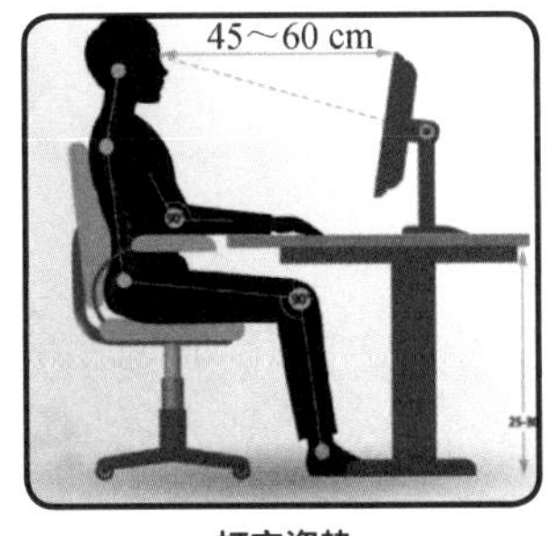

打字姿势

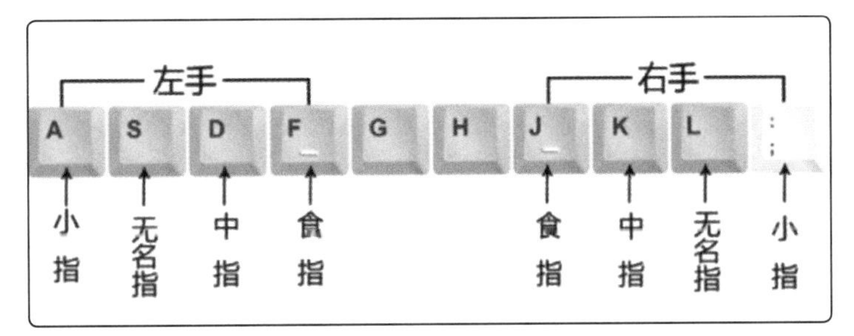

准备打字时手指在键盘上的位置

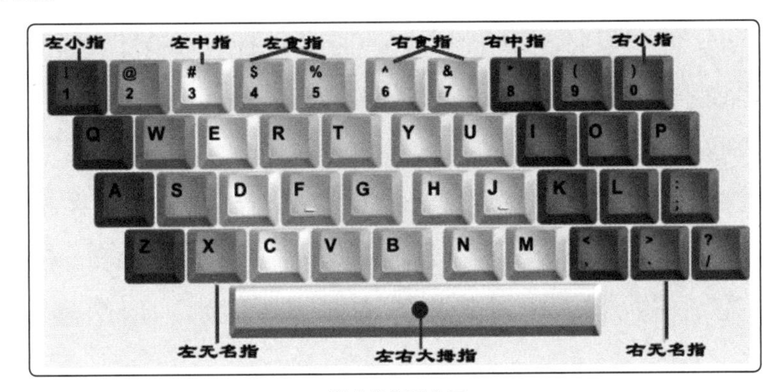

键盘的指法分区

图1-42 正确使用键盘

其中，操作键盘的姿势为：身体坐正，双手自然放在键盘上，腰部挺直，上身微前倾。座椅的高度与键盘、显示器的放置高度适中，一般以双手自然垂放在键盘上时肘关节略高于手腕为宜，显示器高度则以操作者坐下后，其目光水平线处于屏幕上2/3处为优。

指法规则为：将左手的食指放在【F】键上，右手的食指放在【J】键上，其他手指（除拇指外）按顺序分别放置在相邻的6个基准键上，双手的拇指放在【Space】键上。

8个基准键是指主键盘区第3排按键中的【A】、【S】、【D】、【F】、【J】、【K】、【L】、【;】键。每个手指负责的键位不同，按键后手指要迅速返回相应的基准键。

项目 1.4 使用操作系统

操作系统是计算机软件进行工作的平台，通过操作系统方能实现人机对话的目的。目前，主流操作系统是由微软公司开发的Windows 10操作系统，它具有操作简单、启动速度快、安全和连接方便等特点。下面将对操作系统的使用方法进行介绍。

学习要点

◎ 操作系统的类型和特点。
◎ 对图形用户界面进行操作和管理。
◎ 使用搜狗拼音输入法进行文字输入。
◎ 使用操作系统中的常用程序。
◎ 在操作系统中安装和卸载软件。

1 认识操作系统

当我们使用计算机、智能手机、平板电脑等信息技术终端时，实际上就是在各种图形界面上进行操作，而这些图形界面就是由操作系统提供的。我们在操作系统的图形界面上，利用鼠标、键盘等输入设备输入各种操作指令后，操作系统就能对这些指令进行解释、翻译，然后调动软件、硬件等各种资源，完成各种复杂的任务。

目前主流的操作系统有桌面操作系统、服务器操作系统和移动终端操作系统几种类型。

（1）桌面操作系统

桌面操作系统即计算机上使用的操作系统，其中Windows操作系统中的Windows 10版本，Linux操作系统中的Deepin版本，以及UNIX操作系统中的Mac OS X版本等比较具有代表性。虽然它们在工作机制、资源管理等方面有所区别，但图形界面和操作方法却是大致相似的，如图1-43所示。

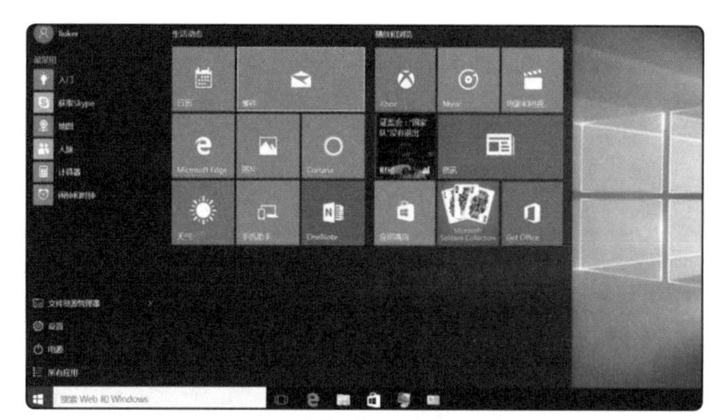

Windows 10

Deepin

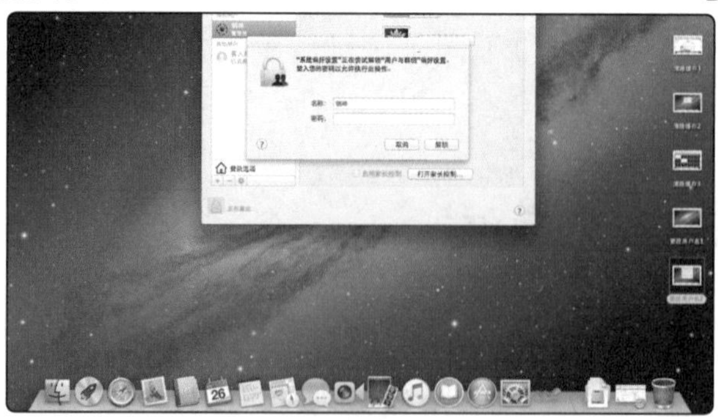

Mac OS X

图1-43 具有代表性的桌面操作系统

（2）服务器操作系统

服务器操作系统又称网络操作系统，是支持服务器运行的系统软件。目前主流的服务器操作系统有UNIX、Linux、NetWare、Windows等。

UNIX用C语言编写，可以更容易地被移植到更广泛的机器上；Linux具有开放性，支持多用户、多进程、多线程等特点，且实时性较好，功能强大而稳定；NetWare系统是基于服务器的网络操作系统，在早期的计算机网络中应用比较普遍；Windows系列的服务器操作系统主要针对网络中的服务器管理。

（3）智能终端设备操作系统

智能终端设备最主流的操作系统为苹果公司的iOS和谷歌公司的Android（安卓）操作系统。我国华为公司自主研发的鸿蒙操作系统也凭借其优秀的性能，应用到了越来越多的设备上，如图1-44所示。

图1-44 鸿蒙操作系统

2 认识操作系统的界面

不同的操作系统，其图形界面可能有些不同，但基本组成元素是大同小异的，以Windows 10操作系统为例，其图形用户界面的组成如图1-45所示。

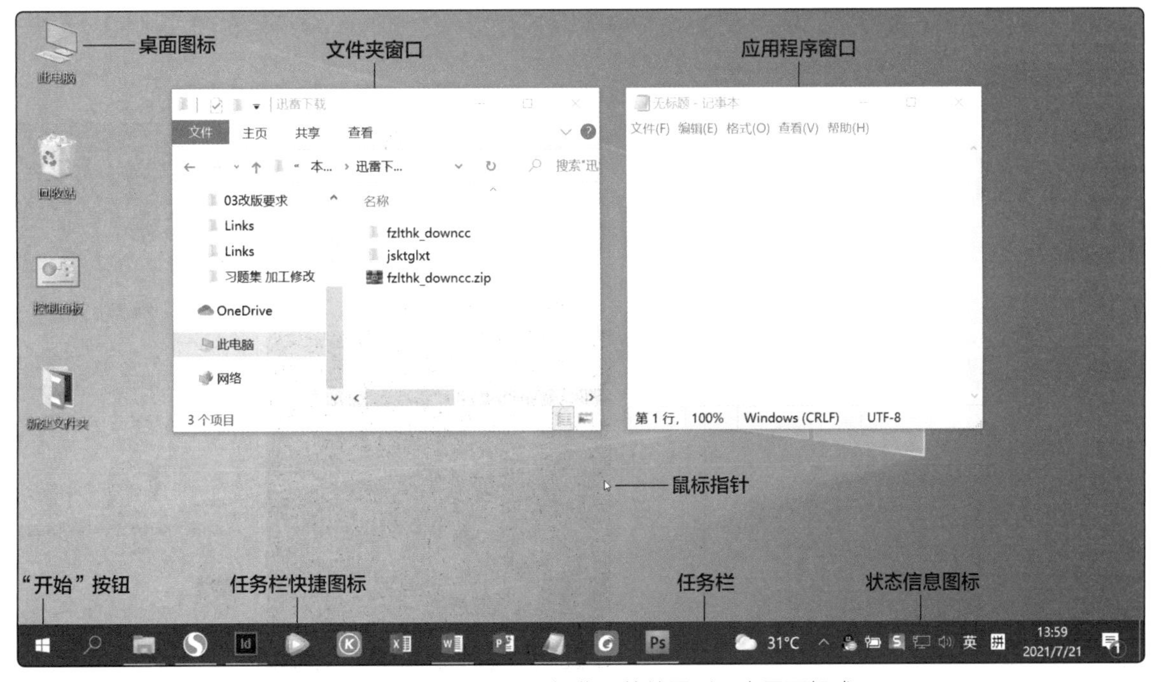

图1-45 Windows 10操作系统的图形用户界面组成

项目任务

任务1　熟悉操作系统的基本操作

对于具有图形用户界面的操作系统而言，通过使用鼠标来发出指令是最常见的操作，如单击鼠标左键（简称单击鼠标或单击）、单击鼠标右键（简称右击），双击鼠标左键（简称双击鼠标或双击）、按住鼠标左键不放并移动鼠标（简称拖曳鼠标）、滑动鼠标滚轮等，这些操作都是我们需要熟悉并掌握的基本操作。

同时，对于图形用户界面而言，最常见的操作对象包括窗口、对话框、菜单、命令、选项、按钮等。本任务将通过添加桌面图标、为程序创建桌面快捷方式、设置“开始”菜单以及操作窗口和对话框等操作，让大家进一步熟悉图形用户界面的使用方法，其具体操作如下。

微课

熟悉操作系统的基本操作

① 启动计算机，进入Windows 10操作系统。在桌面空白区域单击鼠标右键，在弹出的快捷菜单中选择“个性化”命令，打开“设置”窗口。

② 选择左侧列表框中的“主题”选项，在当前显示的界面中单击“桌面图标设置”超链接，打开“桌面图标设置”对话框，单击选中需要在桌面上显示的桌面图标对应的复选框，这里单击选中“计算机”“回收站”“用户的文件”和“控制面板”复选框，单击 确定 按钮，如图1-46所示。

③ 单击桌面左下角的“开始”按钮，在弹出的“开始”菜单中找到“计算器”程序，在该程序上按住鼠标左键不放，将程序拖曳到桌面上，释放鼠标左键便可以创建“计算器”程序的桌面快捷方式图标，如图1-47所示。以后只需在桌面上双击该快捷方式图标便可快速启动“计算器”程序。

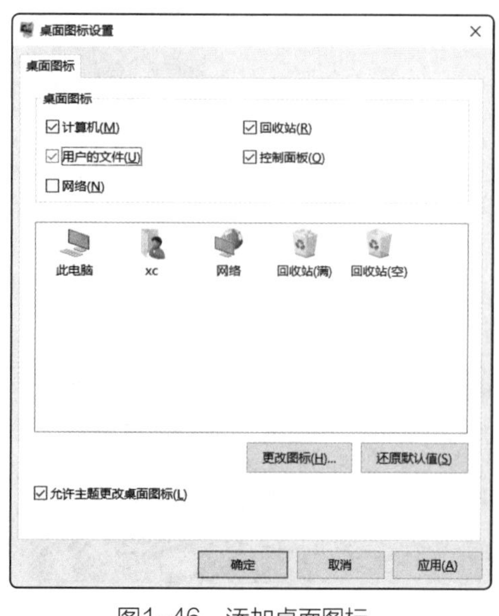

图1-46　添加桌面图标

图1-47　创建桌面快捷方式图标

④ 在“开始”按钮上单击鼠标右键，在弹出的快捷菜单中选择“设置”命令。

⑤ 打开“设置”窗口，选择左侧列表框中的“开始”选项，根据自己的操作习惯对“开始”菜单进行设置，设置方法为单击“开/关”按钮进行开/关两种状态的切换。这里仅开启“在‘开始’菜单中显示应用列表”和“显示最近添加的应用”功能，如图1-48所示。

⑥ 双击桌面上的“此电脑”图标，打开“此电脑”窗口，单击窗口右上角的“最大化”按钮最大化显示窗口内容。

⑦ 单击“查看”菜单项，并单击对应功能区右侧的“选项”按钮。

⑧ 打开“文件夹选项”对话框，单击“查看”选项卡，在其下列表框中单击选中“始终显示菜单”复选框，然后单击 确定 按钮，如图1-49所示。

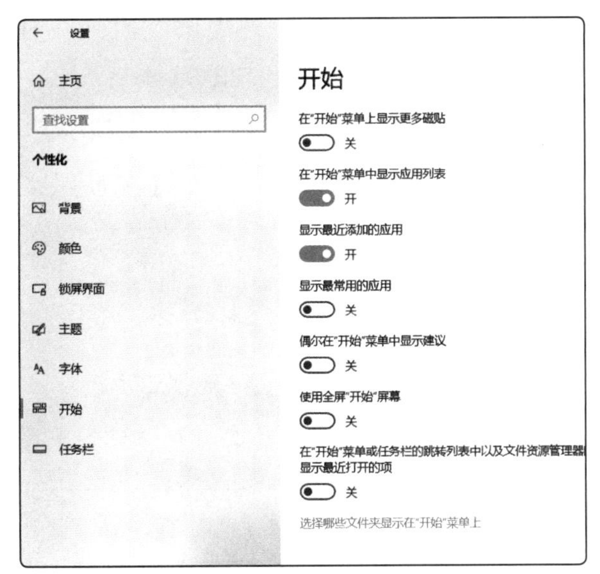

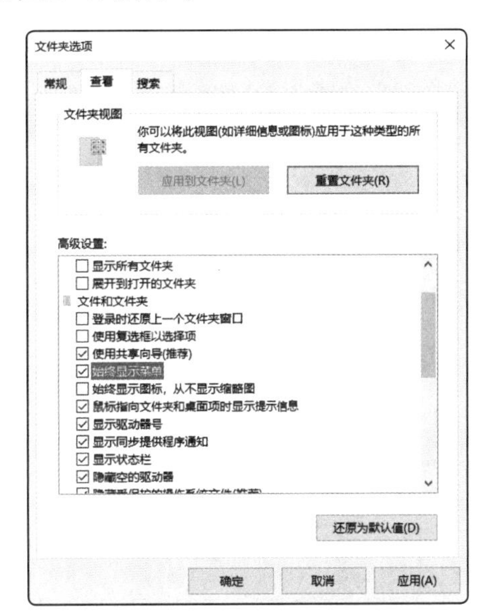

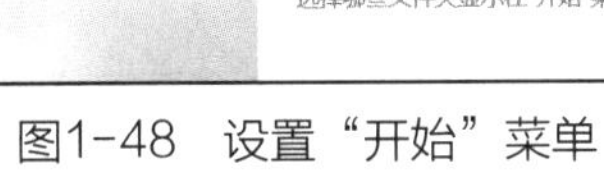
图1-48　设置“开始”菜单

图1-49　设置文件夹选项

⑨ 单击“此电脑”窗口右上角的“关闭”按钮关闭窗口。

提示

“开始”菜单是Windows 10操作系统的重要门户，通过它不仅可以实现关机、重启等操作，还可以对操作系统进行设置。即使桌面上没有显示的文件或程序，或没有添加快捷启动图标，通过“开始”菜单也能实现操作文件和程序。因此，我们应该多多熟悉“开始”菜单，通过练习和操作来掌握它的基本功能和作用。

任务2　安装和卸载应用软件与驱动程序

应用软件必须基于操作系统才能运行，它可以进一步发挥出计算机系统的能力。例如，使用操作系统自带的记事本程序可以进行基本的文本编辑，利用Word文字处理应用软件，则可以制作出专业和美观的实用文件。驱动程序则是计算机硬件与操作系统的“桥梁”，如果没有驱动程序，操作系统就无法识别硬件设备，导致该设备无法使用。

本任务以安装搜狗输入法、卸载爱奇艺，以及安装打印机驱动程序为例，介绍相应操作的实现方法，其具体操作如下。

① 利用浏览器访问搜狗输入法的官方网站，将其安装程序下载到计算机中。

② 打开"此电脑"窗口，找到下载的安装程序并双击它，打开搜狗输入法的安装向导对话框，单击选中左下角的"已阅读并接受用户协议&隐私政策"复选框，单击 立即安装 按钮，如图1-50所示。

③ 此时操作系统根据安装向导自动将搜狗输入法安装到计算机上，我们只需等待安装完成。如果需要自行设置安装位置或其他选项，则可在图1-50所示对话框中单击右下角的"自定义安装"超链接，并在打开的界面中进行设置。

④ 当需要卸载爱奇艺应用软件时，可单击"开始"按钮，在弹出的"开始"菜单中单击"设置"按钮。

⑤ 打开"设置"窗口，选择其中的"应用"选项，然后在显示的界面中找到并选择"爱奇艺"选项，单击 卸载 按钮，在弹出的对话框中继续单击 卸载 按钮，如图1-51所示。

图1-50 搜狗输入法的安装向导

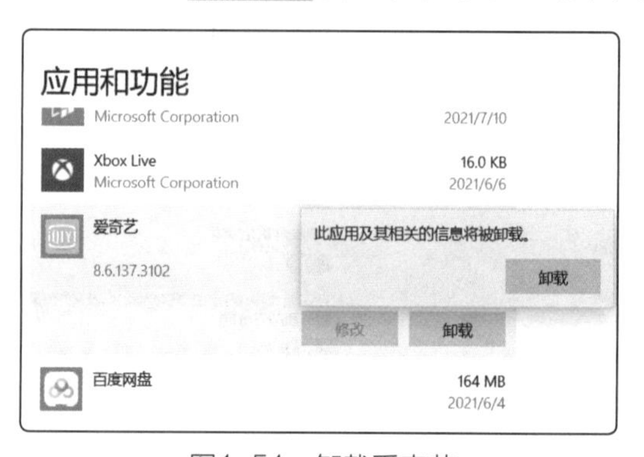

图1-51 卸载爱奇艺

⑥ 此时操作系统将调出爱奇艺自带的卸载程序，并打开相应的对话框，单击 继续卸载 按钮，根据卸载提示便可将该应用软件从操作系统中卸载，如图1-52所示。

⑦ 安装打印机驱动程序时，首先需要正确将打印机连接到计算机上，然后通过网络下载对应品牌和型号打印机的驱动程序（建议在官方网站下载），然后双击该程序，打开安装向导对话框，根据提示安装，完成后计算机就能识别打印机了，如图1-53所示。

图1-52 爱奇艺自带的卸载程序

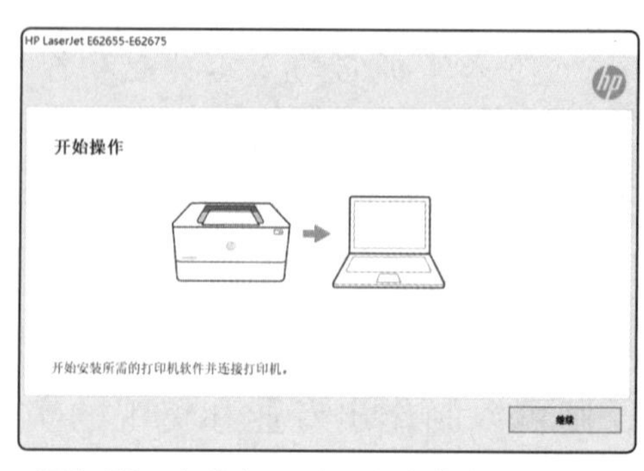

图1-53 打印机驱动程序安装向导对话框

任务3 在记事本中输入文字

无论输入文字、数字、符号还是其他数值，都是使用计算机时不可避免会涉及的操作，如制作学习计划和备忘录、利用社交软件进行交流等。因此熟练掌握输入操作是我们需要具备的重要技能。而要想提高文字输入的速度和正确率，只有在正确的键盘指法的基础上勤加练习，不断积累和熟悉才能达到目的。本任务将使用搜狗输入法在记事本中输入几段关于创新精神的文字，具体操作如下。

① 在桌面上的空白区域单击鼠标右键，在弹出的快捷菜单中选择“新建”/“文本文档”命令，此时在桌面上将新建一个名为“新建文本文档.txt”的文件，且文件名呈可编辑状态。

② 同时按【Windows+Space】组合键，将输入法切换到搜狗输入法（任务栏右侧的输入法图标显示为状态），输入编码“chuangxinjingshen”，按【Space】键输入文本文件的名称“创新精神”，按【Enter】键完成输入，如图1-54所示。

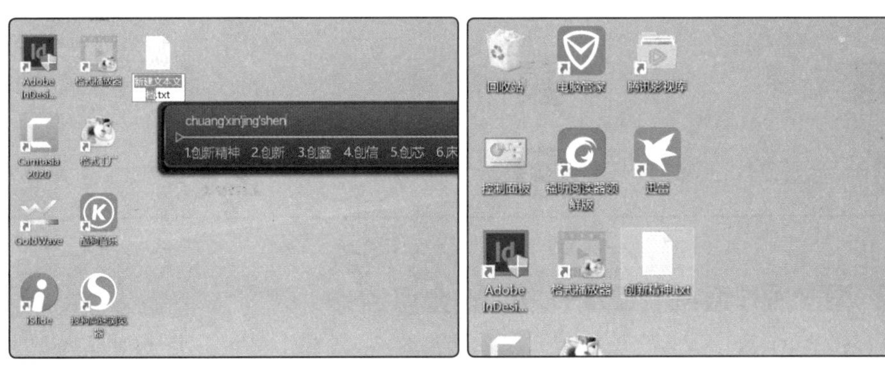

图1-54 新建文本文件并输入名称

③ 双击“创新精神.txt”文本文件，启动记事本程序并打开该文件，按【Windows+Space】组合键切换到搜狗输入法。

④ 输入“cxjs”后按【Space】键输入“创新精神”，然后按【Enter】键换行，如图1-55所示。

⑤ 依据正确的指法分区和指法操作，利用搜狗输入法继续输入创新精神的相关内容，如图1-56所示。完成后按【Ctrl+S】组合键保存内容，并单击“关闭”按钮关闭文件（配套资源：效果/模块1/创新精神.txt）。

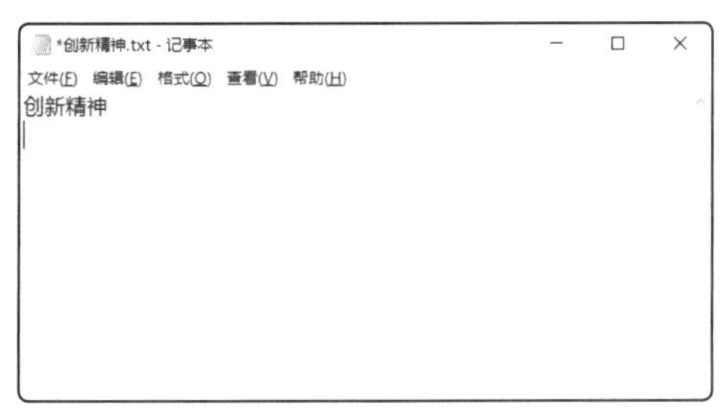

图1-55 输入文字

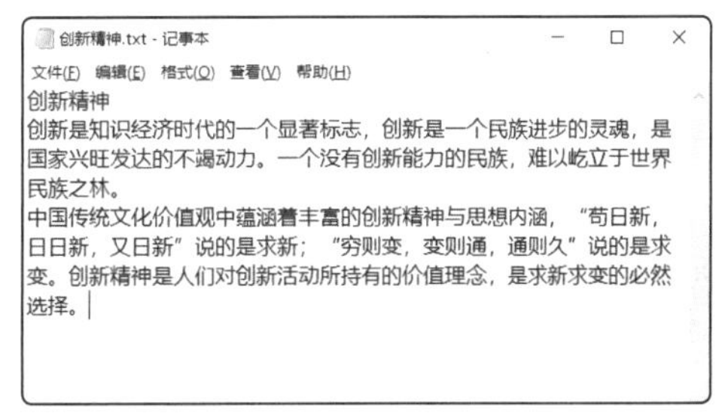

图1-56 继续输入文字

1 国产操作系统

近年来，国家加快实施一批具有战略性、全局性、前瞻性的国家重大科技项目，增强自主创新能力，其中包括国产操作系统研发。打造国产操作系统有利于把信息产业的安全牢牢掌握在自己手里。随着技术的不断成熟，国产操作系统保持在安全可控上的一贯优势，同时也支持90%以上的常用办公应用。整体来看，国产操作系统呈“可用”阶段迈向“好用”阶段的良性发展趋势。到目前为止，市场上主流的国产操作系统共计10余个，部分操作系统如图1-57所示。

国产操作系统		
中标麒麟	银河麒麟	Deepin（深度Linux）
一铭	中科方德	NewStart 中兴新支点
起点（StartOS）	优麒麟	红旗Linux

图1-57 国产操作系统

● 关键词：国产操作系统 二次开发 安全可控

2 语音与光学识别

随着信息技术的不断发展，计算机系统中键盘输入已经不是唯一的输入方式了。我们可以通过语音识别、光学识别等其他方式进行文字输入操作。其中，语音识别输入依靠大数据将声音转换为可识别的文字，涉及信号处理、模式识别、概率论和信息论、发声机理和听觉机理、人工智能等多项学科和领域。例如，苹果公司的Siri（苹果智能语音助手）就是一种典型的语音识别技术。

光学识别输入则是利用光学字符识别技术（Optical Character Recognition，OCR），通过检测字符暗部和亮部的区域来确定字符形状，然后用字符识别方法将形状翻译成计算机可识别的文字的一项技术。无论利用扫描仪扫描纸张上打印的字符，还是直接利用光学识别程序来识别计算机上图片中的字符，都是光学识别技术的体现。

● 关键词：语音识别 Siri OCR 扫描仪

虚拟机是一种可以模拟出完整硬件系统的应用软件，利用它可以在操作系统上运

行独立于真实计算机的仿真计算机系统。我们可以利用虚拟机安装操作系统，对应用软件进行测试，避免对真实计算机的操作系统造成影响或损害。常见的虚拟机软件有VMware、VirtualBox等。

以VMware为例，在其官方网站下载并安装该应用软件后，我们首先需要创建新的虚拟机，根据创建向导载入操作系统的镜像文件，然后设置磁盘容量等参数便能完成创建操作，如图1-58所示。接着设置硬件类型、磁盘类型等对象就可以启动虚拟机，进入装载的操作系统了，如图1-59所示。

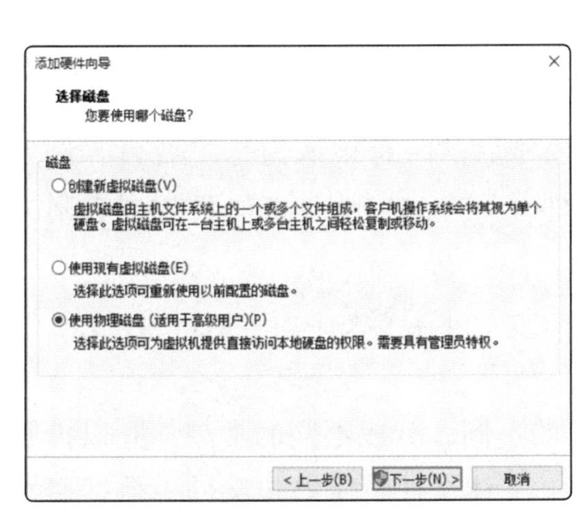

图1-58 创建虚拟机

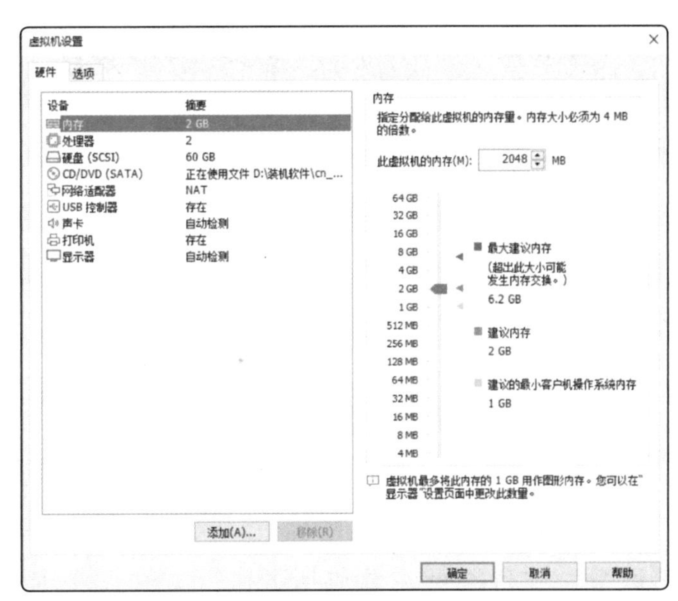

图1-59 设置虚拟机

请大家尝试使用虚拟机安装Deepin操作系统，并在虚拟机中运行该系统，完成WPS应用软件的安装与卸载操作，进一步了解Deepin操作系统的使用方法。

项目 1.5 管理信息资源

信息资源包括文字、图片、数据、音频、视频等各种各样的资源，如果不对这些资源进行有效管理，信息资源就会变得杂乱无章，同时也不利于信息资源的安全保存和使用。因此，学会管理信息资源是我们使用计算机系统时应该具备的基本技能。

学习要点

◎ 使用文件和文件夹。
◎ 搜索想要的文件或文件夹。
◎ 文件的压缩与加密操作。
◎ 对文件进行备份操作。

相关知识

1 认识文件与文件夹

在计算机等信息技术设备中，信息资源大多是以文件的形式存储在存储器中的，当我们使用这些设备时，免不了要对文件进行操作，如选择、新建、复制、移动、删除、设置等。下面先来认识Windows 10操作系统中的文件与文件夹。

（1）文件与文件名

Windows 10操作系统中的每个文件都有一个文件名，操作系统通过文件名对文件进行组织和管理。Windows 10操作系统的文件名最多可由255个字符组成，其组成与使用规则如下。

- 文件名允许使用空格，在查询文件时允许使用通配符“*”和“？”。
- 文件名允许使用多个间隔符，最后一个间隔符后的字符被认为是扩展名。例如文件“案例参考.docx”的扩展名为“.docx”，文件“as3165135.gs.ck”的扩展名则为“.ck”。
- 文件名中不允许出现?、\、/、*、“”、:、<、>、|等符号。

（2）文件类型

在Windows 10操作系统中，文件根据存储信息的不同，分成不同的类型，并以扩展名区分。文件类型主要包括可执行文件、文本文件、字体文件、压缩包文件、数据文件等。部分文件类型及其扩展名见表1-7。

表1-7　部分文件类型及其扩展名

扩展名	类型	扩展名	类型
.exe	可执行文件	.fon	字体文件
.dll	动态链接文件	.hlp	帮助文件
.dat	数据文件	.ico	图标文件
.sys	系统文件	.txt	文本文件
.bmp	位图文件	.rar	压缩包文件
.docx	Word 文档	.html	网页文件

（3）文件夹

Windows 10操作系统采用了文件夹结构。一个文件夹既可以包含文档、程序、快捷方式等，也可以包含下一级文件夹（称为子文件夹）。通过文件夹就可以实现对不同文件的分组、归类和管理等操作。

② 什么是文件夹树

由于各级文件夹之间存在着包含的关系，因此所有文件夹就构成了一个树状结构，称为文件夹树。Windows 10操作系统往往会将磁盘等外存储器划分为一个个驱动器盘符，每个盘符代表着硬盘、分区、可移动设备等。每个驱动器盘符下都有自己的多级文件夹和文件目录，各盘符下的顶层目录为根目录。图1-60为Windows 10操作系统的文件夹树示意图。

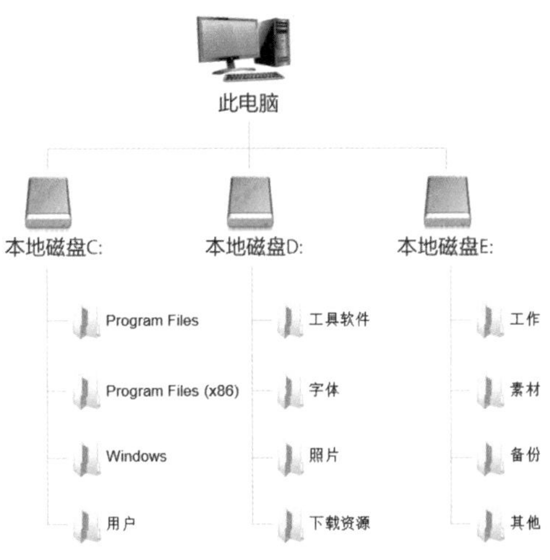

图1-60 Windows 10操作系统的文件夹树

项目任务

任务1 按需分类，管理自己的文件

当我们准备建立一个文件夹树时，首先应该规划整个文件夹的体系结构。需要注意的是，为了避免操作系统出现问题时需要重装系统而导致文件丢失的情况，我们应该将文件夹体系建立在非系统盘。同时为了便于管理，需要尽量让每个文件夹存储的文件数量适宜，以免查阅文件时影响效率。下面在E盘下建立“学习资料”文件夹树，如图1-61所示，其具体操作如下。

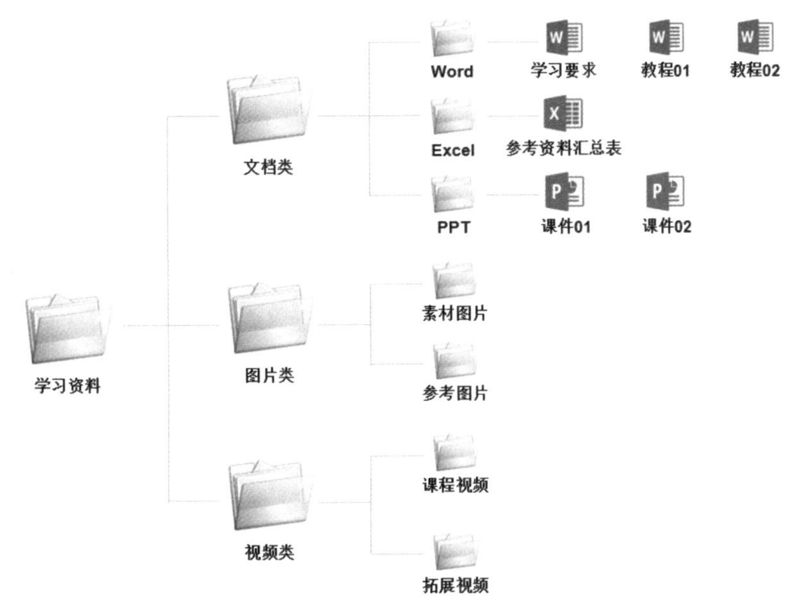

图1-61 “学习资料”文件夹树

① 打开“此电脑”窗口，双击E盘对应的驱动器盘符，单击窗口左上角的“新建文件夹”按钮，将新建的文件夹命名为“学习资料”，如图1-62所示。

② 双击“学习资料”文件夹，按相同方法在其中新建3个文件夹，名称分别为“文档类”“图片类”“视频类”，如图1-63所示。

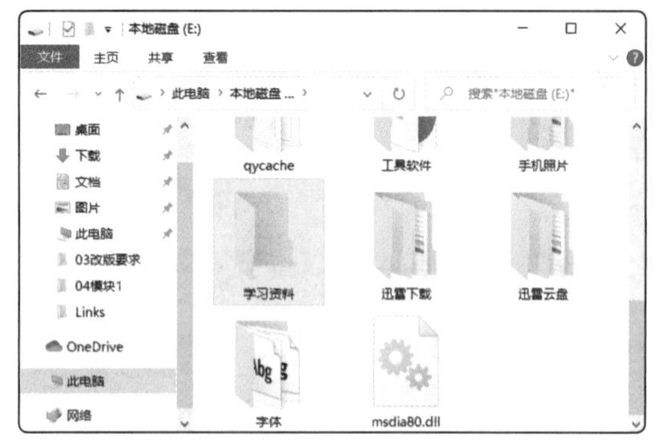

图1-62　新建“学习资料”文件夹

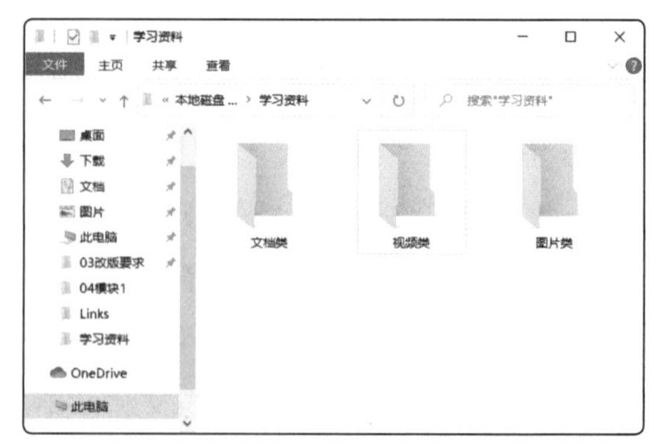

图1-63　新建3个文件夹

③ 双击“文档类”文件夹，继续在其中新建“Word”“Excel”和“PPT”文件夹，如图1-64所示。

④ 双击“Word”文件夹，在空白区域单击鼠标右键，在弹出的快捷菜单中选择“新建”/“Microsoft Word文档”命令（只有在操作系统中安装了Office办公软件后才会出现该命令），将新建的Word文档命名为“学习要求.docx”，如图1-65所示。

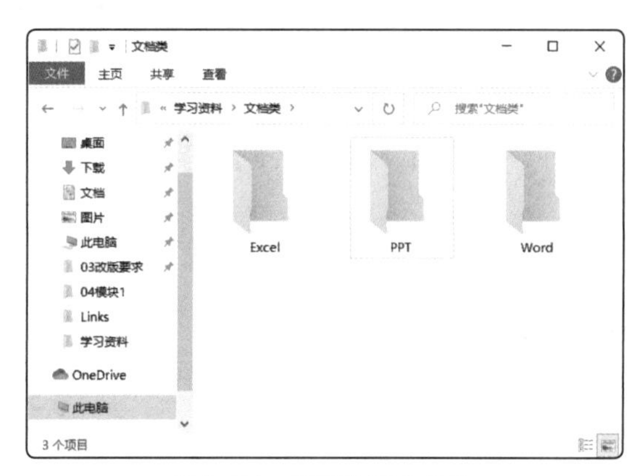

图1-64　继续新建文件夹

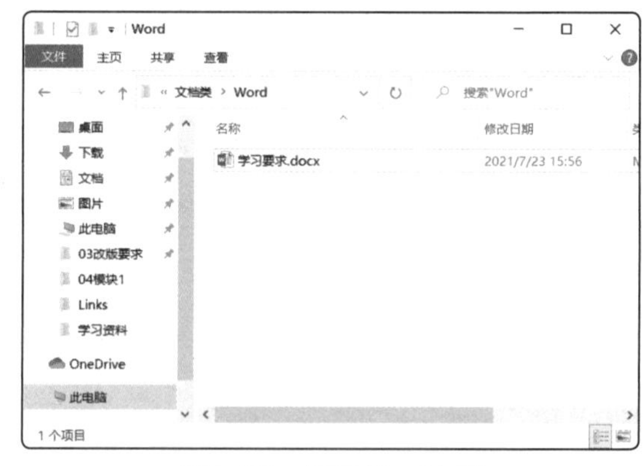

图1-65　新建Word文档

⑤ 选择“学习要求.docx”文档，按【Ctrl+C】组合键复制，继续按【Ctrl+V】组合键粘贴文档，选择复制出的文档，按【F2】键，将文档重命名为“教程01.docx”，如图1-66所示。

⑥ 按相同方法复制“教程01.docx”文档，并将复制出的文档重命名为“教程02.docx”，如图1-67所示。

提示

如果需要将文件或文件夹移动到其他位置，则可以选择该文件或文件夹，按【Ctrl+X】组合键剪切到剪贴板中，然后选择目标位置，按【Ctrl+V】组合键粘贴。或者在所选文件或文件夹上单击鼠标右键，在弹出的快捷菜单中利用“剪切”“复制”和“粘贴”命令也可完成文件或文件夹的移动或复制操作。

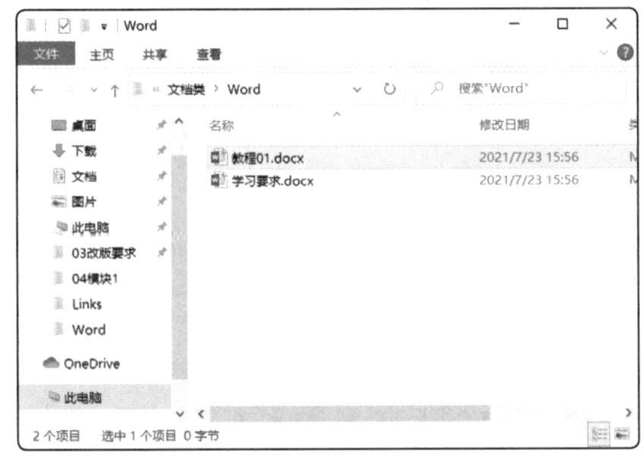

图1-66　复制并重命名文件（1）

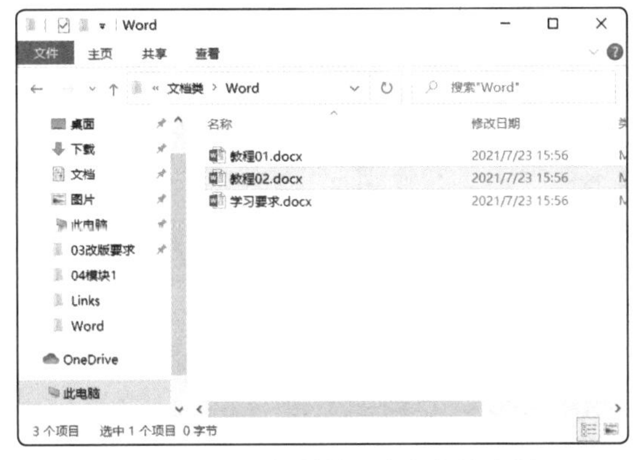

图1-67　复制并重命名文件（2）

⑦ 单击文件夹窗口左上角的“返回到”按钮←返回“文档类”文件夹，然后双击“Excel”文件夹，在其中新建“参考资料汇总表”Excel工作表。按相同方法在“PPT”文件夹中新建并复制出“课件01”和“课件02”PowerPoint演示文稿，如图1-68所示。

⑧ 继续在“图片类”文件夹中创建“素材图片”文件夹和“参考图片”文件夹。然后在“视频类”文件夹中创建“课程视频”文件夹和“拓展视频”文件夹，完成文件夹体系的创建，如图1-69所示。

图1-68　新建Power Point演示文稿文件

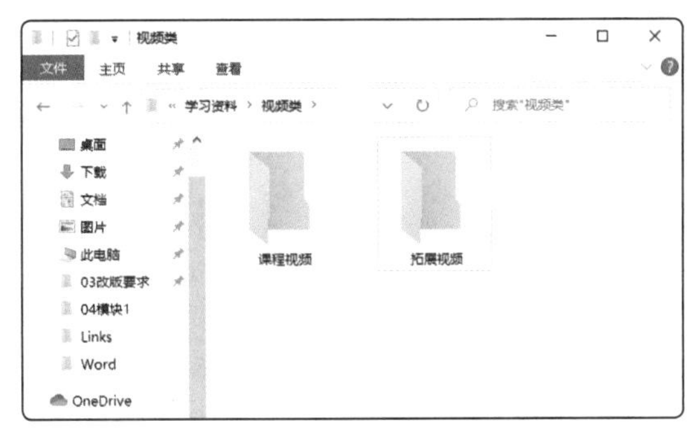

图1-69　创建文件夹

⑨ 返回“学习资料”文件夹，在窗口右上方的搜索框中输入“课件”，按【Enter】键，如图1-70所示。

⑩ 此时操作系统将在“学习资料”文件夹查询名称包含“课件”的所有文件夹和文件对象，并将搜索结果显示出来，这样可以快速找到需要的文件对象，如图1-71所示。

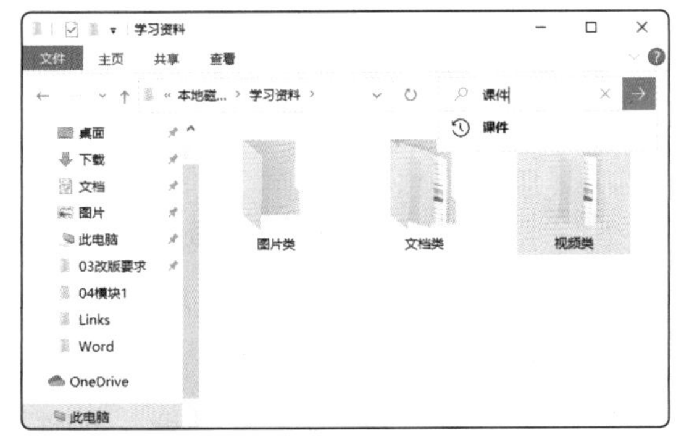

图1-70　输入搜索关键字

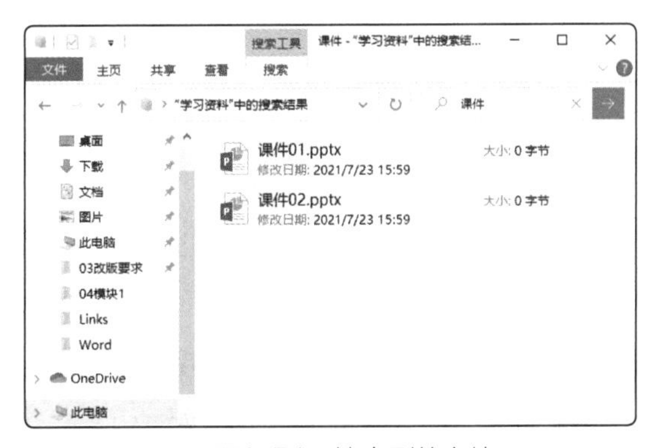

图1-71　搜索到的文件

选择文件或文件夹，按【Delete】键可将其删除到“回收站”中，在桌面上双击“回收站”图标，在打开的窗口中选择某个已删除的文件或文件夹，在其上单击鼠标右键，并在弹出的快捷菜单中选择“还原”命令，可将该对象还原到删除前的位置。

如果在回收站中继续执行删除操作，或在文件夹窗口中选择文件或文件夹后，按【Shift+Delete】组合键，则将直接把所选对象从操作系统中删除。因此，为了避免误删除操作，我们应当养成利用复制的方法将重要文件备份到其他位置或可移动存储设备中的习惯。

任务2 将重要的资料压缩并保护起来

对于重要的文件，我们可以通过压缩并加密的方法保证其安全。要达到这种目的，计算机上需要事先安装好压缩软件，如WinRAR、Winzip等。下面利用WinRAR软件对“重要资料”文件夹进行压缩并加密，具体操作如下。

压缩并加密文件夹

① 通过“此电脑”窗口找到要进行压缩和加密的“重要资料”文件夹，然后在其上单击鼠标右键，在弹出的快捷菜单中选择“添加到压缩文件”命令，如图1-72所示。

② 打开“压缩文件名和参数”对话框，在“压缩文件名”下拉列表框中可设置文件夹压缩后的名称，单击 浏览(B)... 按钮可指定压缩文件的保存位置，这里保持默认设置，单击 设置密码(P)... 按钮，如图1-73所示。

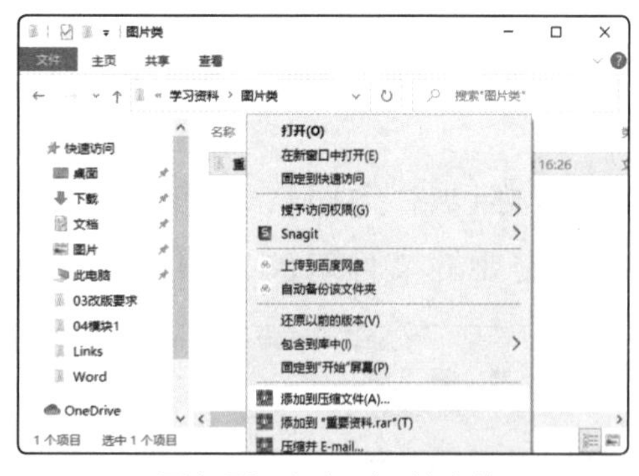

图1-72 添加到压缩文件

图1-73 设置密码

③ 打开“输入密码”对话框，分别在“输入密码”和“再次输入密码以确认”文本框中输入相同的密码信息，单击 确定 按钮，如图1-74所示。

④ 返回“压缩文件名和参数”对话框，单击 确定 按钮。

⑤ 稍后，压缩软件将开始对文件夹进行压缩操作，同时会显示压缩进度，如图1-75所示。当显示进度的对话框自动关闭后便表示压缩完成。此后若在该压缩文件上单击鼠

标右键，在弹出的快捷菜单中选择“解压文件”命令，则需要在打开的对话框中输入正确的密码才能执行解压操作，这就达到了保护数据资源的目的。

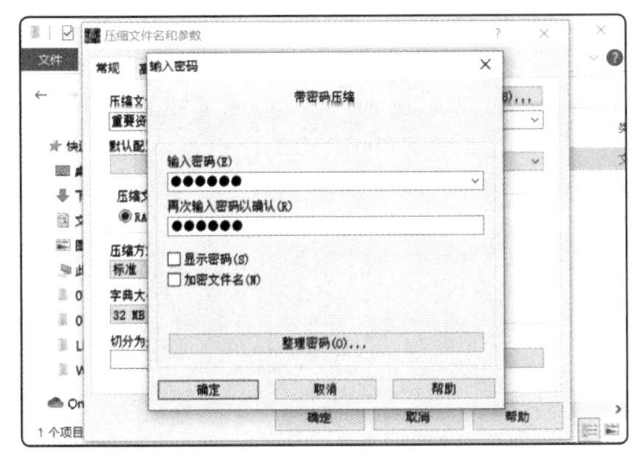

图1-74 输入密码

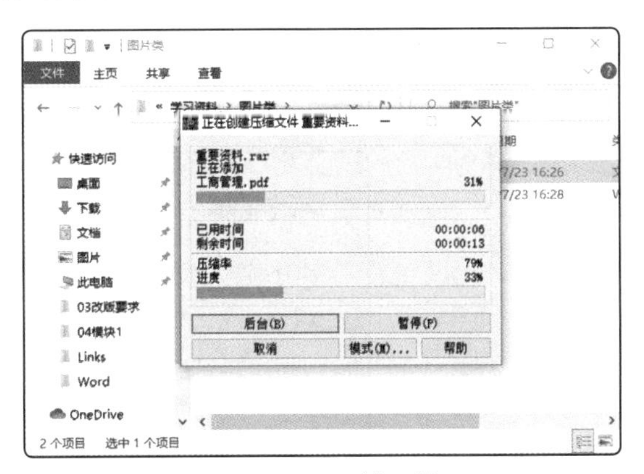

图1-75 开始压缩

拓展知识

1 备份文件

我们在使用计算机系统的过程中，应该对重要的文件资源进行备份，以免丢失重要数据。备份时，一般可以将文件备份到可移动存储设备中，或直接备份到网盘中。

（1）使用U盘或移动硬盘进行备份

使用U盘或移动硬盘备份文件的方法为：将U盘或移动硬盘插入计算机的USB端口，打开“此电脑”窗口，在其中找到并选择需要备份的文件，在该文件上单击鼠标右键，在弹出的快捷菜单中选择“发送到”/“可移动磁盘”命令，便可将该文件通过复制的方式备份到U盘或移动硬盘中。

（2）使用网盘进行备份

我们可以将自己的文件或其他资料上传到网盘上，并可跨终端随时随地查看和使用这些文件资料。以百度网盘为例，备份的方法为：在计算机中安装百度网盘程序，注册百度网盘账号并登录到百度网盘，单击 上传 按钮，打开“请选择文件/文件夹”对话框，选择要上传的文件后，单击 存入百度网盘 按钮，便可以将计算机中的文件备份到百度网盘中。

● 关键词：备份 网盘

2 备份操作系统

操作系统使用一段时间后，就会产生很多数据。为了避免操作系统崩溃而造成数据损失，我们可以对操作系统进行备份，出现错误后，便能通过恢复的方法将操作系统恢复到备份时的状态，其具体操作如下。

① 利用“开始”菜单打开“设置”窗口，选择“更新和安全”选项。

② 在显示的界面左侧选择“备份”选项，然后单击“转到‘备份和还原’（Windows

7）”超链接。

③ 打开“备份和还原（Windows 7）”窗口，选择“创建系统映像”选项，打开“创建系统映像”对话框，根据向导选择备份的位置和备份的对象，然后单击 开始备份(S) 按钮备份操作系统，如图1-76所示。

图1-76 备份操作系统

当需要恢复操作系统时，可在“设置”窗口中选择“更新和安全”选项，在显示的界面左侧选择“恢复”选项，单击“重置此电脑”栏下的 开始 按钮，并在打开的对话框中根据向导提示恢复操作系统。

● 关键词：备份操作系统 恢复操作系统

选择自己计算机中重要的学习资料，将其分别备份到U盘（或移动硬盘）和网盘中，练习备份文件的操作。

项目 1.6 维护系统

使用计算机的过程中，无论是运行软件，还是上网操作，都会产生各种各样的临时文件和垃圾文件。久而久之，这些文件可能会对计算机的运行速度和稳定性造成一定的影响。为了避免出现这些现象，我们需要对操作系统进行定期维护和优化。

学习要点

◎ 对操作系统进行安全设置。
◎ 新建和管理账户。
◎ 系统测试与维护。
◎ 使用Windows 10的帮助功能。

1 操作系统安全设置

操作系统是一个资源管理系统，它管理着计算机系统的各种资源，但在开放的网络环境中，操作系统会面临许许多多的安全隐患，为了保证操作系统的安全，我们需要对操作系统进行一定的设置，其中最重要的设置就是防火墙。

防火墙是一种安全技术，其功能主要在于及时发现并处理计算机系统在访问互联网的过程中存在的安全风险，它可以在网络中的危险数据进入计算机系统之前，利用隔离、保护等手段，将其控制在计算机系统之外，确保计算机访问网络的安全，如图1-77所示。

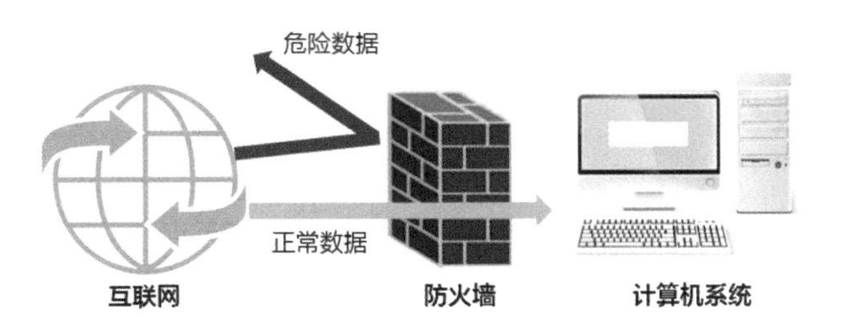

图1-77 防火墙的功能

2 系统测试与维护

测试操作系统的目的在于更全面、更深入地了解计算机系统中各个硬件设备的性能，使计算机在运行各种软件时，既不会浪费硬件资源，也不会增加硬件设备的负担，使操作系统在最优的状态下工作。在Windows 10操作系统中，我们可以借助第三方应用软件对操作系统进行测试。鲁大师、安兔兔等就是这类软件的代表。

另外，借助于第三方应用软件，我们还可以对操作系统进行维护，如360安全卫士、QQ电脑管家等。这类软件往往将多种维护操作集成为一个功能，如360安全卫士，操作时只需切换到“系统修复”选项卡，利用其“一键修复”的功能就能快速完成常规修复、漏洞修复、软件修复、驱动修复等一系列系统维护操作，使用起来非常方便。

技巧

按【Windows+R】组合键，打开“运行”对话框，在“打开”文本框中输入“dxdiag”，按【Enter】键打开“DirectX诊断工具”窗口，在其中可以查看到操作系统版本、主板型号、CPU型号、内存大小等系统配置信息，从而可以全面了解计算机系统的具体情况。

3 获取“帮助”解决遇到的问题

操作系统的功能是非常强大而全面的。为了更好地让用户使用，操作系统往往会提供“帮助”功能。利用该功能，我们可以随时查询所需要的操作。例如，当我们需要对网络进行重置，以解决无法联网的问题时，就可以利用“帮助”功能搜索网络重置的操作。其方法为：单击“开始”按钮右侧的“搜索”按钮，在弹出的搜索框中输入“网络重置”，选择搜索到的“网络重置”选项。此时将打开对应的窗口，在其中会对网络重置的作用进行说明，单击立即重置按钮可进行网络重置，如图1-78所示。单击“获取帮助”超链接，可在打开的“获取帮助”窗口中进一步查看修复网络的相关方法。

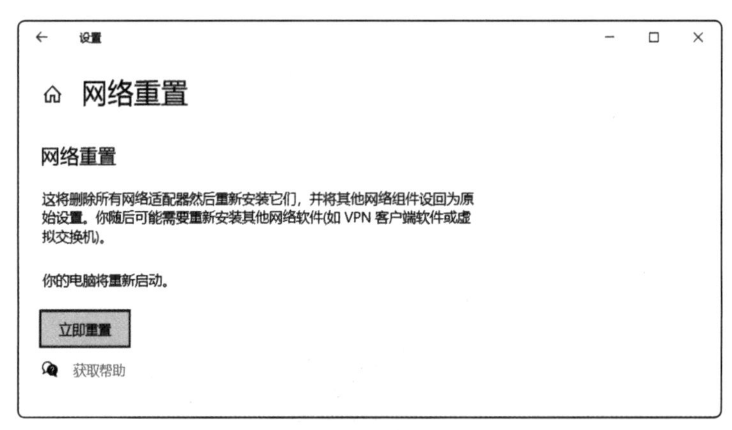

图1-78 网络重置

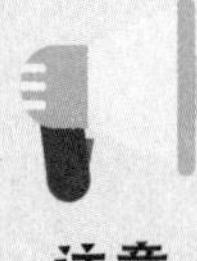

注意

如果任务栏中未显示“搜索”按钮或搜索框，可在任务栏空白区域单击鼠标右键，在弹出的快捷菜单中选择“搜索”选项，在弹出的子菜单中选择“显示搜索图标”命令或“显示搜索框”命令，将其显示到任务栏中。

项目任务

任务1 为计算机设置防火墙

为指定的网络开启防火墙功能，可以有效地降低上网时产生的风险。在Windows 10操作系统中设置防火墙的具体操作如下。

① 打开“设置”窗口，选择“更新和安全”选项，在当前界面左侧的

列表框中选择“Windows安全中心”选项，如图1-79所示。

② 在显示的界面中选择“防火墙和网络保护”选项，如图1-80所示。

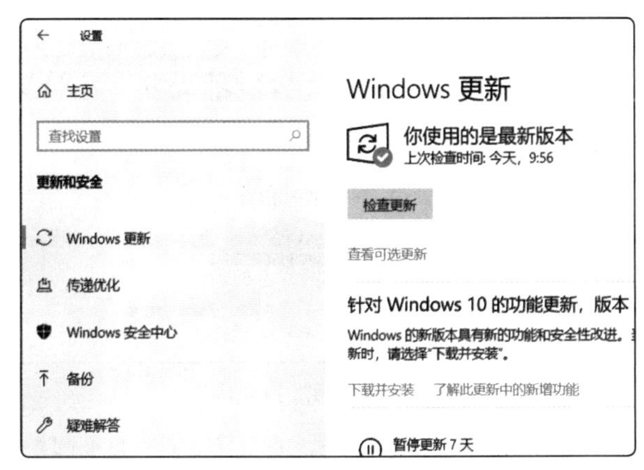

图1-79　选择“Windows安全中心”选项

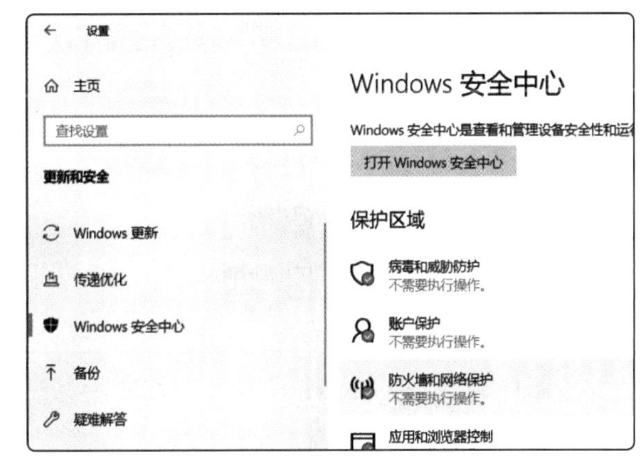

图1-80　选择“防火墙和网络保护”选项

③ 打开“Windows安全中心”窗口，单击当前使用网络下方的 打开 按钮，这里单击“专用网络（使用中）”栏下的 打开 按钮，如图1-81所示。此时专用网络的防火墙便已经开启，如图1-82所示。

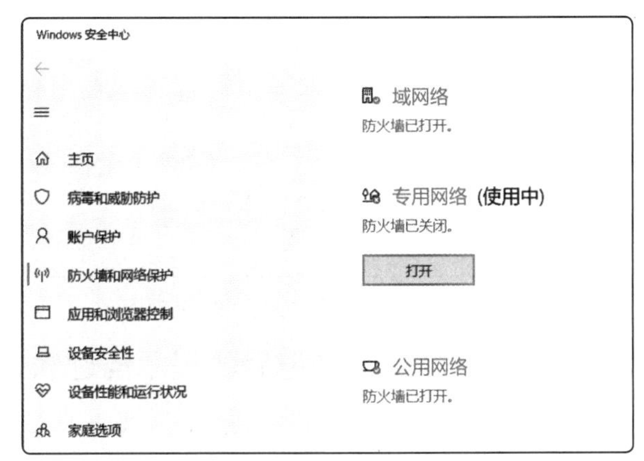

图1-81　打开专用网络防火墙

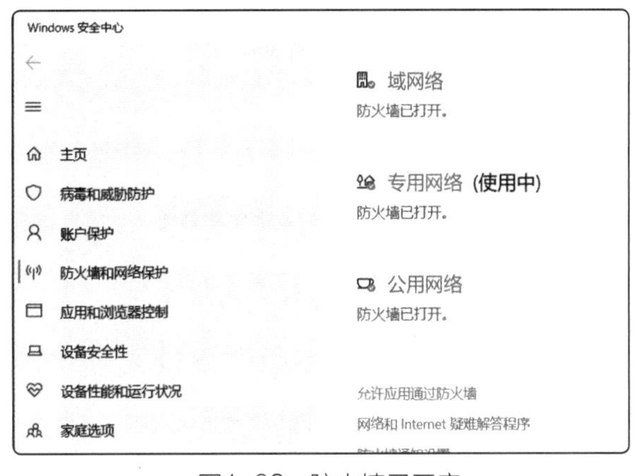

图1-82　防火墙已开启

任务2　新建并管理用户账户

为了方便不同的用户在同一台计算机上有相对独立的使用环境，Windows 10操作系统允许创建多个用户账户。在登录操作系统时，不同的用户选择对应的账户，便能进入专属的操作环境。本任务将练习账户的新建、账户类型的管理等，具体操作如下。

微课

新建并管理用户账户

① 打开“设置”窗口，选择“账户”选项，然后在当前界面左侧的列表框中选择“家庭和其他用户”选项，如图1-83所示。

② 在当前窗口中单击“将其他人添加到这台电脑”按钮 + ，添加其他用户，如图1-84所示。

③ 打开“此人将如何登录？”对话框，单击“我没有这个人的登录信息”超链接，如图1-85所示。

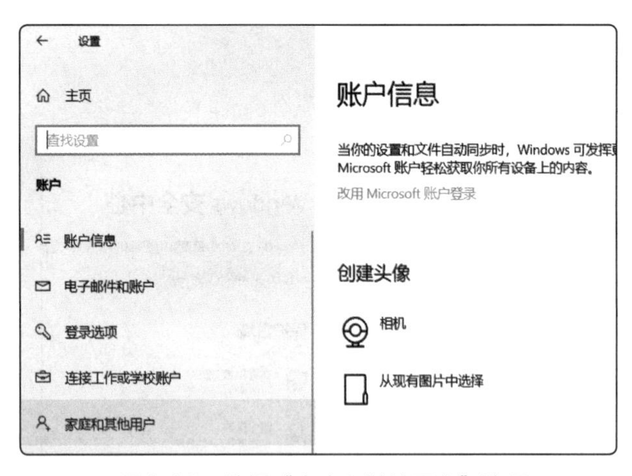

图1-83　选择“家庭和其他用户”选项

图1-84　添加其他用户

④ 打开“创建账户”对话框，单击“添加一个没有Microsoft账户的用户”超链接，如图1-86所示。

图1-85　以无登录信息方式添加用户

图1-86　添加无Microsoft账户的用户

⑤ 在打开的对话框中依次输入账户的名称、密码，以及密码忘记后的提示问题和对应答案，完成后单击 下一步 按钮，如图1-87所示。

⑥ 完成账户的添加操作，选择所添加的账户，单击显示出来的 更改账户类型 按钮，更改账户类型，如图1-88所示。

图1-87　设置账户名称、密码、密码提示问题和答案

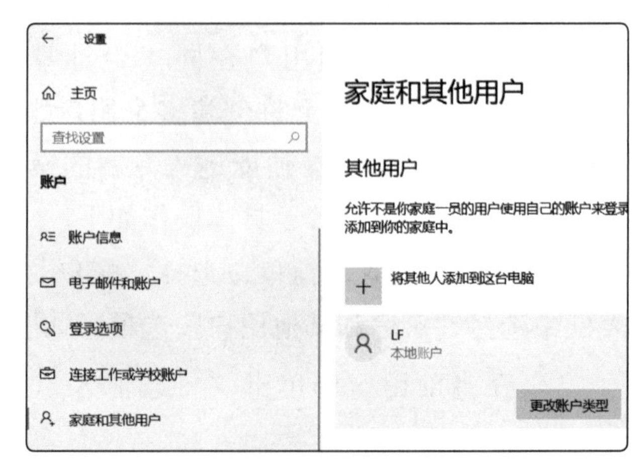

图1-88　更改账户类型

⑦ 打开“更改账户类型”对话框，在“账户类型”下拉列表框中选择“管理员”选项，单击 确定 按钮，如图1-89所示。

图1-89　选择“管理员”选项

任务3　使用工具软件进行系统测试与维护

合理使用工具软件对系统进行测试与维护操作，可以使操作系统在更稳定、更安全的环境下运行。下面利用鲁大师软件测试系统，并利用360安全卫士对系统进行快速维护，其具体操作如下。

微课

使用工具软件进行系统测试与维护

① 下载、安装并运行鲁大师，单击窗口上方的“性能测试”选项卡，然后单击选中需要测试的硬件性能对应的复选框，完成后单击 开始评测 按钮，如图1-90所示。

② 鲁大师开始测试选择的硬件性能，完成后将显示综合性能得分（为确保结果准确，测试时尽量不使用其他程序或软件），如图1-91所示。

图1-90　开始评测

图1-91　显示综合性能得分

③ 下载、安装并运行360安全卫士，单击窗口上方的“系统修复”选项卡，在界面中可单击 一键修复 按钮修复系统的所有问题，也可单击下方的修复类型按钮针对某个问题进行修复，这里单击 一键修复 按钮，如图1-92所示。

④ 360安全卫士开始扫描并查找相应类型的问题，扫描完成将结果显示在界面中，如图1-93所示。此时，只需单击 一键修复 按钮就能快速完成修复。

图1-92　一键修复

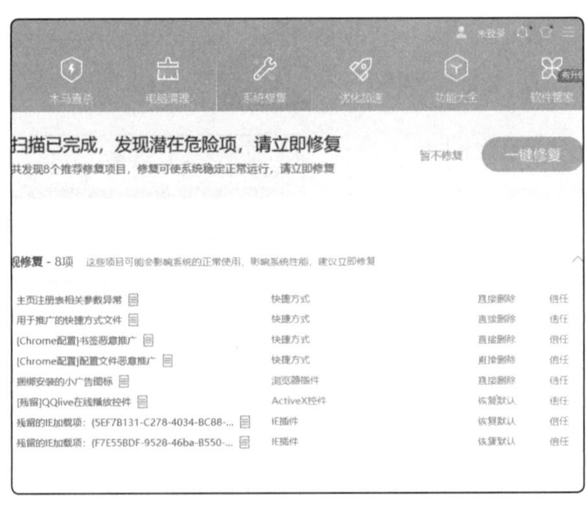

图1-93　扫描完成

1 计算机日常维护

养成正确且良好的操作习惯，对我们日常维护计算机有重要的帮助，如正确关闭计算机，正确使用键盘和鼠标，合理设置显示器亮度，操作系统和文件的维护等，都是需要我们在使用计算机时应当注意的问题。

（1）正确关闭计算机

计算机与其他电器有所不同，关闭它时应当按正确的方法来操作，而不是直接关闭电源。如果方法不正确，将会对计算机的硬件造成比较大的损伤。在Windows 10操作系统中，正确关闭计算机的方法为：关闭计算机中打开的所有程序和文件，然后单击“开始”按钮，在弹出的“开始”菜单中单击“电源”按钮，在弹出的下拉菜单中选择“关机”命令，待计算机完全停止运行后，再关闭显示器电源。

（2）正确使用键盘和鼠标

键盘和鼠标均属于机械和电子的结合型设备，如果在按键时过分用力，容易使键盘或鼠标损坏，造成使用上的不便。

（3）合理设置显示器亮度

显示器亮度不仅会影响它的使用寿命，也会影响我们的视力。将显示器亮度设置得过高或过低，都不利于我们操作计算机。如果较长时间不使用显示器，最好使计算机进入“睡眠状态”（在“开始”菜单中单击“电源”按钮，在弹出的下拉菜单中选择“睡眠”命令）或关闭显示器。

（4）操作系统和文件的维护

计算机的日常维护不仅包括硬件维护，还涉及操作系统本身和文件的维护。

- 安装软件时应考虑计算机的配置，且不宜安装过多的软件，不使用的软件应将其删除，为操作系统创造一个良好的使用环境。
- 定期清理计算机的磁盘，包括磁盘空间清理、磁盘碎片整理等。在“开始”菜单中选择“Windows管理工具”选项，在其下的列表框中选择“磁盘清理”命令或“碎片整理和优化驱动器”命令，根据打开的对话框向导进行磁盘清理和磁盘碎片整理操作。
- 管理好计算机中的文件，并定期清理自己的文件，对于一些不需要使用的文件应将其删除，同时定期清空回收站，以释放磁盘空间。

关键词： 显示器亮度　鼠标键盘的使用寿命　磁盘清理　磁盘碎片整理

2 计算机主机及外围设备维护

计算机主机中组装了许多硬件设备，同时根据不同的使用要求，还可能连接有各种外围设备，如打印机、扫描仪等。使用它们时也应该注意日常操作维护，最大限度地延长其使用寿命。

（1）计算机主机的日常维护

在使用计算机的过程中我们应当注意以下几点。

① 放置计算机的房间一定要保持干燥和清洁。

② 计算机的主机要轻拿轻放，注意防潮、防尘、防震。

③ 正在使用中的主机最好不要移动，硬盘勿碰撞、摔打。

（2）打印机的日常维护

打印机应该放在平稳、干净、防潮、无酸碱的工作环境中，并且要远离热源和避免日光直接照射。除此以外，我们平时还应做好以下几项养护工作。

① 定期用小刷子清扫机内的灰尘和纸屑。

② 经常检查打印机的机械部分有无螺丝松动或脱落。

③ 正确使用操作面板上的进纸、退纸、跳行等按钮，若发现走纸运行困难，不要强行工作。

④ 打印头的位置要根据纸张的厚度及时进行调整。

（3）扫描仪的日常维护

扫描仪是一种比较精巧的设备，其中的玻璃平板以及反光镜片、镜头比较精密，如果落上灰尘或者其他杂质，会使扫描仪的反射光线变弱，影响图片的扫描质量。因此，用完扫描仪后，一定要用防尘罩把扫描仪遮盖起来，防止灰尘的侵袭。

另外，我们也应该定期对扫描仪进行清洁。清洁时，先用柔软的细布擦去外壳的灰尘，然后用清洁剂和水对其进行清洁。接着对玻璃平板进行清洗，在清洗该面板时，先用玻璃清洁剂擦拭一遍，再用软干布将其擦干、擦净。

关键词： 主机使用　打印机使用　扫描仪使用

按照本项目介绍的内容，尝试对操作系统进行维护，具体要求如下。

① 检查防火墙是否开启，若未开启，按照正确的操作打开防火墙。

② 尝试新建一个标准账户，将其名称设置为“临时用户”。

③ 利用鲁大师测试计算机系统的硬件性能。

④ 使用360安全卫士对系统进行一键修复操作。

模块小结

本模块主要对信息技术的基础应用做了介绍，知识结构体系如图1-94所示。对这些内容的学习，一方面使我们对信息技术有了更全面的认识和更深入的理解，另一方面也为我们后面的学习打下了一定的基础，让我们对利用计算机系统完成各种任务增加了信心。

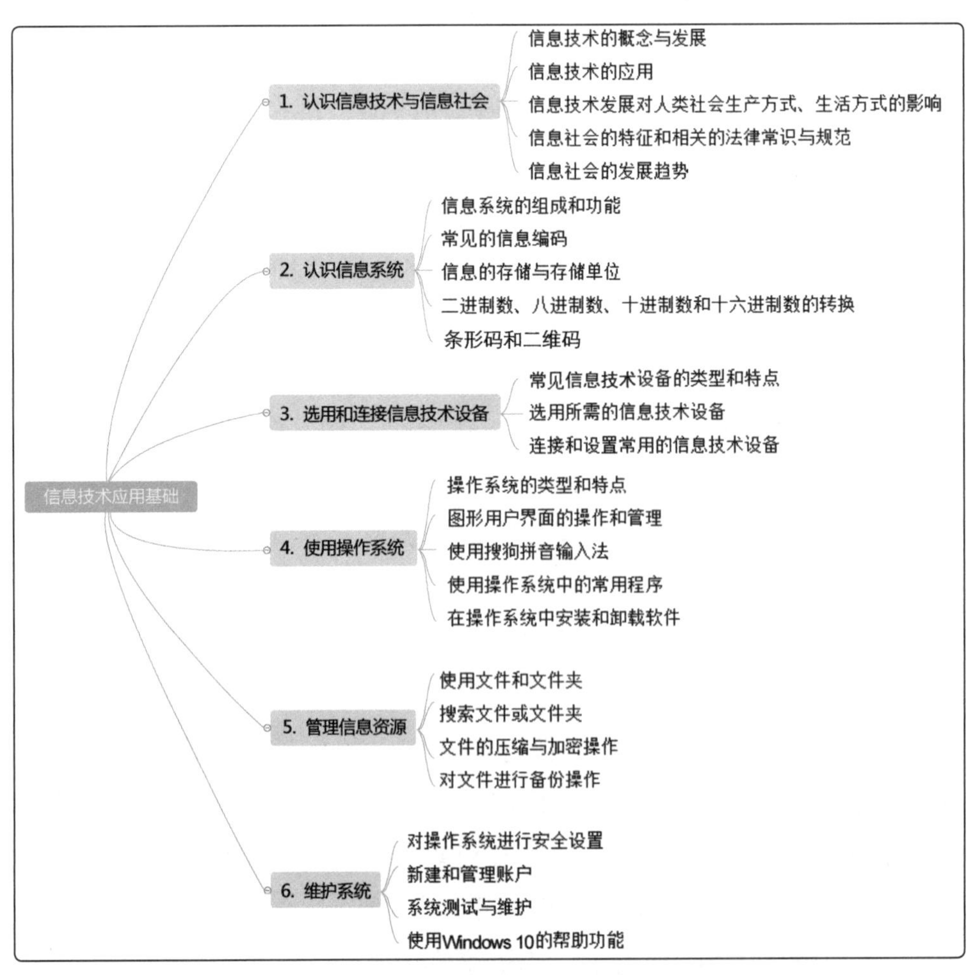

图1-94 本模块知识结构体系

一、填空题

1. 信息法律是对信息活动中的重要问题进行调控的法律措施，这些措施主要涉及________、________和________等。

2. 信息系统是以处理________为目的的人机一体化系统。

3. 信息系统的五大功能包括输入、________、处理、输出和________这5种。

4. 数据在信息系统中进行存储和运算时使用的是________进制数。

5. 计算机中信息组织和存储的基本单位是________。

6. 计算机系统的核心组件是________。

7. Windows 10操作系统属于________________。

二、选择题

1. 汉字编码的主要方式不包括（ ）。

   A. 输入码　B. 区位码　C. 国标码　D. 机外码

2. 计算机的操作系统是（ ）。

   A. 计算机中使用最广的应用软件　B. 计算机系统软件的核心

   C. 计算机的专用软件　D. 计算机的通用软件

3. 在Windows 10操作系统中，下列叙述中错误的是（ ）。

   A. 可支持鼠标操作　B. 可同时运行多个程序

   C. 不支持即插即用　D. 桌面上可同时容纳多个窗口

4. 打开Windows 10操作系统的“运行”对话框，可使用的快捷键是（ ）。

   A. 【Windows+R】　B. 【Ctrl+R】　C. 【Shift+R】　D. 【Alt+R】

5. 在Windows 10操作系统中，被放入回收站中的文件仍然占用（ ）。

   A. 硬盘空间　B. 内存空间　C. 软件空间　D. 光盘空间

6. Windows 10操作系统中用于设置系统和管理计算机硬件的应用程序是（ ）。

   A. 任务栏　B. “设置”窗口

   C. “开始”菜单　D. “此电脑”窗口

三、操作题

1. 为Windows 10操作系统自带画图程序创建桌面快捷方式。

2. 将输入法切换为搜狗输入法，打开记事本程序，输入“今天是值得纪念的一天”。

3. 将十进制数198752转换为八进制数。

4. 管理文件和文件夹，具体要求如下。

（1）在计算机D盘下新建LANG、WARM和SEED这3个文件夹，再在LANG文件夹下新建WANG子文件夹，在该子文件夹中新建一个“JIM.txt”文件。

（2）将WANG子文件夹下的“JIM.txt”文件复制到WARM文件夹中。

（3）为WARM文件夹中的“JIM.txt”文件设置隐藏和只读属性。

（4）将WARM文件夹下的“JIM.txt”文件删除。

5. 从网上下载QQ聊天软件的安装程序，然后将QQ安装到计算机中。

6. 在Windows 10操作系统中新建一个用户，名称为“zhanghua”，账户类型为“标准用户”，登录密码为“123456”。

四、思考题

我国数字经济快速发展，各行各业都在快速进行数字化转型，一些传统岗位要么接受数字化改造，要么被淘汰，随之而来的是数字化、智能化岗位的大量出现。在这种发展趋势下，职业人才的能力结构要求上有何特征？对成为大国工匠、高技能人才提出了哪些新要求？我们如何才能成为德才兼备的职业人才？

模块2

网络应用

——与神奇的网络世界亲密接触

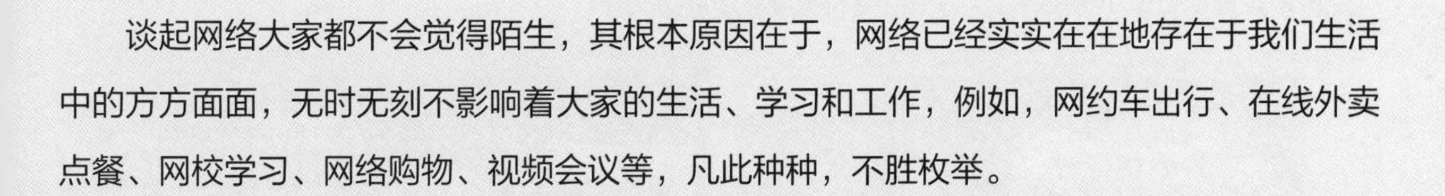

谈起网络大家都不会觉得陌生，其根本原因在于，网络已经实实在在地存在于我们生活中的方方面面，无时无刻不影响着大家的生活、学习和工作，例如，网约车出行、在线外卖点餐、网校学习、网络购物、视频会议等，凡此种种，不胜枚举。

那么网络是怎么产生的？它为什么会实现数据的传输和分享？我们究竟可以利用网络来做什么？……这些问题就是本模块将要解决的问题。通过学习，我们可以更加全面和深入地了解神奇的网络世界，并能够正确、合法地使用网络来帮助我们解决各种问题。

总地来看，本模块将会学习的内容包括：网络的基本理论知识，如网络体系结构、互联网的工作原理等，网络的配置与维护，网络资源的获取方法，在网络上实现交流与信息发布，各种网络工具的应用，以及物联网的相关知识等。

情景导入：无处不在的网络应用

几个朋友闲来无事，小优突发奇想，对大家说：“现在的人们几乎每天都会使用智能手机，要是没有网络，大家还会这么频繁地使用它吗？没有网络真会严重影响我们的生活吗？”听她这么一说，大家都若有所思，但不一会儿，小楠就开口说道：“网络技术发展得这么快，自然有它的应用价值。就拿我来说，工作出差的时候也会参加公司的视频会议，网络使我能够随时参与公司的决策，使我的工作得以更好地开展。没有网络，工作效率和质量应该会降低吧。”小文点点头，说：“网络实实在在带给了我非常多的便利。前些日子我报名了职称考试，然后马上就在网络上选择了一家口碑较好的网校开始进行专业学习，现在我可以随时随地学习想学的课程，没有网络，很难想象怎样才能如此方便地完成学业。”“可不是嘛！”小良兴致勃勃地接过话题，说道，“网络对于现代社会而言真是必不可少的工具了。我的妈妈现在直接通过网络缴纳水、电、燃气等生活费，省时省力；我的爸爸开车无论去哪里，使用导航就再也不会迷路了；老家的爷爷奶奶随时随地都可以同我们视频聊天，感觉我们之间都没有真实距离的阻碍了。这些可都是网络的功劳啊！”

项目 2.1 认识网络

我们所熟悉的互联网技术已在日常生活中得到了广泛应用。网络交易、手机支付、共享出行等创新服务深入到人们的日常生活中，同时，线上办公、视频会议、网络直播、云游博物馆等以互联网为基础的应用也使人们的工作、学习、生活变得更加高效便捷。我国互联网上网人数达十亿三千万人。人民群众获得感、幸福感、安全感更加充实、更有保障、更可持续，共同富裕取得新成效。那么网络为什么具有如此强大的功能？它是如何产生和发展的？这些问题值得我们去探究。

学习要点

◎ 网络技术的发展。
◎ 互联网的影响和与互联网相关的社会文化特征。
◎ 常见的网络体系结构。
◎ IP地址配置的方法。

1 飞速发展的网络技术

从最初用于军方数据交流的阿帕网到现在几乎万物互联，网络技术实现了从无到有、从简单到复杂的飞速发展。我们可以从网络应用和连接主体的角度出发，将网络技术的发展归纳为三大重要阶段，如图2-1所示。

图2-1 网络技术的发展阶段

2 互联网的影响和社会文化特征

互联网即国际互联网络，它是网络与网络之间利用通用的网络传输协议相连，所形成的逻辑上的单一巨大网络。互联网对我们的影响是巨大的，它为我们的工作、学习和生活带来很多的便利，大大提高了社会效率和经济效益。同时，网络犯罪也成为时刻威胁社会安全、对我们的生活造成负面影响的因素。对于我们来说，在享受网络信息带来的便利的同时，也要把握网络对人类社会发展的意义，要以网络时代为立足点，正确认识网络的作用。

（1）互联网的影响

互联网是一把“双刃剑”，正确利用它会为我们提供各种便利，否则也可能让我们“深陷泥沼”。在互联网时代，社会的方方面面都受到了互联网的影响。下面归纳一些较常见和容易出现的积极影响和消极影响，如图2-2所示。

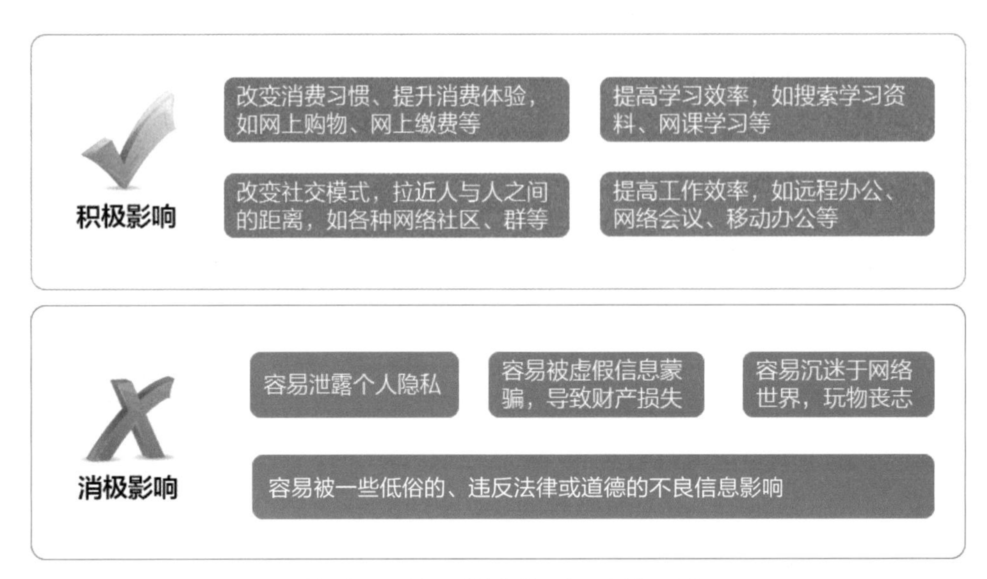

图2-2 互联网对社会的积极和消极影响

我们，特别是青少年，应该充分借助网络的强大功能为学习、工作提供各种便捷服务，而不应该在网络中迷失自己，无法自拔。我们应该抱着自律、自强的态度对待网络，让它成为我们的良师益友，使自己的生活、学习和工作变得更加精彩。

（2）与互联网相关的社会文化特征

社会文化由物质文化、精神文化、行为文化等构成，互联网从诞生之初，就深刻地影响着社会文化。首先，互联网影响了社会结构形态，例如，一些热门的网络事件会引起人们普遍的关注，这是互联网提升个人参与公共领域活动意识的体现，有时甚至还能改变事件的走向和结果，这是传统社会结构所不能或很难做到的。在个体交往层面，互联网上的各种即时通信工具、网络社区等都极大地缩小了人与人之间的距离，使网络社交成为一种普遍的社会活动。相比于传统社会文化，互联网上的用户更热衷于表达自己的观点，这些网络言论反映了人们的思想和意识，也影响着人们的思想和意识，并可进一步影响人们的观念和行为。

网络空间是亿万民众共同的精神家园。网络空间天朗气清、生态良好，符合人民利益。在互联网的影响下，社会文化将朝着更加丰富、更加成熟、更加先进的方向前进。

3 了解网络拓扑结构

网络拓扑是指网络中各个端点相互连接的方法和形式。网络拓扑结构反映了组网的一种几何形式。常见的网络拓扑结构主要有总线型、环形、星形、网状、树形等几种，如图2-3所示。

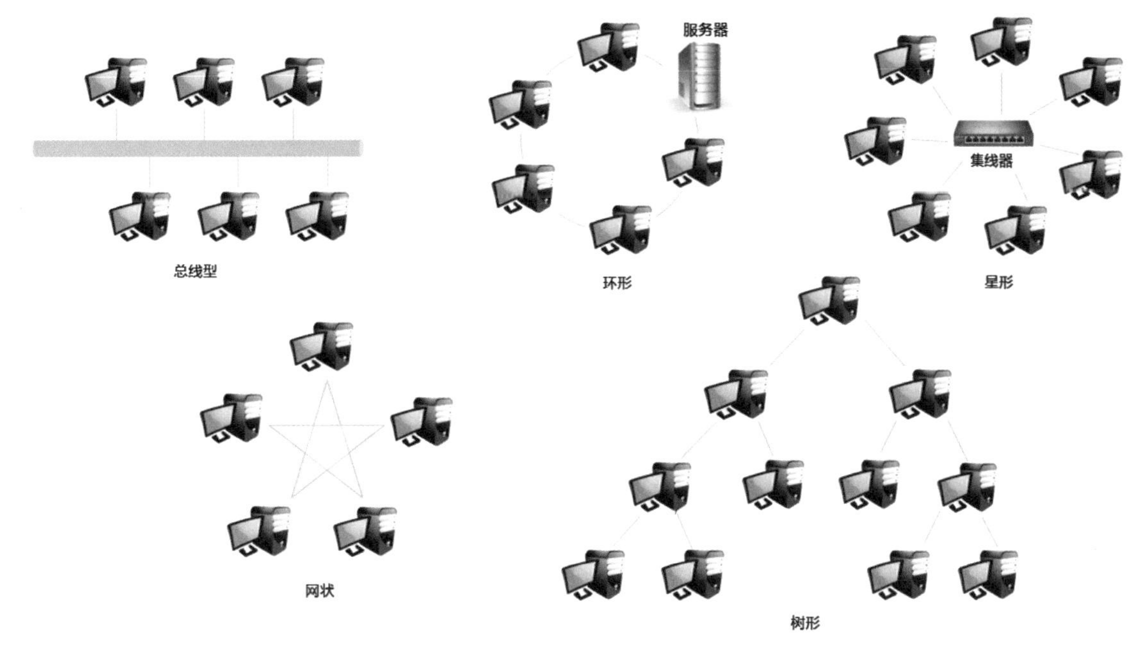

图2-3　几种常见的网络拓扑结构

提示

不同的网络拓扑结构有其各自的优点和缺点，选择哪种结构取决于对网络的后期需求。例如，总线型网络拓扑结构的优点在于简单灵活、构建方便、性能优良，缺点则是无法快速找到出错的位置，且主干线出现故障将引起整个网络瘫痪。如果需要快速搭建起只有少量客户端的网络，就可以选择这种结构进行组网。

4 互联网的工作原理

以前的人们很难想象，距离千里之外的两台计算机的用户通过互联网可以实现即时通信，但互联网就是这么神奇，它的存在，让整个世界变成了“地球村”，让大家的距离变得如此之近。那么互联网的工作原理是什么呢？它是如何实现数据的远距离接收和发送的呢？

以访问网站为例，我们通过浏览器输入网址并按【Enter】键后，数据便被打包起来，并标记上当前计算机的互联网协议（Internet Protocol，IP）地址，然后通过计算机的网卡传给路由器、网线，再传给其他路由器直到目的地，最后数据再返回此计算机，实现访问网站的目的，如图2-4所示。

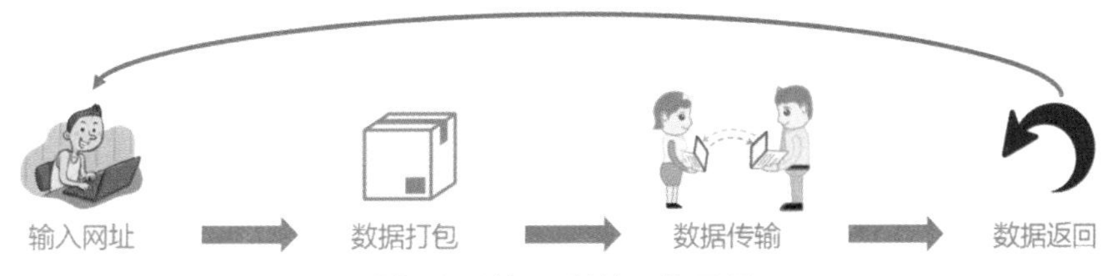

图2-4　访问网站的工作原理

其中，IP地址和域名系统（Domain Name System，DNS）服务器起到了至关重要的作用。首先来说IP地址，它又称为网际协议地址。IP地址最重要的作用之一就是标识设备，计算机连接网络后，就会被分配一个IP地址，便于数据收发。如果没有IP地址，则无法知道哪个设备是发送方，哪个设备是接收方。再来看DNS服务器，它实际上是域名和与之对应的IP地址转换的服务器，由于IP地址很难记忆，因此我们访问网站都是通过输入包含域名的网址来实现的，DNS服务器就可以将这个网站的域名转换为对应的IP地址，最终实现数据的传输。

提示

IP地址有统一的格式，其中第4版互联网协议（IPv4）地址的格式为4段数字，每一段数字最大不超过255，各段之间用“.”隔开，如“192.168.1.1”。但由于该格式的地址接近饱和，因此出现了第6版互联网协议（IPv6）地址，该类型IP地址采用128位数据长度，如“2001:DB8:0:23:8:800:200C:417A”。

项目任务

任务1 亲身体验互联网带来的影响

互联网对社会和个人的影响是非常巨大的，它已经深深改变了我们的各种生活方式，我们可以在互联网上学习、工作，甚至解决生活中的一些问题。随着信息技术和网络技术的不断发展，互联网更加深入人心，时时为我们带来便利。

请大家根据自己的了解，通过今昔对比说说互联网给自己或家人带来了哪些变化，并将内容填写到表2-1中。

表2-1 互联网带来的变化

行为	以前的方式	现在的方式
购买物品		
查阅资料		
生活缴费		
通信交流		
活动组织		
异地办公		
看电影、听音乐		
了解时事		

任务2 配置IP地址和DNS服务器

计算机在接入互联网后，会被自动分配一个IP地址，但对于企业、学校等组织内部的局域网而言，计算机需要配置正确的IP地址才能访问。下面介绍配置IP地址和DNS服务器的方法，其具体操作如下。

① 在任务栏右侧的网络图标上单击鼠标右键，在弹出的快捷菜单中选择“打开‘网络和Internet’设置”命令，如图2-5所示。

② 打开“设置”窗口，单击 属性 按钮，如图2-6所示。

图2-5 选择“打开‘网络和Internet’设置”命令

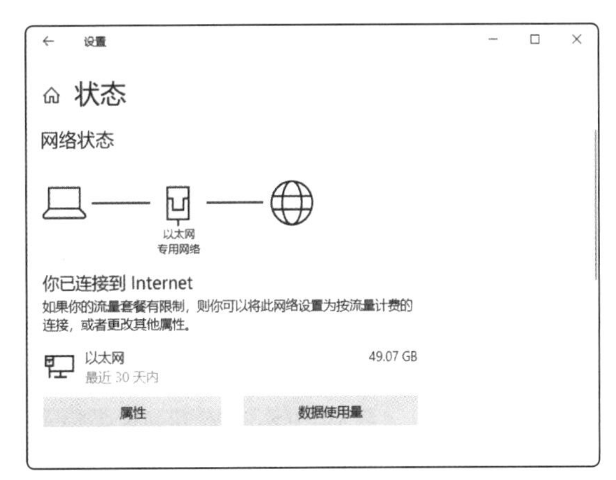

图2-6 “设置”窗口

③ 在打开的窗口中单击 编辑 按钮，编辑IP地址，如图2-7所示。

④ 打开“编辑IP设置”对话框，如图2-8所示，单击“IPv4”开关按钮。

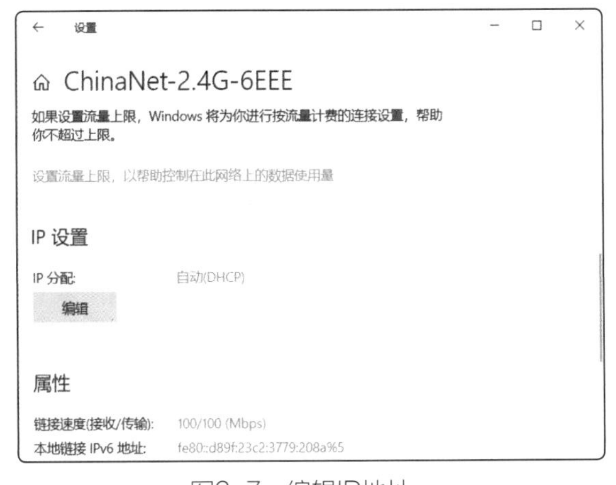

图2-7 编辑IP地址

图2-8 “编辑IP设置”对话框

⑤ 展开“IPv4”栏下的参数，在“IP地址”和“子网前缀长度”文本框中输入相应的数据，设置IP地址和子网前缀长度，如图2-9所示。其中不同的IP地址数据对应不同的子网前缀长度。

⑥ 继续在“网关”“首选DNS”“备用DNS”文本框中输入对应的数据，设置网关和DNS服务器，如图2-10所示。其中网关和DNS的数据由当地网络运营商负责提供，可咨询后填写。单击 保存 按钮完成设置操作。

图2-9　设置IP地址和子网前缀长度

图2-10　设置网关和DNS服务器

按【Windows+R】组合键打开“运行”对话框，在其中的文本框中输入“cmd”后单击 确定 按钮，打开命令提示符窗口，在其中输入“ipconfig/all”，按【Enter】键可查看计算机的网络配置信息，包括IP地址、子网掩码、默认网关、DNS服务器等信息，如图2-11所示。

图2-11　查看计算机的网络配置信息

拓展知识

了解网络域名

我们已经知道，由于IP地址不方便记忆，因此我们会使用域名来表示IP地址，每一个域名对应唯一的IP地址，这样就不用记忆IP地址了。同时，域名的另一个好处还在于，通过其内容可以了解该网站的大体作用，如“www.baidu.com”，通过“baidu”这个拼音可以知道这是百度网站，又如“http://www.stats.gov.cn”，其中的“stats”代表“统计数据”，“gov”代表政府机构，“cn”代表中国，因此可以知道该网站是国家统计局。

总体来说，域名由两组或两组以上的ASCII字符或各国语言字符构成，各组字符间由“.”号分隔，最右边的字符组称为顶级域名或一级域名，右数第二组称为二级域名，右数第三组称为三级域名，以此类推。目前互联网上共有3类顶级域名，分别是地理顶级域名、类别顶级域名和个性化域名（也叫新顶级域名），如图2-12所示。

图2-12　各类顶级域名示例

● 关键词：域名　新顶级域名

课后练习

查看自己所使用的计算机上的网络配置信息，然后尝试手动配置计算机的IP地址和DNS服务器等信息。

项目 2.2　配置网络

无论是家庭、学校，还是企业、社区，都可能涉及网络的配置和维护操作。如何让多台计算机或移动终端都能够上网，网络出现故障如何排除，这些问题都是我们应该了解和掌握的。

学习要点

◎ 常见网络设备的类型和功能。
◎ 网络连接和设置。
◎ 网络故障的判断和排除。

相关知识

1 常见网络设备的类型和功能

网络设备是计算机能够成功连接网络的硬件基础。就目前而言，常见的网络设备主要有调制解调器、路由器、交换机、集线器、网卡等。

（1）调制解调器

调制解调器的主要作用是将计算机的数字信号转换成可沿普通电话线传输的模拟信号，同时也将接收到的模拟信号转换成计算机能够识别的数字信号，从而让计算机在网络上实现通信。调制解调器的工作原理如图2-13所示。

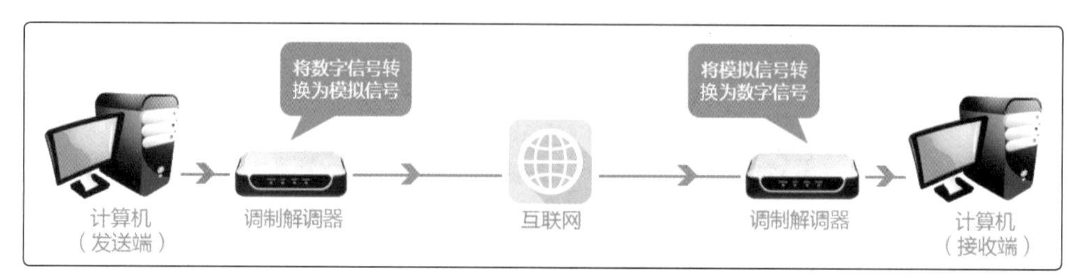

图2-13 调制解调器的工作原理

调制解调器的英文名为“Modem”，发音与中文的“猫”近似，因此也被戏称为“猫”，如利用光纤传输信号的光调制解调器就称为“光猫”。调制解调器有外置和内置之分，二者的外观如图2-14所示。常用的调制解调器主要是外置的。

外置调制解调器

内置调制解调器

图2-14 调制解调器的外观

（2）路由器

路由器是连接两个或多个网络的硬件设备，在网络间起网关的作用，是读取每一个数据包中的地址然后决定如何传送的专用智能性的网络设备。路由器有有线路由器和无线路由器之分，其外观如图2-15所示。

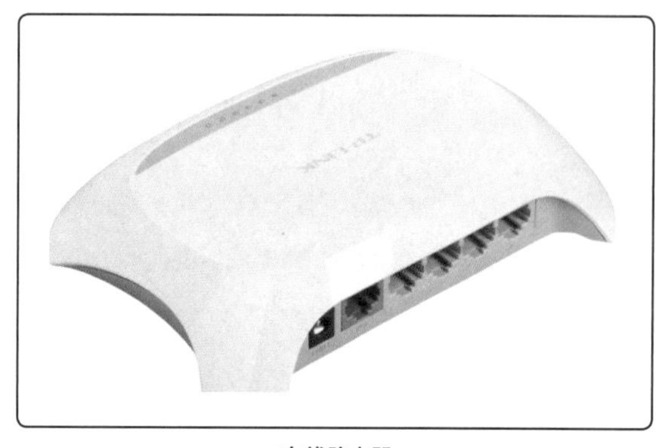

有线路由器

无线路由器

图2-15 路由器的外观

（3）交换机

交换机有多个连接端口，是组建局域网时常用的网络设备。当只有两台设备时，我们可以直接使用网线将其连接起来实现网络互联，但如果有多台设备时就需要交换机的介入，让它们共享一个网络实现网络互联。图2-16所示为交换机的外观。

（4）集线器

集线器的主要功能是对接收到的信号进行再生、整形和放大，以扩大网络的传输距离，同时把所有节点集中在以它为中心的节点上。与交换机相比，集线器连接的设备越多，网络传输效率就越低，因此已经逐渐被市场淘汰。图2-17所示为集线器的外观。

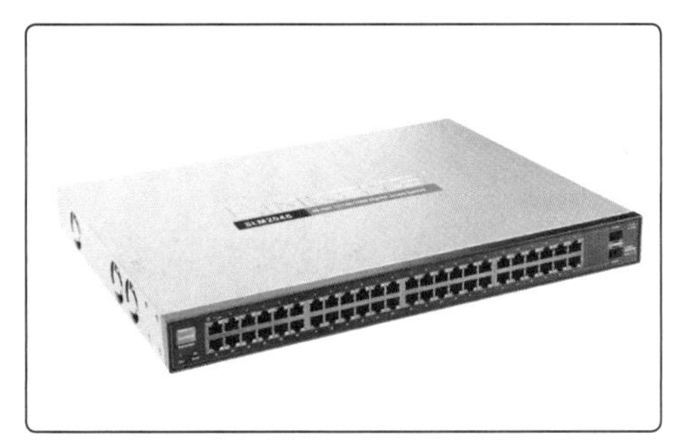

图2-16　交换机的外观

图2-17　集线器的外观

（5）网卡

计算机如果想要连接网络，就需要保证该计算机拥有一个独一无二的介质访问控制（Medium Access Control，MAC）地址，而网卡则拥有这个地址，因此它是计算机上网必备的网络设备。台式计算机使用的网卡一般为标准以太网卡，笔记本电脑使用的则多为个人计算机存储卡国际协会（Personal Computer Memory Card International Association，PCMCIA）网卡，如图2-18所示。

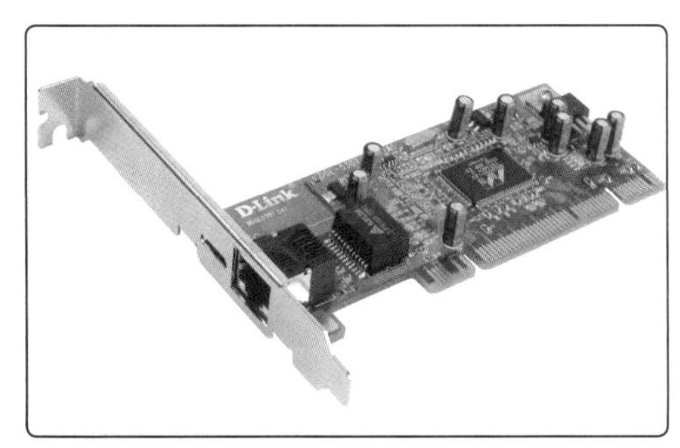

标准以太网卡

PCMCIA网卡

图2-18　网卡的外观

注意

除上述网络设备外，实现上网的硬件设备还需要有传输介质，即网线。目前使用最多的网络传输介质包括双绞线、光纤、同轴电缆等。对于无线网络而言，虽然它不直接使用网线这类硬件传输介质，但会使用特定频率的电磁波作为传输介质。

2 网络故障不可怕

我们并不希望看到网络故障的发生，但通常因为各种原因，网络故障也会不时出现，导致计算机无法上网。总体来看，网络故障有物理故障和逻辑故障两大类，在判断属于哪种类型的故障后，才能有针对性地进行排除操作。

（1）物理故障

物理故障主要是指一些线路和设备损坏、插头松动、信号受到干扰等情况。当出现网络故障时，我们首先应该检查线路是否畅通、插头是否松动等，这是最基本的网络故障排除方法。以光纤为例，如果怀疑光纤出现断裂，那么我们可以在光纤的一端用手电筒对准光纤头部照亮，然后仔细查看光纤另一端的头部是否有亮点，如果有，说明光纤未损坏，如果没有，则说明光纤有断点，需要联系维修人员进行处理。

（2）逻辑故障

逻辑故障最常见的情况就是参数配置出现错误，简单来说就是网络设备的设置有误。例如路由器设置错误导致路由循环或找不到终端地址时，就容易导致网络无法使用。遇到逻辑故障时，应该采用替换排除法。如果怀疑路由器故障，则可以尝试替换为其他路由器。如果故障排除，则说明原路由器故障；如果故障依旧，则说明非路由器故障。当确定为路由器故障时，首先可重启路由器，如果不能排除，则尝试按照使用说明重新对路由器进行设置。

项目任务

任务1 连接网络

连接网络的工作实际上并不像想象中的那么复杂，下面以将多台计算机通过一个光猫上网为例，介绍连接网络的方法，其中涉及的网络设备除光猫外，还包括路由器和交换机等，其具体操作如下。

① 利用网线将多台计算机与同一个交换机相连，如图2-19所示。如果路由器上的网线端口足够多台计算机使用，则可以不用交换机。

② 将网线接入交换机的端口后，另一端接入路由器的任意局域网（Local Area Network，LAN）端口，然后将路由器的电源线接入路由器的电源接口中，如图2-20所示。

③ 将另一根网线接入路由器的广域网（Wide Area Network，WAN）端口，另一端接入光猫的任意LAN端口，然后将光猫的电源线和光纤分别连接到光猫的电源接口和光纤端口中，如图2-21所示。

④ 连接成功后，路由器会自动为每台计算机分配IP地址，也就是说，计算机连接网络设备后，就可以成功上网了，如图2-22所示。

图2-19　连接交换机

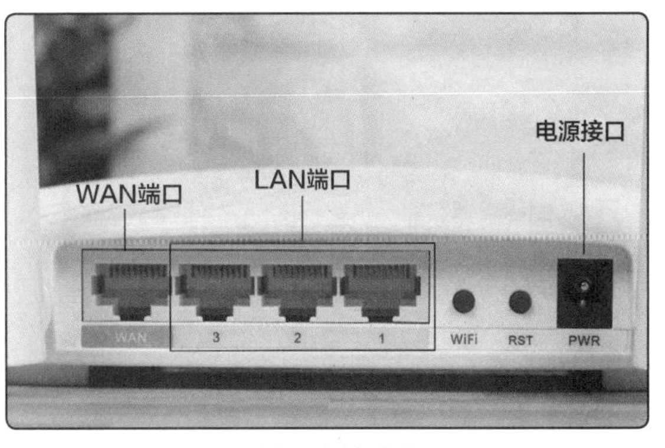

图2-20　连接路由器

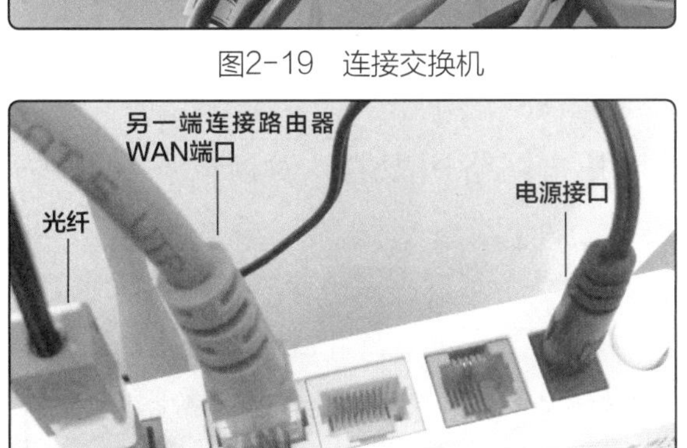

图2-21　连接光猫

图2-22　连接成功

注意

由于移动设备的普及，目前多使用无线路由器来组建网络。此时，笔记本电脑、智能手机等移动设备自带有信号接收器，无需网线就能连接到无线路由器，因此只需将无线路由器和光猫连接，移动设备就能识别对应的无线网络，并成功上网。

提示

如果想让计算机更方便地访问局域网中的文件，或便于对多台计算机的上网时间、上网速度进行控制，就可以按照前面介绍的方法手动设置各台计算机的IP地址，通过IP地址来更好地管理局域网及其中的计算机。

任务2　排除网络故障

网络故障具有偶发性。当出现网络故障而无法上网时，我们应该学会基本的故障排除方法和技巧。下面以任务栏网络图标变为或状态为例，介绍排除这类网络故障的方法，其具体操作如下。

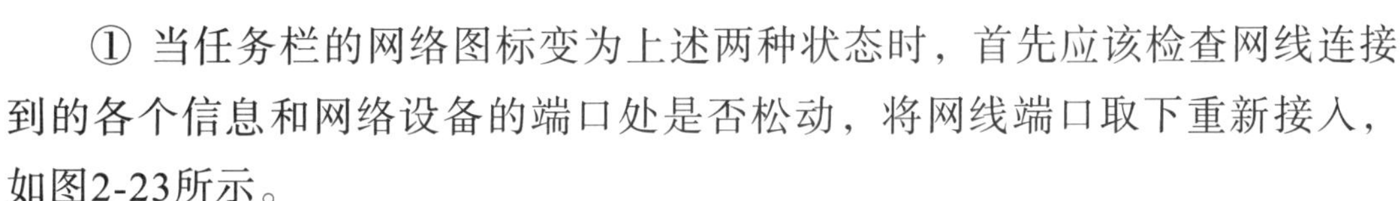

① 当任务栏的网络图标变为上述两种状态时，首先应该检查网线连接到的各个信息和网络设备的端口处是否松动，将网线端口取下重新接入，如图2-23所示。

② 检查是否路由器、调制解调器的电源接口松动导致网络设备无法正常工作，或者将电源插头拔下后再插上，重启设备，如图2-24所示。

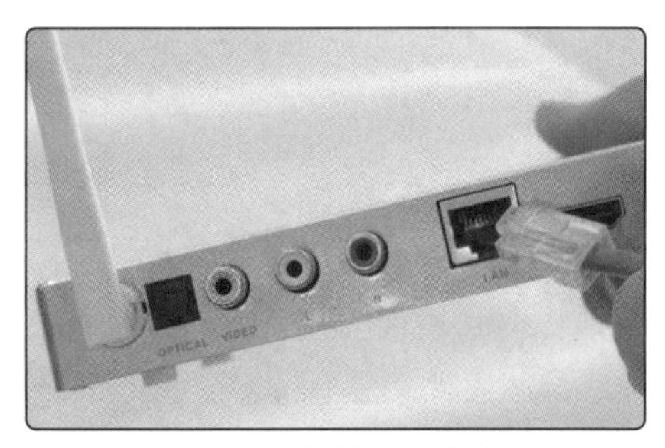

图2-23　重新接入网线端口

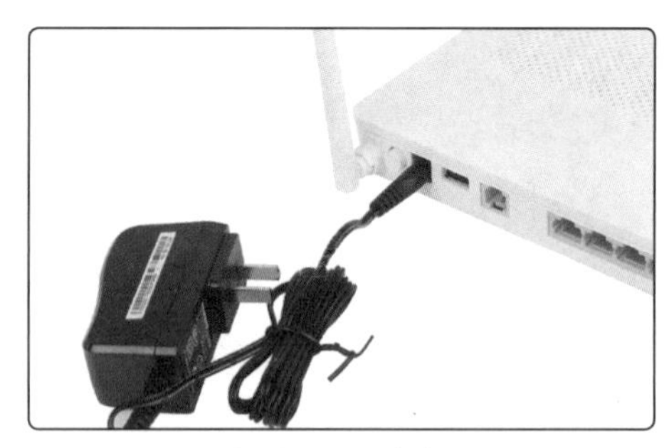

图2-24　重启电源

③ 如果仍未排除故障，可在任务栏的网络图标上单击鼠标右键，在弹出的快捷菜单中选择“疑难解答”命令，如图2-25所示。

④ Windows 10操作系统将分析问题，然后打开“网络适配器”对话框，在其中可根据实际情况选择要诊断的网络适配器，单击选中“所有网络适配器”单选按钮，然后单击下一页(N)按钮，如图2-26所示。

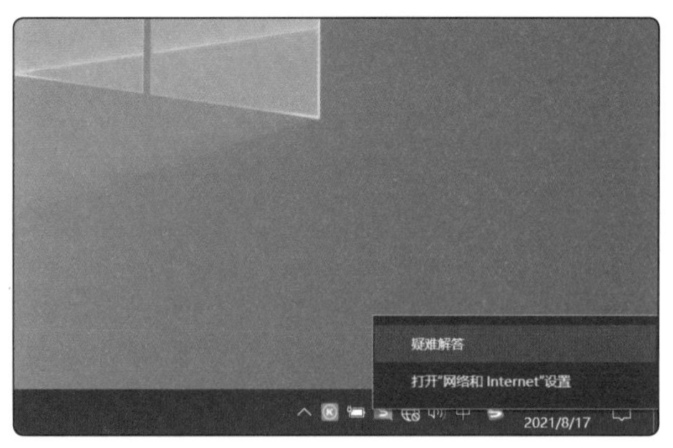

图2-25　使用疑难解答功能

图2-26　诊断所有网络适配器

⑤ 操作系统开始检测问题，然后将根据计算机的具体情况显示找到的可能出现的问题，此时我们可以选择“应用此修复”选项，如图2-27所示。如果确定不是该问题所引起的故障，则可选择“跳过此步骤”选项。

⑥ 操作系统继续分析问题并给出解决方案，如图2-28所示，若按照该方案仍未排除故障，仍可选择“跳过此步骤”选项。

图2-27　选择“应用此修复”选项

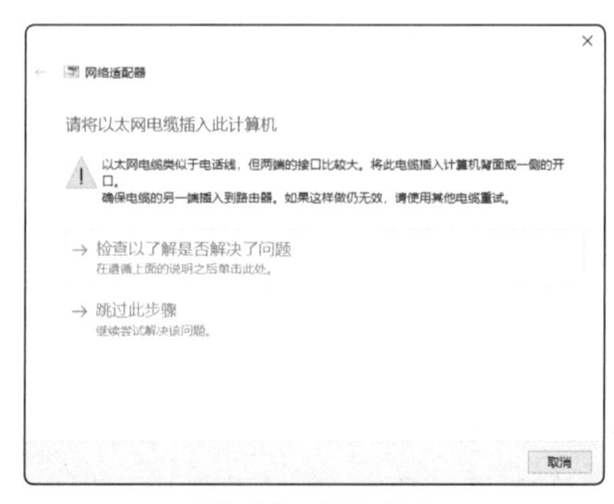

图2-28　解决方案

⑦ 当操作系统无法给出其他解决方案时，将打开图2-29所示的对话框，提示疑难解答已完成，这时我们需要单击 关闭 按钮关闭对话框。

按上述步骤基本可以解决常见的网络故障。另外我们还可以使用“ping”命令来检测两台计算机之间的网络是否连通，使用时只需通过“运行”对话框打开命令提示符窗口，输入“ping 本机地址”“ping 网关地址”或“ping 远程IP地址”等命令后按【Enter】键，检查相关网络是否连通，并找到哪里出现了网络故障，如图2-30所示。

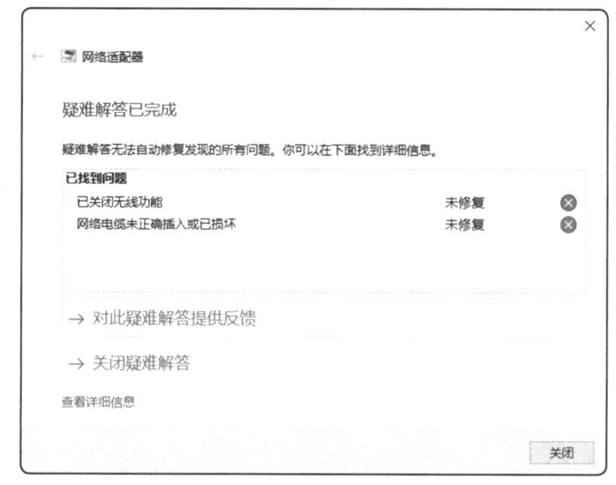

图2-29 疑难解答已完成

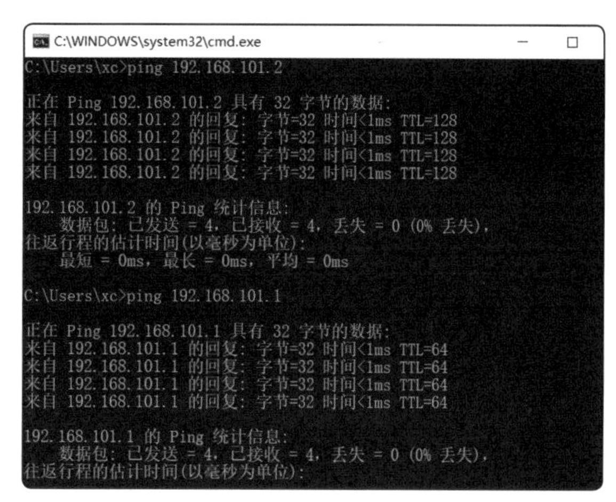

图2-30 使用“ping”命令

提示

使用“ping”命令检测网络是否连通时，应查看数据包的发送量和接收量，正常连通状态的发送量与接收量的数据是相当的，此时网络“ping”通。若本机地址未“ping”通，可能是网卡出现问题、防火墙设置问题等；若网关地址未“ping”通，可能是路由器设置、TCP/IP设置等问题；若远程IP地址未“ping”通，表示无法连接互联网，可能是调制解调器等出现问题。

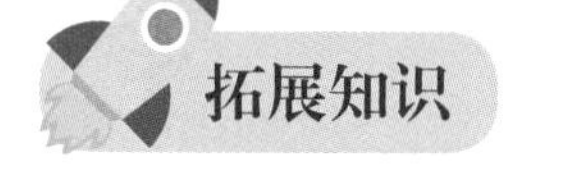

拓展知识

1 家庭网络的连接规划

整体而言，家庭网络中需要接入互联网的设备以移动智能设备居多，如笔记本电脑、智能手机、平板电脑等，因此我们只需要调制解调器和无线路由器就能组建，具体方法参照上文所述的内容。如果对无线网络的要求较高，或者家里不同区域的无线网络信号强弱分明，我们可以使用无线接入点（Access Point，AP）面板来进行家庭网络的规划。

无线AP面板相当于一个无线热点，即无线信号发射点。将无线AP面板布置于家庭的各个房间内，便能在家里的任意区域接收到稳定的无线网络信号。当然，考虑到成本因素，实际上我们并不需要为每个房间都安装无线AP面板，一般只需要在客厅和卧室安装就能满足需要了，餐厅可视情况选择是否安装。无线AP面板分布如图2-31所示。

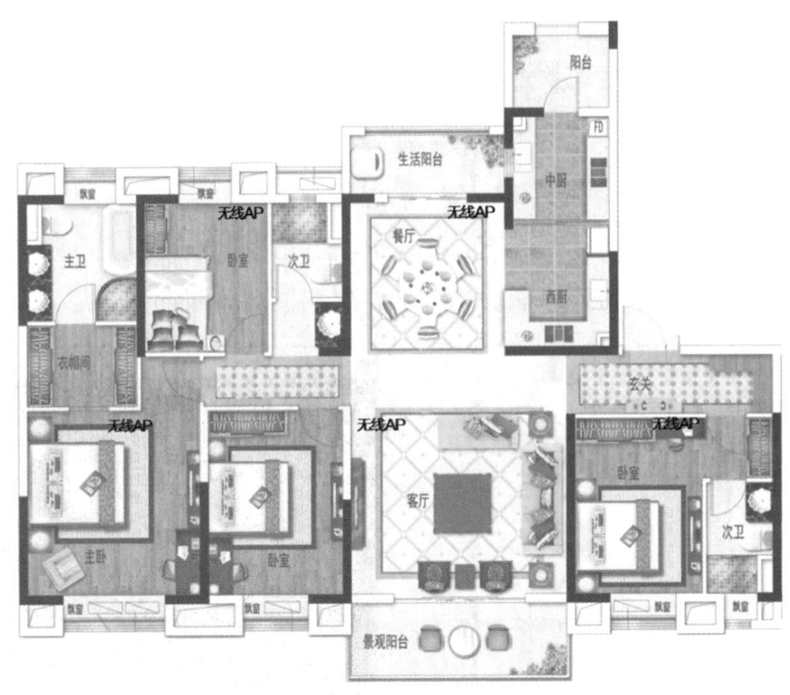

图2-31　无线AP面板分布图

具体组建方法为：正确连接调制解调器和无线路由器，然后将每个无线AP面板通过网线接入路由器（家庭装修时一般预埋了网线和对应的面板，可以直接将面板更换为无线AP面板），最后根据面板的使用说明书进行简单设置便完成网络的组建工作了。

● 关键词：无线AP面板

2 无线路由器的设置

无线路由器目前已经是家庭网络的常用网络设备，一般新购置或复位后的路由器，其默认的IP地址为“192.168.1.1”，用户名和密码均是“admin”。设置路由器时只需在连接到该路由器的计算机上利用浏览器输入其默认的IP地址，便能对路由器进行配置。

无论哪种品牌或型号的无线路由器，均提供WAN设置、LAN设置、动态主机配置协议（Dynamic Host Configuration Protocol，DHCP）设置和无线设置等功能。其中，WAN设置是设置上级网络的接入方式；LAN设置是设置内部网络的IP地址分配方式；DHCP设置则是设置启用或分配动态IP地址的分配策略；无线设置则是指定无线网络的名称、连接密码、加密方式等。

● 关键词：无线路由器设置　DHCP

课后练习

查看自己家里的网络组建情况，尝试访问路由器，并熟悉其中的各种设置方法和参数作用。然后将路由器关闭，使用Windows 10操作系统的网络疑难解答功能查看其能否给出正确的故障排除方案。

项目 2.3　获取网络资源

生活在信息化的网络时代，人们每天都可以接触到各种各样的网络资源，包括视频、音频、图片、文字等。对于这些形形色色的网络资源，我们应该如何甄别、如何选择、如何获取，并让它们为我们所用呢？本项目便对这些问题进行介绍。

学习要点

◎ 网络资源的类型。
◎ 辨识和区分网络信息。
◎ 正确使用网络资源。

相关知识

1 网络资源的类型

网络信息资源是指以数字化形式记录，以多媒体形式表达，存储在网络上并通过信息技术通信方式传递的信息内容的集合。网络资源可以根据不同的划分标准进行分类，如按文件类型划分、按发布主体划分、按版权要求划分等，具体如图2-32所示。

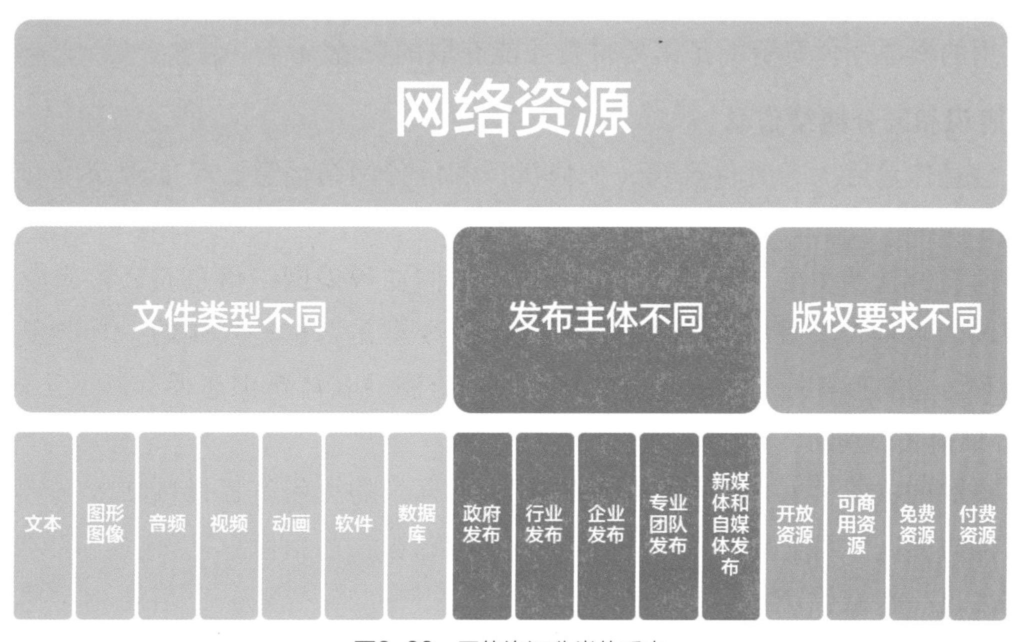

图2-32　网络资源分类体系表

（1）不同文件类型的网络资源

按不同的文件类型，网络资源可以分为文本、图形图像、音频、视频、动画、软件、数据库等各种类型的资源。

（2）不同发布主体的网络资源

按不同的发布主体，网络资源可以分为政府信息资源、行业信息资源、企业信息资源、专业团队资源、新媒体和自媒体资源等。其中，政府信息资源主要是政府发布的新闻、报告、文件等资源；行业信息资源是某个行业发布的与行业相关的新闻、数据报告等资源；企业信息资源是企业发布的与企业相关的各种资源，如企业介绍、产品信息等；专业团队资源是由在某个领域具有专业知识和技术的团队发布的与专业相关的各种资源，如动画专业团队发布的各种动画效果、素材资源等；新媒体和自媒体资源内容五花八门，各具特色，主要起到传播信息的作用。

提示

新媒体是指利用数字技术、网络技术等通过网络向用户提供各种信息的媒体总称，它主要相对于传统媒体的传播手段，着重于利用信息技术来传播信息。自媒体指的是普通大众以传播者的身份，以信息化、电子化的手段在网络上发布各种规范性信息。二者最明显的区别在于，新媒体偏向于官方，自媒体偏向于个人，且新媒体包含自媒体这种形式。

（3）不同版权要求的网络资源

按不同版权的要求，可以将网络资源分为开放资源、可商用资源、免费资源、付费资源等。开放资源指可以在公共领域使用的资源，如大多数政府部门公开的资源就是开放资源；可商用资源是指允许用于商业领域的资源；免费资源一般是指可以在许可范围内免费使用的资源；付费资源是需要付费才能获取的资源。

2 辨识和区分网络信息

网络信息体量巨大、真伪难辨，如何辨识和区分网络信息，是能否获取有价值资源的关键所在。

网络信息的真伪主要是指信息的可信度。我们在辨识网络信息时，首先要分析信息中所涉及的内容是否客观存在，构成信息的各个要素是否都是真实的；其次要查看信息的来源，对信息发布者的身份、背景等因素进行查验。具体辨识途径有以下几种。

（1）根据来源判断

信息来源的权威性、信誉度等都能为信息源自身的可信度提供判断依据。政府事业单位、新闻媒体、大型企业等官方网站提供的信息源的可信度就非常高。就个人信息源而言，知名度、权威性越高，影响力越大的个人提供的信息源的可信度相对越高。除此之外，其他非官方网站或个人发布的信息，通常需要严格判断并筛选。

（2）根据时效性判断

网络信息具有很强的时效性，失效的网络信息通常是没有什么价值的。在网络技术飞速发展的当下，网络信息的生命周期在不断地缩短，我们在获取信息之前，应该对该信息的发布时间和内容涉及的日期进行查验，过期的信息要及时淘汰。

（3）根据传递方式判断

网络信息的传递方式可以分为官方网站传递、互动平台传递、第三方平台传递、群发推送式传递等多种。其中，官方传递的信息可信度最高；通过互动平台和第三方平台传递的信息可信度会降低；采用群发推送式方式传递的信息可能带有目的性，其可信度可能就会大打折扣。

总体而言，各种信息辨识途径的可信度高低如图2-33所示。

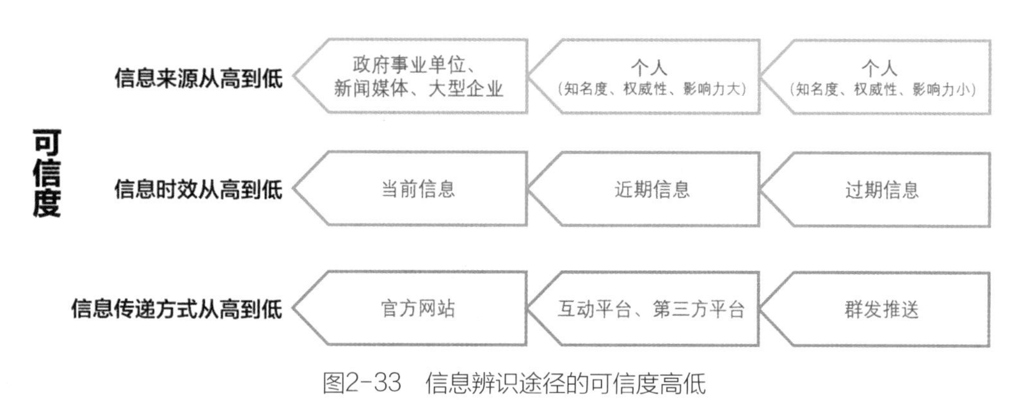

图2-33　信息辨识途径的可信度高低

3 正确使用网络资源

网络为我们提供了求知和学习的广阔天地，但同时网络又是一把“双刃剑”，如果不正确使用就可能产生很多负面影响，从而影响正常的工作、学习和生活。因此，正确使用网络资源是发挥网络优势的重要前提，我们应当自觉文明上网，维护网络安全，做网络上正能量的传播者。

正确使用网络资源的策略有以下几种。

- 树立正确的价值观，带着正确的价值取向去网络中获取知识和快乐。
- 从正规的途径获取知识，杜绝访问有问题或带有安全隐患的网站，拒绝接收不良信息。
- 制订一个较为合理的时间安排表，通过时间安排表来进行自我控制，不能过度使用网络。
- 不信谣，不传谣，也不能传播各种非法信息。
- 在网络上要友善地与他人交流，不能侮辱、谩骂他人。
- 增强自我保护意识，合理保护自己的隐私数据，不随便向他人透露私人信息。

项目任务

任务1　搜索并下载图片

网络上的资源不计其数，要想快速找到合适的资源，我们可以借助搜索引擎来实现。下面以搜索并下载图片为例，介绍搜索引擎的使用以及图片的下载与保存方法，其具体操作如下。

① 单击任务栏左侧的“搜索”按钮，在搜索框中输入“浏览器”，在搜索结果中选择某个浏览器选项，这里选择“Microsoft Edge”选项，如图2-34所示。

② 启动Microsoft Edge，在地址栏中输入搜索引擎的网址，这里以百度搜索引擎为例，输入“www.baidu.com”，按【Enter】键访问网站，如图2-35所示。

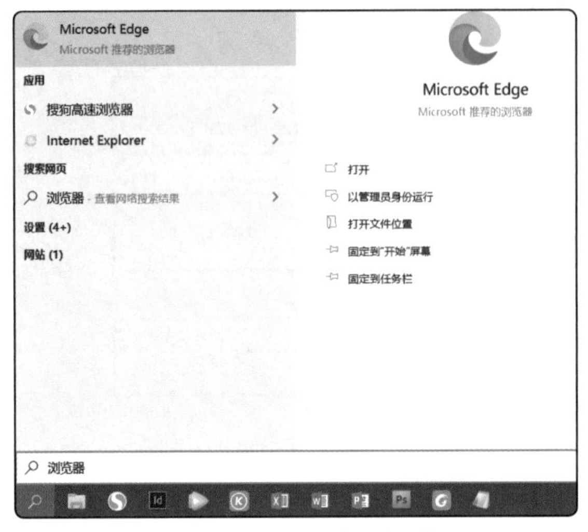

图2-34 搜索“浏览器”

图2-35 输入网址

提示

目前网络上有许多浏览器软件可供选择，各种浏览器的操作方法大致相似。对于经常使用的浏览器，可以为其在桌面上创建快捷启动图标，或将其固定到任务栏中，以方便启动。将软件固定到任务栏的方法为：在“开始”菜单中找到该软件的启动命令，在其上单击鼠标右键，在弹出的快捷菜单中选择“更多”/“固定到任务栏”命令。

③ 在搜索框中输入图片的关键字，如“小狗”，按【Enter】键，如图2-36所示。

④ 此时搜索结果默认显示的是网页，因此需要单击搜索框下方的“图片”超链接，更改搜索结果的类型，如图2-37所示。

图2-36 输入关键字

图2-37 搜索图片

⑤ 在搜索结果显示页面中可以设置搜索条件，包括是否具有版权、是否高清、时间是否最新，以及尺寸、颜色等，这里单击“高清”超链接将其高亮显示（灰度显示表示未启用该条件），并选择大尺寸图片，如图2-38所示。

⑥ 此时将搜索出符合条件的图片结果，滚动鼠标滚轮寻找需要的图片，找到后在其缩略图上单击鼠标打开该图片的显示页面，并继续在图片上单击鼠标右键，在弹出的快捷菜单中选择“将图像另存为”命令，如图2-39所示。

图2-38 设置搜索条件

图2-39 下载图片

技巧

在显示图片的页面中可单击下方的全屏按钮，通过全屏浏览的方式仔细查看图片的清晰度和内容是否符合要求，确认无误后可按【Esc】键退出全屏模式。

⑦ 打开“另存为”对话框，设置图片的保存位置，这里在左侧列表框中选择“桌面”选项，在“文件名”下拉列表框中输入图片名称，这里输入“小狗”，单击 保存(S) 按钮，如图2-40所示。

⑧ 图片下载到计算机上后便可双击图片查看效果，如图2-41所示。

图2-40 保存图片

图2-41 查看图片

任务2 合理获取与使用资源

获取网络资源也并非都利用搜索引擎，对于不同类型的资源，可以在不同的网站获取。例如，文本信息可以在文学网站或范文类网站获取，音乐可以在音乐类网站上获取等。另外，类型不同的资源，获取的方法也不相同。例如，文本可以通过直接复制粘贴的方式获取，网页可以通过文件另存为的方式保存，音乐、视频、软件等资源可以单击提供的下载超链接保存等。

需要注意的是，网络资源并不都是可以免费使用的，有些具有版权的资源就不能在未经同意的情况下用于商业牟利。以图片为例，有些图片可以任意使用，有些图片在使用时需要注明作者，有些图片只允许用在非商业用途，有些图片需要付费购买等。表2-2中罗列了一些使用图片的情形，请判断此时能否使用有版权的图片。

表2-2 不同使用图片的情形下能否使用有版权的图片

使用图片的情形	能否使用有版权的图片
帮同学制作 PPT 用于课堂演讲时使用了图片	
为美化微信公众号某一篇文章的效果使用了图片	
为学校即将到来的运动会制作宣传海报时使用了图片	
业余时间为某单位有偿制作招聘启事时使用了图片	
为商业网站的推文编辑文章时使用了图片	
制作个人简历用于应聘职位时使用了图片	
为非营利组织制作宣传单时使用了图片	

提示

当我们在网上获取图片等各类资源时，网页中都会对该资源的版权问题做出解释。一般来说，对于用于商业用途的图片，我们要么寻找一些完全可以公开使用的图片资源，要么通过付费购买来获取相应的使用版权，切不可私自盗用有版权的图片。

拓展知识

知识产权保护

知识产权，是关于人类在社会实践中创造的智力劳动成果的专有权利，它分为著作权和工业产权两大类。著作权又称版权，是指自然人、法人或其他组织对文学、艺术和科学作品依法享有的财产权利和精神权利的总称，包括文化、音乐、艺术、摄影及电影电视作品等；

工业产权是指工业、商业、农业、林业和其他产业中具有实用经济意义的一种无形财产权，主要包括专利权、商标权、实用新型设计、工业品外观设计、原产地标记等。我国知识产权相关法律主要包括《商标法》《专利法》《著作权法》《反不正当竞争法》等。

随着知识产权在经济社会中的作用日益显著，我国对知识产权的保护也更加重视，如阻止和打击假冒伪劣产品，阻止和打击商标侵权、专利侵权，阻止和打击著作权侵权等。但总体而言，我国的知识产权保护还处于发展阶段，虽然法律上制定了一系列知识产权保护的法律法规，但仍然有需要完善之处。例如，一些人的知识产权保护意识比较薄弱：一方面对属于自己的权利缺乏忧患意识，作品容易被他人盗用；一方面非法使用他人的作品而意识不到属于违法行为。

归根结底，只有全民知识产权保护意识提高，我国的知识产权保护体系才能够更快地建立并完善，才会有更多优秀的作品诞生，这需要我们每一个人共同为之努力。

● 关键词：知识产权　知识产权保护

课后练习

以中国式现代化推进中华民族伟大复兴，统揽伟大斗争、伟大工程、伟大事业、伟大梦想。南水北调工程是我国重大战略性基础设施，工程规划东、中、西三条线路，有利于实现中国水资源南北调配、东西互济的格局。使用搜索引擎搜索与南水北调工程相关的内容，将具体情况复制并整理到记事本中。

项目 2.4　网络交流与信息发布

网络交流与信息发布是网络对人们影响最为深刻的方面之一，相对于传统交流和信息发布而言，网络交流与信息发布突破了时间和空间的限制，拉近了人们之间的距离，对和谐社会的建设与发展有至关重要的作用。

学习要点

◎ 网络通信、网络信息传送。
◎ 编辑、加工和发布网络信息。
◎ 网络远程操作。
◎ 坚持正确的网络文化导向。

相关知识

网络通信

网络通信已经成为人们现在必不可少的交流方式，也是最为成熟的网络功能之一。

电子邮件和即时通信是网络通信最典型的两种方式。其中，即时通信是指能够即时发送和接收互联网信息。

（1）电子邮件

电子邮件的英文名称为“E-mail”，通过电子邮件，我们可以快速地与世界上任何一个网络用户进行联系，对方通过电子邮件可以接收到文字、图像、声音、视频等各种信息。使用电子邮件需要申请电子邮箱，它是存储电子邮件的空间，每个电子邮箱都有一个唯一的地址，其格式为“abcd@mail.com”。其中“abcd”代表用户名，“@”为电子邮箱地址格式分隔符，“mail.com”代表电子邮箱的服务器域名。如新浪电子邮箱地址的格式为“abcd@sina.com”，网易电子邮箱地址的格式为“abcd@163.com”，搜狐电子邮箱地址的格式为“abcd@sohu.com”，QQ电子邮箱地址的格式为“abcd@qq.com”等。

撰写电子邮件的过程中，会涉及收件人、主题、抄送、密送、添加附件、正文等参数，如图2-42所示，它们的含义分别如下。

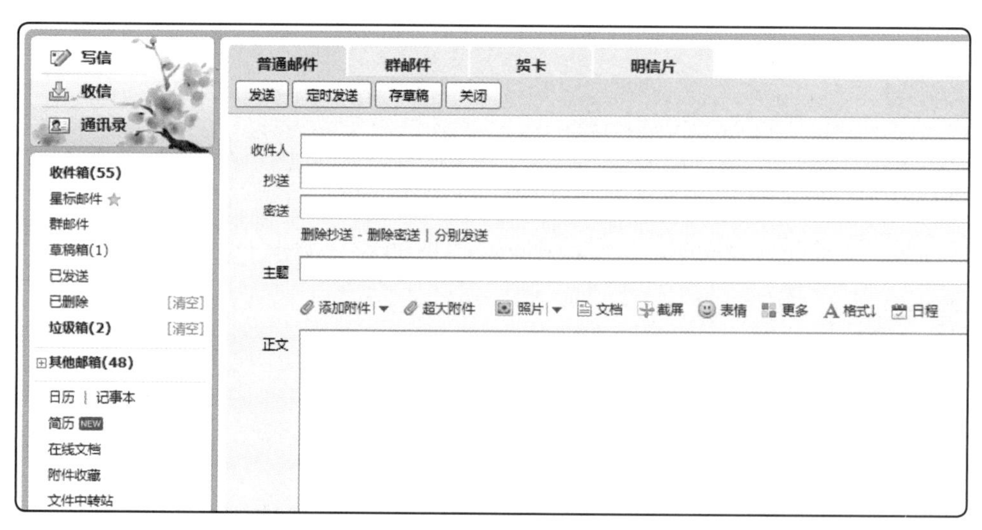

图2-42 撰写电子邮件时的界面

● **收件人**。收件人指邮件的接收者，一般输入收信人的电子邮箱地址。

● **主题**。主题指信件的主题，即这封信的名称。

● **抄送**。抄送指同时将该邮件发送给其他人。在抄送方式下，收件人能够看到发件人将该邮件抄送给的其他收件人。

● **密送**。密送指给收件人发送邮件的同时又将该邮件在保密的情况下发送给其他人。与抄送不同的是，在密送方式下，收件人并不知道发件人还将该邮件发送给了哪些对象。

● **添加附件**。附件指随同邮件一起发送的附加文件，附件可以是各种形式的文件类型，如视频、音频、图片等。

● **正文**。正文指电子邮件的主体部分，即邮件的详细内容。

（2）即时通信工具

即时通信工具从最初的文字交流工具，逐渐变为集文字、图片、语音、视频交流为一体的综合性通信工具，是人们进行网络通信的首选方式。同时，它们往往还提供聊天群、文件收发、远程操作、视频会议等各种丰富的功能，早已不再是单纯的聊天工具，而已经发展成集交流、办公、服务、电子商务、娱乐等为一体的综合性信息平台。目前，较为常用的即时通信工具有QQ、微信、钉钉等，图2-43所示为这3款工具在手机上的操作界面。

QQ

微信

钉钉

图2-43　各种即时通信工具的操作界面（手机版）

② 自媒体信息发布

互联网是一个充满创意和机遇的地方，我们可以将自己的见解、想法等通过自媒体的渠道，以文章、视频等方式分享给他人。当需要发布各种信息时，可供我们选择的平台也有很多，常见的如微博、微信公众号、短视频等。

（1）微博

微博是指一种分享简短实时信息的社交媒体、网络平台，我们可以申请一个微博账号，然后将文字、图片、音频、视频等各种信息通过微博发布到网络上，供其他人查看和分享，如图2-44所示。

（2）微信公众号

微信公众号也是一种信息推广平台，无论个人还是团体都可以创建公众号，它包括订阅号、服务号、企业号等类型，普通个人可以使用订阅号的方式及时快速地将相关信息推送给关注了该公众号的用户，如图2-45所示。

（3）短视频

短视频即播放时长较短的视频，目前知名的短视频平台有抖音短视频、快手等，我们可以在平台上注册账号，然后将拍摄或剪辑的短视频发布到平台上，供大家欣赏与传播，如图2-46所示。

图2-44　微博界面

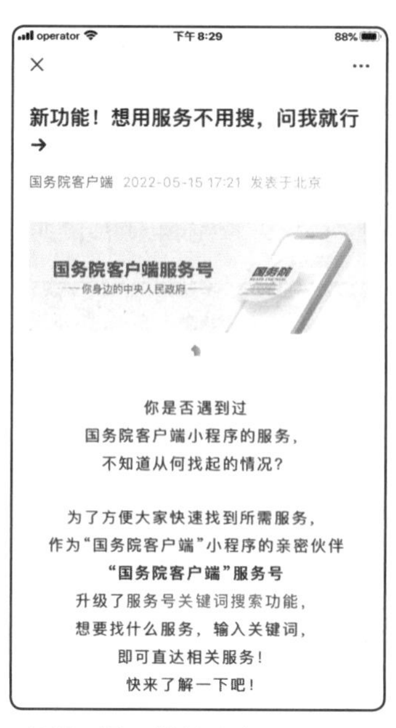

图2-45　微信公众号界面

图2-46　抖音界面

项目任务

任务1　发送电子邮件

电子邮件的发送方法非常简单，下面以QQ邮箱为例进行介绍，其具体操作如下。

① 启动浏览器软件，在地址栏中输入QQ邮箱的网址，按【Enter】键，如图2-47所示。

② 在显示的网页中输入已有的账号和密码，然后单击 登录 按钮，如图2-48所示。已有QQ账号的可以直接用该账号登录，没有账号的则需要注册申请。

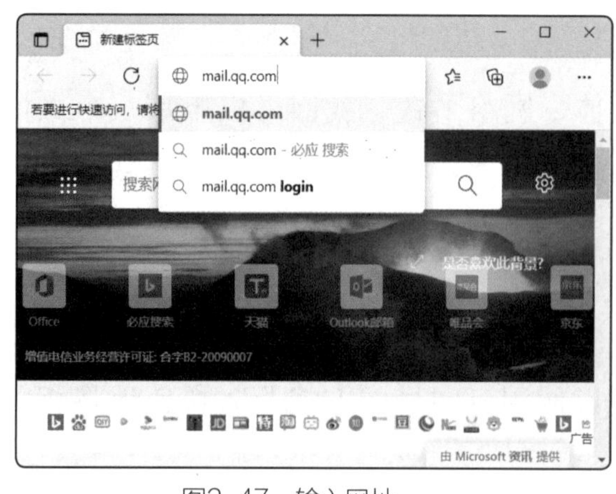

图2-47　输入网址

图2-48　输入登录信息

③ 进入自己的QQ邮箱页面，单击左侧的“写信”超链接，如图2-49所示。

④ 进入撰写电子邮件的页面，在“收件人”和“主题”文本框中分别输入收件人的电子邮箱地址和电子邮件的主题，如图2-50所示。

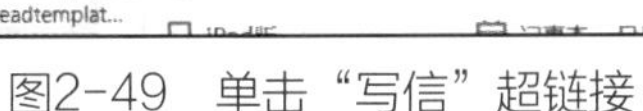
图2-49　单击“写信”超链接

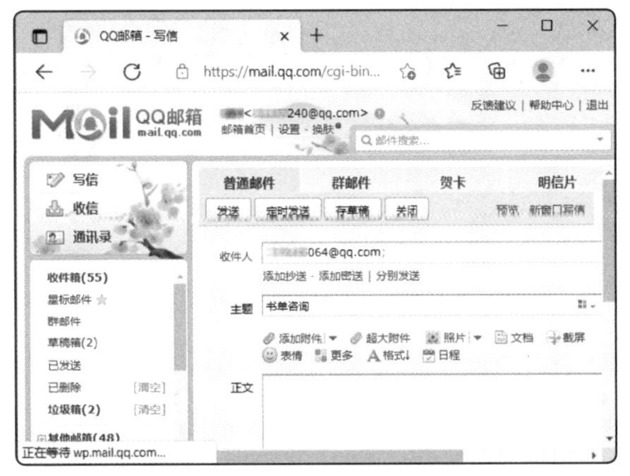

图2-50　输入收件人和主题

⑤ 在正文中输入具体的邮件内容，如图2-51所示。

⑥ 完成后单击 发送 按钮发送邮件，收件人便会收到这封邮件，如图2-52所示。

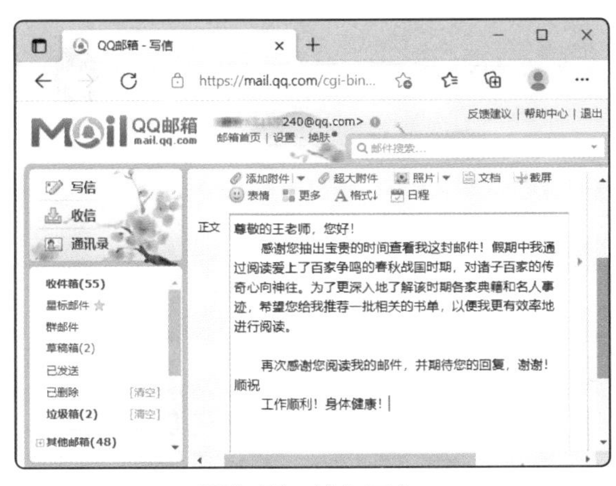

图2-51　输入正文

图2-52　发送邮件

任务2　使用QQ进行即时通信与远程操作

QQ是一款家喻户晓的即时通信工具，下面以它为例，介绍在网络上进行即时通信和远程操作的方法，其具体操作如下。

微课

使用QQ进行即时通信与远程操作

① 在计算机上下载并安装QQ程序，然后启动并登录QQ，在主界面的“联系人”列表中双击需进行聊天的好友头像，打开聊天窗口，在下方的文本输入区中输入需发送给对方的信息，如图2-53所示。

② 单击 发送(S) 按钮或按【Ctrl+Enter】组合键，此时输入的内容将显示在聊天窗口上方，表示该信息已发送出去，如图2-54所示。

③ 对方收到并回复信息后，计算机会传出“嘀嘀”提示音，聊天窗口上方将显示回复内容，如图2-55所示。

④ 按相同方法进行操作便可进行即时交流。若需要向对方发送文件，可在QQ聊天窗口中单击“发送文件”按钮，如图2-56所示。

图2-53 输入信息

图2-54 发送信息

图2-55 聊天窗口上方显示回复内容

图2-56 单击“发送文件”按钮

⑤ 打开“打开”对话框，在其中选择需发送的文件，单击 打开(O) 按钮，如图2-57所示。

⑥ 所选文件将显示在聊天窗口的文本输入区中，单击 发送(S) 按钮或按【Ctrl+Enter】组合键发送文件，如图2-58所示。

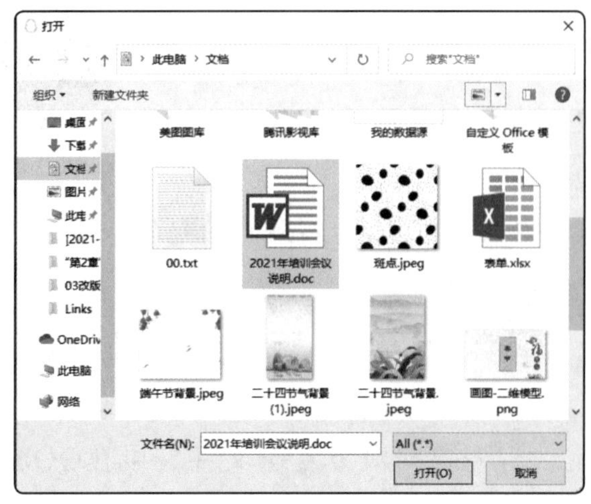

图2-57 选择文件

图2-58 发送文件

⑦ 对方接收文档并修改后会将文档发送回来，此时聊天窗口右侧将显示“传送文件”面板，单击“另存为”超链接，接收文件，如图2-59所示。

⑧ 打开“另存为”对话框，设置文档的保存位置和名称，单击保存(S)按钮，保存文件，如图2-60所示。

图2-59　接收文件

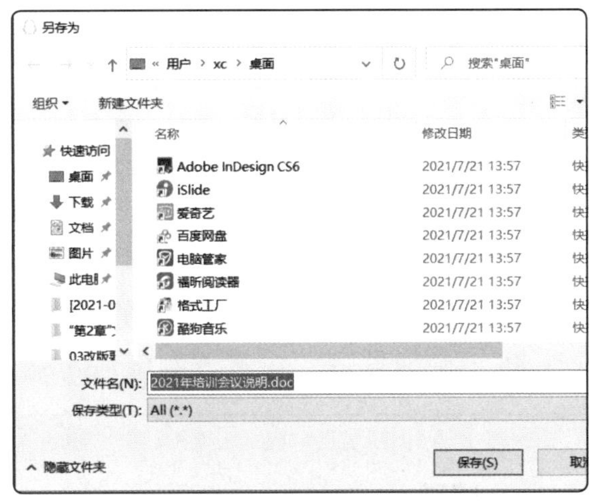

图2-60　保存文件

⑨ 若需要建立远程连接，可将鼠标指针定位到聊天窗口上方的“更多”按钮···处，继续将鼠标指针定位到自动弹出的工具条上的“远程控制”按钮处，并选择自动弹出的下拉列表中的“邀请对方远程协助”选项，请对方控制自己的计算机，如图2-61所示。

⑩ 对方接受邀请后，进入远程操作的状态，此时自己的计算机可以被对方控制，如图2-62所示。完成所需事项后单击取消按钮可取消远程操作。

图2-61　邀请对方远程协助

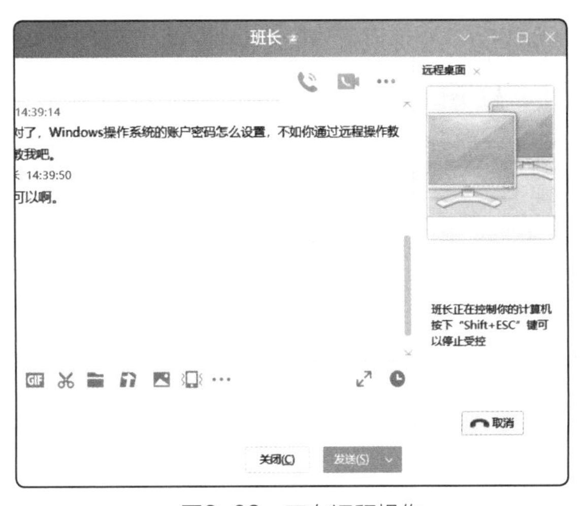

图2-62　正在远程操作

技巧

若选择图2-61中的“请求控制对方电脑”选项，则对方接受请求后，便可远程控制对方的计算机。若对方向自己发送请求控制或请求协助的要求，聊天窗口右侧将显示“远程桌面”面板，根据需要单击相应的按钮以接受或取消要求。

注意

要想实现远程桌面控制功能，需对计算机进行适当设置，其方法为：通过桌面上的系统图标打开“控制面板”窗口，依次单击“系统和安全”超链接和“允许远程访问”超链接，在打开的对话框中单击选中“允许远程连接到此计算机”单选按钮，并确认设置。

任务3 在微博上发布信息

微课

在微博上发布信息

微博的使用十分容易上手，下面以新浪微博为例介绍在微博上发布信息的方法，其具体操作如下。

① 通过浏览器进入新浪微博网站，输入账号和密码，然后单击 登录 按钮，登录微博，如图2-63所示。

② 进入微博首页，在上方的区域可输入文本，插入各种信息，如图2-64所示。

图2-63 登录微博

图2-64 进入微博首页

③ 下面发布一则包含文本和图片信息的微博。首先在文本框中输入相应的文本内容，如图2-65所示，然后单击文本框下方的“图片”按钮。

④ 打开“打开”对话框，选择需要发布的图片，单击 打开(O) 按钮，如图2-66所示。

图2-65 输入文本内容

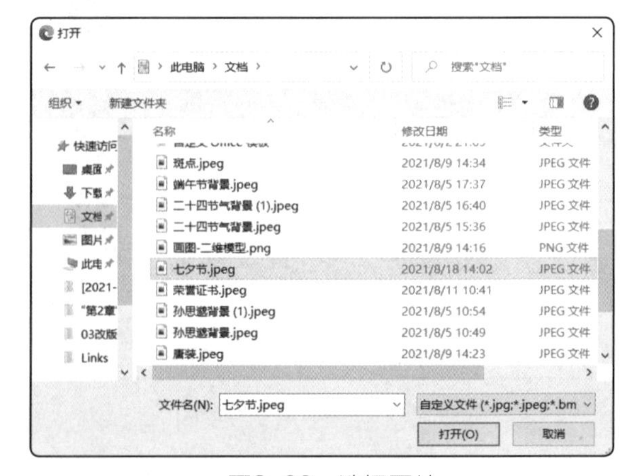

图2-66 选择图片

⑤ 返回微博首页，将公开范围设置为“公开”选项，单击 发送 按钮，如图2-67所示。

⑥ 此时发布的信息将显示在首页中，所有新浪微博的用户均可以浏览该内容，如图2-68所示。

图2-67　设置公开范围

图2-68　发布的信息

拓展知识

如何正确应对在网络中发布和传递的各种信息

移动互联网技术的不断发展，使得网络已经逐渐成为思想舆论传播的重要阵地。在自媒体时代，每个网络用户都可以随时随地在网络上发布信息，而且借助网络传播范围广、传播速度快的特点，这些信息就可能像滚雪球一样，在极短的时间内掀起舆论风暴。

然而，网络也不是法外之地。传播或引导错误舆论的行为将受到法律的严惩！我们在使用微博、微信、短视频等各种平台发布信息时，应该始终坚持正确的导向，应当体现社会主义核心价值观，维护国家和人民的利益，而不应该为了吸引流量而编造、传递各种虚假的、错误的信息。

网络给我们每个人都提供了一个自由交流、发表意见的平台，但这种自由不是无限制的，不是我们想干什么就能干什么，制造和传播网络谣言、网络欺诈等行为都会触犯相关法律法规，无论是从道德层面还是法律层面都应该受到处罚。

风起于青萍之末，而我们应该以身作则，让接收到的错误信息在自己这里停止。如果推波助澜，将错误的信息不断扩大和发散，对国家和社会造成影响，最后只能落得自食其果的下场。

● 关键词：社会主义核心价值观　网络自由

课后练习

随着移动互联网应用的不断普及，我们在现实生活中可能更习惯于使用智能手机发布信息。请尝试使用微信朋友圈功能向所有好友发布一则有关学习心得的内容，并配上相关的图片。

项目 2.5　运用网络工具

当代社会，我们的生活、学习和工作，与各种网络工具之间的关系变得更加紧密。这些网络工具改变了我们以前的一些操作习惯，提高了办事效率。这些工具的使用方法是现代人的一项基本技能。

学习要点

- ◎ 使用网盘工具传送、同步与共享信息。
- ◎ 了解网络学习的类型与途径。
- ◎ 应用生活类网络工具。
- ◎ 在网络上实现多人协同操作。

相关知识

1 “浩瀚无边”的云存储

云存储是指将计算机或移动终端上的文件信息存储到服务商提供的存储空间中，与通过U盘、移动硬盘、光盘等传统存储方式相比，云存储无需额外的存储设备，且能随时上传、下载和分享数据信息，甚至可以通过设置将移动终端上增加的新数据及时同步到云存储空间，既保证了数据的安全，也提高了使用的便捷性。

目前网络上有许多提供云存储服务的服务商，如百度云、网易云、腾讯微云、天翼云等，图2-69所示为百度云的网盘界面，在其中可实现文件资源的上传、下载、分享、管理等各种操作。

图2-69　百度云的网盘界面

提示

当我们需要将手机上的文件传送到计算机上，或将计算机上的文件传递到手机上时，可以通过多种软件来实现。以QQ为例，在计算机和手机上都登录QQ，然后利用“联系人”中“我的设备”功能找到需要传递的设备并添加文件，就能完成文件传送的任务。

2 学海无涯之网络学习

互联网中的资源数量庞大，信息传输速度快，可以让我们获取更多有价值的学习资料。就目前而言，通过网络进行学习的方式主要有以下几种。

- **搜索学习资料**。借助搜索引擎或相关专业网站，我们能轻松获取想要学习的知识内容，这些内容有的是免费的，有的是付费的，有的可以在线学习，有的可供下载使用。
- **网校学习**。网校即通过互联网实现校外教学的机构，它们一般拥有强大的师资力量和专业的课程设计，并提供高效的学习、复习方法等，我们可以根据需要购买相应的课程进行学习。
- **远程指导**。远程指导指的是教学双方通过互联网而突破时间和空间的限制，随时进行远程辅导。这种方式充分借助互联网的即时通信功能，可以让我们获得类似面对面教学的直观体验。

3 精彩有趣的网络生活

信息技术和网络技术的突飞猛进，深深改变了人们的生活习惯，如购物、求职、交易、出行、点餐等，许许多多的生活方式都在不知不觉中发生了改变。

- **网上购物**。网上购物省时省力，相比于传统购物而言，它可供挑选的商品不再受地域限制，也可以在任何时间选择购买。当然我们也不用担心网上购物的安全问题，各大网购平台都提供退换货服务，预先支付的款项也由第三方暂时保管，只有在买家确认收货后款项才转给卖家。
- **网上求职**。网上求职是现在许多年轻人首选的求职方式，对招聘和应聘双方而言，可选的范围都更大，特别对于求职者来说，免去了来回奔走的麻烦，且投递的电子个人简历也在一定程度上减少了求职成本。
- **网上交易**。现在通过支付宝和微信钱包交易的用户越来越多，无论在线下购买任何商品，几乎都支持利用手机等移动设备进行网上交易，让大家可以更加安心出门，不必为没带现金或没有零钱而苦恼。
- **网上出行**。当需要旅游、出差或外出时，我们可以事先规划好出行方案。以旅游为例，选择出行路线、购买景区门票、预定住宿地点等，都可以通过网络进行事先规划，省去了旅途中的麻烦。
- **网上点餐**。当因为各种原因无法外出就餐，或想要品尝各种美食时，我们通过网络点餐，足不出户就能获取食物。

项目任务

任务1 使用百度网盘存储资料

百度网盘是一款使用率较高的云存储工具，它可以上传、下载、分享、同步各种资料，是非常实用的资料存储帮手。下面介绍百度网盘的使用方法，其具体操作如下。

① 通过百度网盘的官方网站登录网盘或下载百度网盘软件并登录，在百度网盘首页单击 上传 按钮，启用上传功能，如图2-70所示。

② 打开“请选择文件/文件夹”对话框，选择需要上传的文件或文件夹，这里选择“字体”文件夹后单击 存入百度网盘 按钮，如图2-71所示。

图2-70 启用上传功能

图2-71 选择“字体”文件夹

③ 返回百度网盘，将开始上传所选择的文件夹，如图2-72所示。此时可选择左侧的“传输”选项。

④ 在传输界面中将显示上传进度，如图2-73所示。

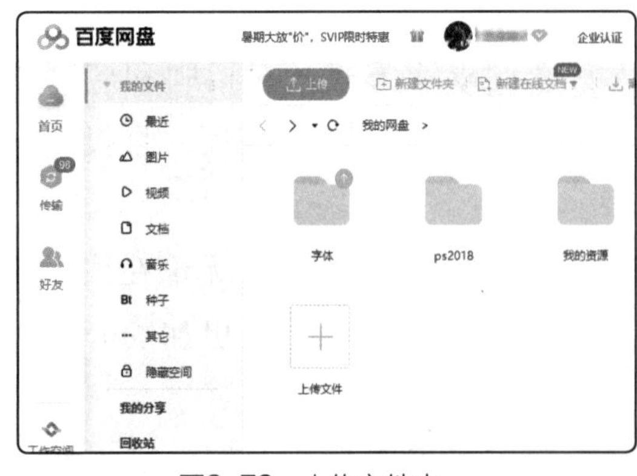

图2-72 上传文件夹

图2-73 显示上传进度

⑤ 如果需要将网盘中的文件重新下载到计算机上，可选择左侧的“首页”选项，然后找到并选择需下载的文件或文件夹，单击 下载 按钮，如图2-74所示。

⑥ 打开“设置下载存储路径”对话框，利用其中的 浏览 按钮设置文件的保存位

置，然后单击 下载 按钮便可将所选文件下载到指定位置，如图2-75所示。

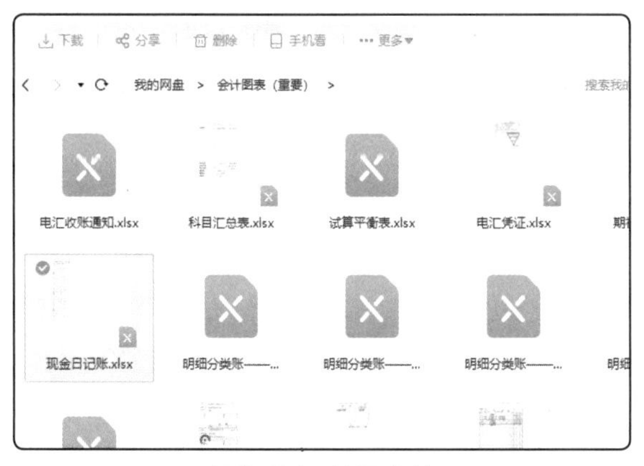

图2-74　选择文件

图2-75　设置下载路径

⑦ 如果需要将网盘中的文件分享给他人下载使用，可在百度网盘首页选择文件，然后单击 分享 按钮，如图2-76所示。

⑧ 打开“分享文件：字体”对话框，单击“链接分享”选项卡，单击选中“有提取码”单选按钮和“系统随机生成提取码”单选按钮，在“访问人数”栏中可设置下载人数，这里单击选中“不限”单选按钮，在“有效期”栏中可设置文件分享的有效期限，这里单击选中“永久有效”单选按钮，单击 创建链接 按钮，创建下载链接，如图2-77所示。

提示

“私密链接分享”方式将提供下载链接和访问密码，这可以最大限度保证文件分享的安全性。如果要将文件分享给特定的好友，则可在“分享文件”对话框中单击“发给好友”选项卡，并在其中选择好友分享文件。

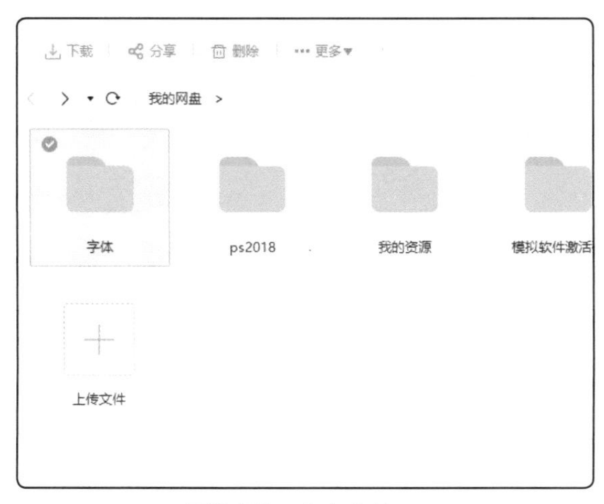

图2-76　分享文件

图2-77　创建下载链接

⑨ 在显示的界面中单击 复制链接及提取码 按钮，如图2-78所示。然后利用即时通信工具将复制的下载链接和提取码粘贴并发送给他人，对方就能访问该链接对应的页面，并利用提取码下载文件了。单击 关闭 按钮关闭对话框。

⑩ 下面继续在百度网盘中设置同步功能。该功能设置后，指定文件夹中的内容发生变

化时，会自动更新并备份到百度网盘中，避免了每次手动上传的麻烦。单击百度网盘首页右上角的“设置”按钮◎，在弹出的下拉菜单中选择“设置”命令，如图2-79所示。

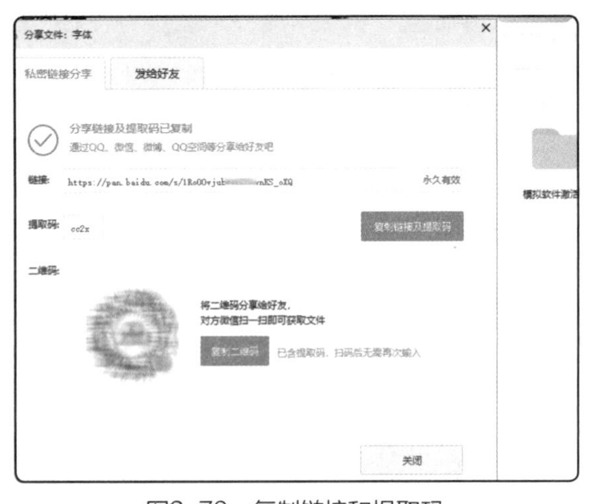

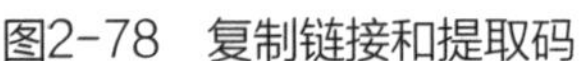
图2-78 复制链接和提取码

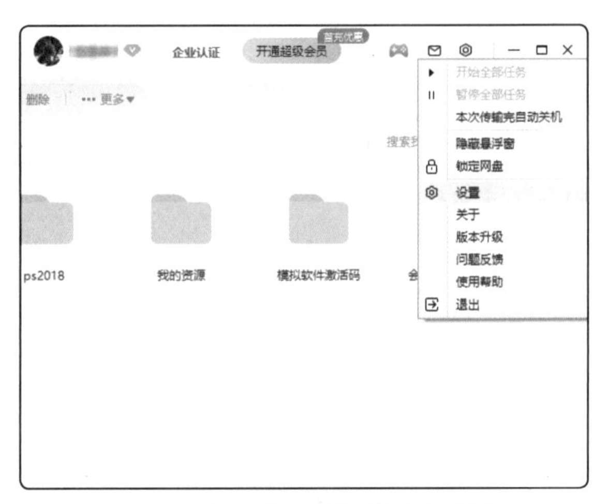

图2-79 弹出“设置”下拉菜单

技巧

为了方便他人使用移动终端下载文件，我们可以将下载链接和提取码以二维码的方式复制给对方，其方法为：在“分享文件”对话框中单击 复制二维码 按钮，然后利用即时通信工具将复制的二维码以图片的方式发送给对方，二维码中整合了下载链接和提取码，扫码便可下载文件。

⑪ 打开“设置”对话框，在左侧列表框中选择“基本”选项，单击“自动备份”栏中的 管理 按钮，管理自动备份，如图2-80所示。

⑫ 打开“文件自动备份”对话框，单击 开启文件夹备份 按钮，指定文件夹，如图2-81所示。

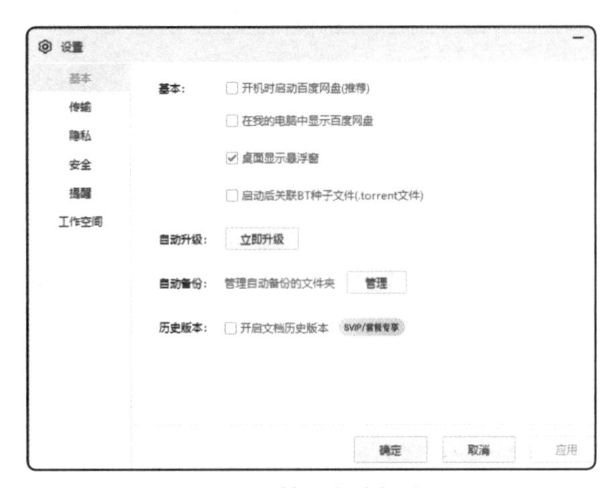

图2-80 管理自动备份

图2-81 指定文件夹

⑬ 打开“浏览计算机”对话框，选择需自动备份的文件夹，单击 确定 按钮，如图2-82所示。

⑭ 在“文件夹自动备份”对话框中单击 立即备份 按钮，如图2-83所示，便可将所选文件夹备份到百度网盘。

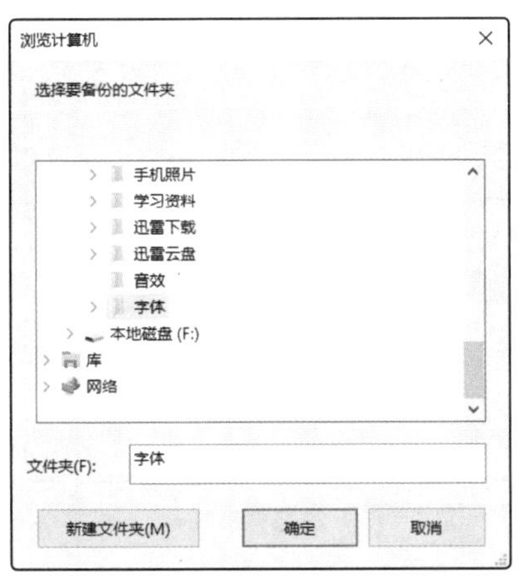

图2-82 选择需自动备份的文件夹

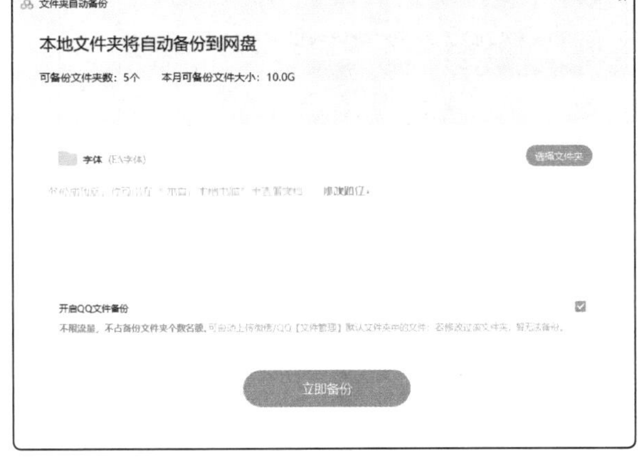

图2-83 备份文件夹

任务2 观看人邮学院慕课视频

网络学习可选的资源非常丰富，学习方式也十分灵活，我们可以根据实际情况随时安排时间进行学习。下面以在人邮学院观看慕课视频为例，介绍网络学习的方法，其具体操作如下。

微课

观看人邮学院慕课视频

① 通过浏览器访问“人邮学院”网站页面，如图2-84所示，然后单击“登录”超链接。如果没有人邮学院账号，则单击“注册”超链接，在打开的“注册”界面中设置账号和密码。

② 打开“登录”页面，在“学号/手机号/邮箱”文本框中输入注册时使用的学号或手机号或邮箱，在“密码”文本框中输入注册时设置的密码，然后单击 登录 按钮，如图2-85所示。

图2-84 “人邮学院”页面

图2-85 登录账号

③ 单击“课程”选项卡，查看人邮学院现有的慕课视频，然后单击“课程分类”超链接，在打开的“全部分类”下拉列表中选择“通识课程”选项，如图2-86所示。

④ 找到并单击适合的课程对应的缩略图或文本超链接，打开该课程的学习界面，向下滚动鼠标滚轮，查看该课程的目录内容，如图2-87所示。

图2-86　选择课程分类

图2-87　查看目录

⑤ 单击“介绍”选项卡，查看该课程简介，对该课程将要讲解的内容有一个大致了解，如图2-88所示。

⑥ 单击加入学习按钮，然后在“目录”选项卡中单击任意一个课程的超链接，进入该课程的播放界面，再单击“播放”按钮开始学习，如图2-89所示。

图2-88　查看课程介绍

图2-89　学习课程

⑦ 播放课程时，可单击“问答”按钮，再单击+添加新问答按钮，在打开的窗口中输入问题，单击 按钮，如图2-90所示，向老师提出问题，请求老师解答。或是单击“笔记”按钮，为该课程中的重要内容添加注释。

⑧ 课程播放完成后，单击“下一课”按钮，学习下一个课程，或单击“目录”按钮，在打开的下拉列表中选择其他课程进行学习。

⑨ 选择账号名，在打开的下拉列表中选择“我的课程”选项，进入“个人中心”页面，查看学习过的所有课程记录，如图2-91所示，也可选择“退出”选项，退出该账号。

图2-90　提出问题

图2-91　查看学习记录

任务3 规划省时省力的旅游行程

在互联网技术的帮助下，人们在闲暇时旅游变得更加方便了。本任务假设一家人准备3日自驾旅游，在这种情形下请大家利用网络技术和工具合理规划出旅游行程，并将相关内容填入表2-3。

表2-3 旅游行程

项目	内容	具体实施
规划旅游线路	目的地	
	自驾线路	
规划行程	第 1 日行程	
	第 2 日行程	
	第 3 日行程	
规划景点	景点介绍	
	游玩攻略	
规划食宿	酒店预订	
	特色餐饮	
注意事项	行前准备	
	自驾旅游注意事项	
费用预算	各项费用预估	

拓展知识

别再单干了，试试云协作

当我们需要多人编辑文档时，传统的方法是划分出每个人的编辑范围，然后各自编辑自己的内容，这种方式不但更加耗费人力物力，而且不利于信息的沟通交流。现在，在网络技术的帮助下，我们可以通过网络以在线协同的方式来共同完成各种任务，这就是云协作，即在网络上通过协作群的形式多人共同开展任务。云协作具备多种协作方式，可以高效地处理文档、清晰地分配任务。目前具备云协作功能的在线编辑工具有很多，如飞书、金山文档、腾讯文档、有道云笔记等，图2-92所示为飞书云文档操作界面。使用这类工具时，首先需要创建群，然后邀请群成员，接着新建或上传文档，并邀请成员共同编辑。就飞书云文档而言，在邀请群成员后，成员需要发送编辑请求，群主同意后群成员才可以共同编辑文档。

图2-92　飞书的云文档界面

● 关键词：在线协同办公　云协作　飞书

课后练习

尝试登录飞书官方网站，建立“学习心得”群，并邀请同学加入群。然后新建“一周学习心得”文档，邀请并同意群成员共同编辑文档，将大家的学习心得整理在文档中。

提示

登录飞书首页后，单击左上方的用户头像，在弹出的下拉列表中选择“加入或创建团队”选项，根据提示创建团队。然后在创建的团队页面单击上方的“添加”按钮＋，在弹出的下拉列表中选择“添加外部联系人”选项，邀请他人加入飞书的团队群。添加好群成员后，单击页面左侧的“云文档”图标，根据需要新建或上传文档，然后利用分享按钮邀请群成员共同编辑文档。成员收到消息后，会申请编辑文档的权限，此时需要单击飞书首页左侧的“消息”图标，同意群成员申请，就能实现共同编辑文档的操作了。

项目 2.6　了解物联网

物联网（Internet of Things，IoT）即万物相连的互联网，这种技术可以将各种设备连接到网络中，让整个社会变得更加智能化。物联网在智能制造、远程控制、车联网、智能家居、智能表具、智慧医疗、智慧交通等领域应用广泛。物联网发展为产业数字化和数字化治理提供了更强的连接能力和更大的连接规模，打开了更大的数据价值空间。

学习要点

◎ 物联网的含义及技术发展。
◎ 智慧城市的概念。
◎ 典型的物联网系统及实际应用。
◎ 物联网常见设备及软件配置。

相关知识

1 物联网技术发展

物联网技术可以通过信息传感设备将物体与网络相连，物体通过信息传播媒介进行信息交换和通信，以实现智能化识别、定位、跟踪、监管等功能。在物联网上，每个人都可以应用电子标签将真实的物品与网络连接，利用物联网的中心计算机对物品进行管理和控制，最终聚集成物品大数据，从而实现物物相联。以智慧农业中的自动化灌溉系统为例，它便是利用了各种传感器和采集器，将大量的数据反馈到服务器，服务器将数据传递给云平台，云平台利用大数据进行分析和处理，将结果通过物联网传递给自动化灌溉系统，系统根据指定的数据，按要求的时间、水量、频率等完成浇灌，如图2-93所示。

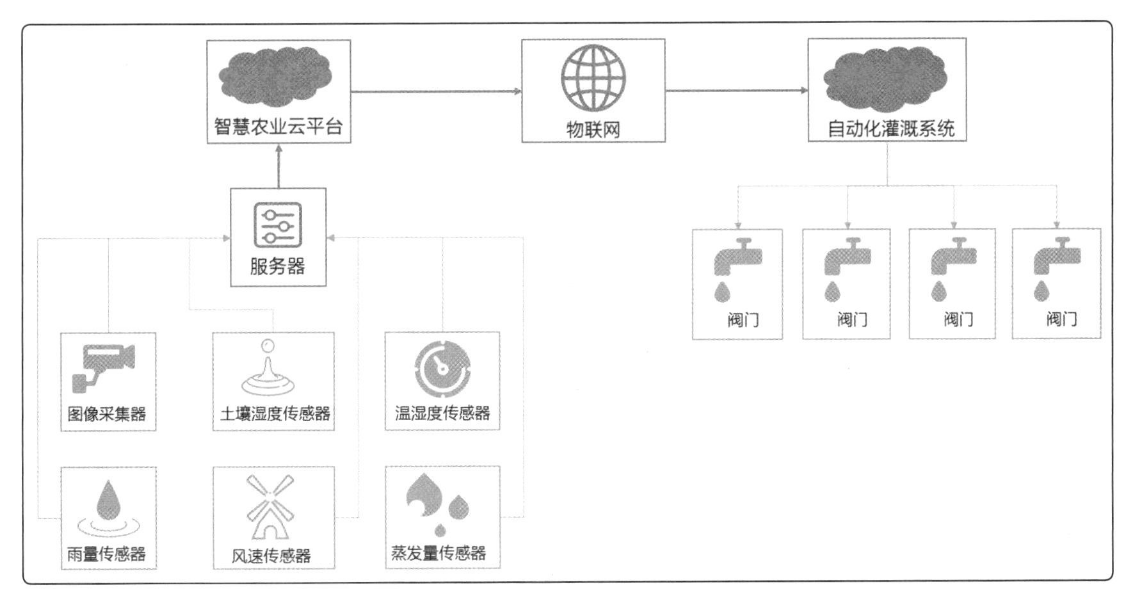

图2-93　自动化灌溉系统的工作原理

物联网技术的发展，离不开RFID、传感器、云计算、无线网络、人工智能等技术的支持。

（1）RFID技术

射频识别（Radio Frequency Identification，RFID）技术是一种通信技术，它能够通过无线电信号识别特定目标并读写相关数据。RFID技术主要的表现形式是RFID标签，如图2-94所示，它具有抗干扰性强、数据容量大、安全性高、识别速度快等优点，被广泛应用于仓储物流、信息追踪、医疗等领域。

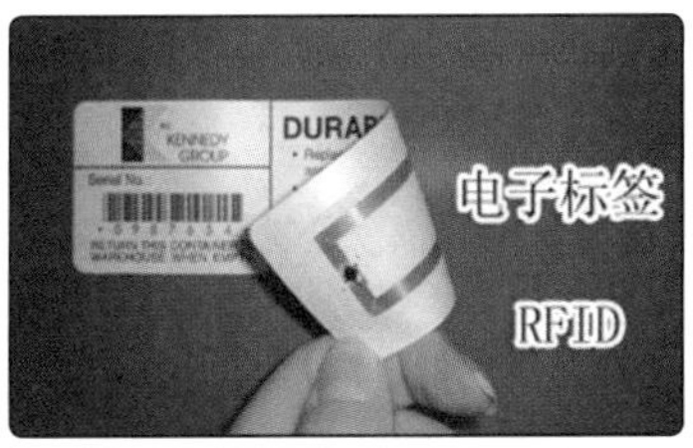

图2-94　RFID标签

（2）传感器技术

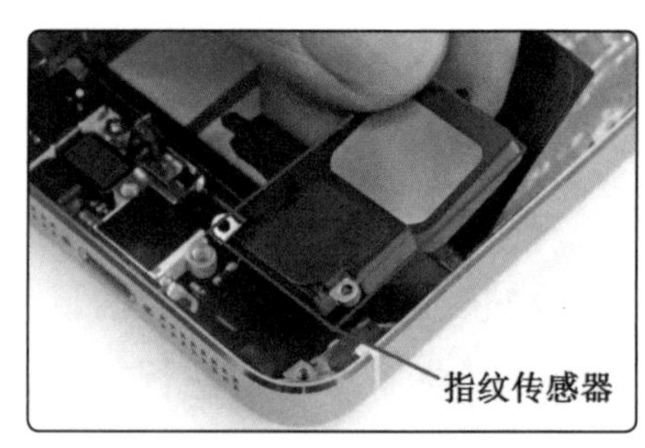

图2-95 智能手机上的指纹传感器

传感器技术能感受规定的被测量的物理量，如电压、电流等，并按照一定的规律转换成可用的输出信号，相当于物联网的“耳朵”，负责接收物体“说话”的内容。智能手机指纹识别功能便应用了传感器技术，如图2-95所示。

（3）云计算技术

云计算可以为物联网提供强大的计算与分析能力，同时还具有超强的存储能力，相当于物联网的“大脑”。云计算处理的主要是大数据提供的信息，所谓大数据，指的是海量的信息，这些信息无法通过一般的软件获取、管理和处理。

（4）无线网络技术

无线网络的传输速率决定了设备连接的速度和稳定性，相当于物联网的“双手”。随着第5代移动通信技术（5th Generation Mobile Communication Technology，5G）时代的到来，物联网将会有更为广泛的应用。

（5）人工智能技术

人工智能与物联网密不可分，物联网负责将物体连接起来，而人工智能负责使连接起来的物体进行学习，进而使物体实现智能化。人工智能在物联网、大数据和云计算的推动下，将更加快速地发展，如图2-96所示，最终将推动智能化社会的建设。

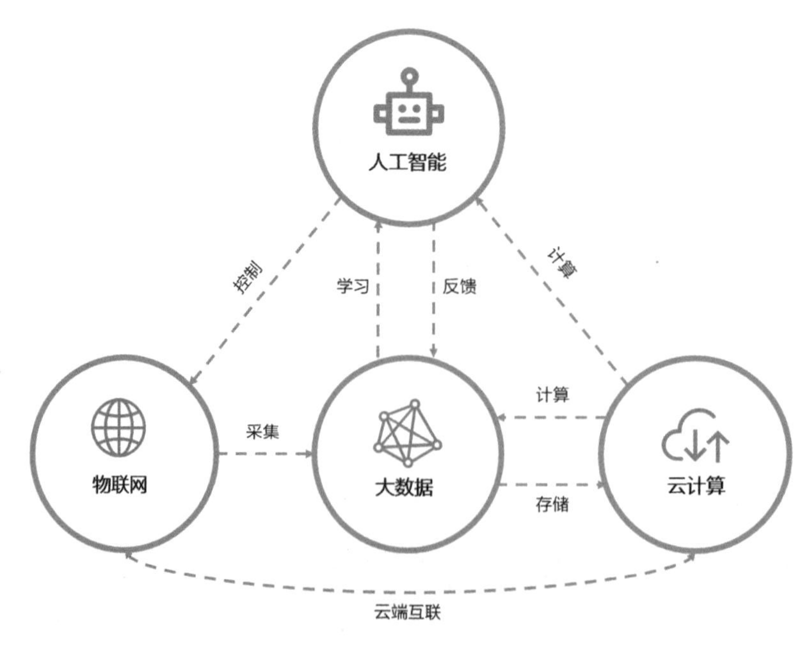

图2-96 人工智能、物联网、大数据、云计算的关系

2 智慧城市要来了吗

智慧城市是指利用包括物联网在内的各种信息技术，尽可能地优化配置城市资源，

提升资源运用的效率，优化城市管理和服务，促进城市的发展。智慧城市功能体系包括社会治理、市民服务和产业经济三大类别，具体应用到市政、能源、政务、交通、物流等多个领域。

智慧城市体系结构在城市通信基础资源之上又分为感知层、通信层、数据层、应用层4层。

- **感知层**。城市的交通设施、电力设施、房屋建筑等基础设施，通过各种标识技术标识后，再通过智能芯片、传感器、射频识别等技术，实现物体的信息采集，感知城市的运行状态。
- **通信层**。完成所有感知控制网络的接入，同时提供安全、准确、可靠、及时的数据传送，实现更全面的互联互通和更深入的智能化。
- **数据层**。对城市的各个业务系统在城市运行过程中产生的海量数据信息，包括城市空间、人口、经济、文化等经济运行数据，交通、电力、医疗等行业数据进行加工和处理，形成决策信息。
- **应用层**。各政府职能部门、各行业信息系统，包括医疗、政务、交通等，这些信息系统基于城市动态感知数据，结合城市基础设施静态数据，以及跨部门、跨行业的数据共享，通过智能算法分析，有效实现城市智慧化的管理和服务。

整个智慧城市的体系结构如图2-97所示。

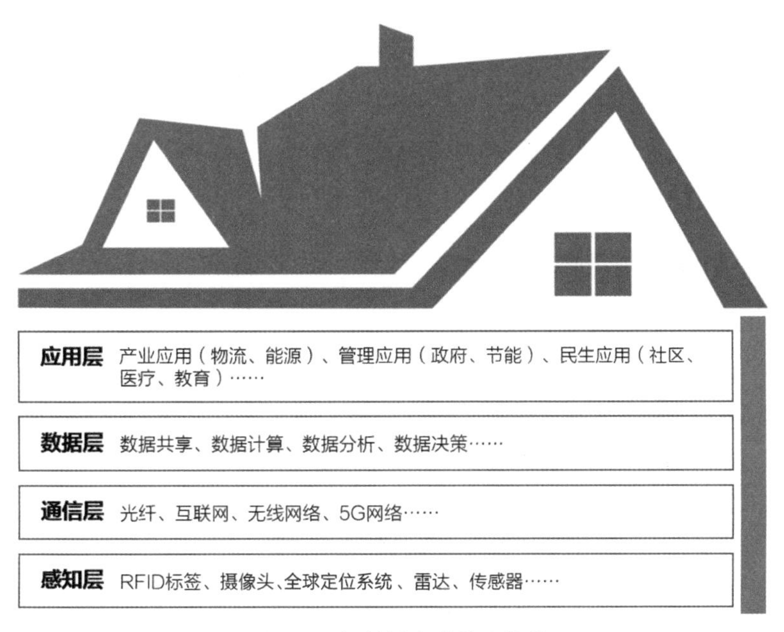

图2-97　智慧城市的体系结构

3 什么是物联网系统

物联网在近年来已经逐步变成了现实，在很多场合都有物联网的应用，智慧物流、智慧交通、智能医疗、智能家居、智能零售等领域中物联网的应用愈发成熟。

（1）智慧物流

智慧物流是指以物联网、人工智能、大数据等信息技术为支撑，在物流的运输、仓储、配送等各个环节实现系统感知、全面分析和处理等功能的技术。无论是仓储环节的自动分拣机器人，或是调度环节的最优路径规划，还是配送环节的无人机送货等，都是物联网、人工智能和大数据等技术开发出的先进成果，如图2-98所示。

图2-98 智慧物流的主要环节

（2）智慧交通

智慧交通利用信息技术将人、车和道路紧密结合起来，改善了交通运输环境，保障了交通安全，提高了资源利用率，其具体应用领域包括智能公交车、智慧停车系统、共享单车、充电桩监测以及智能红绿灯等。

无人驾驶可能是大家较为熟悉的事物，它也是智慧交通的重要组成部分。该技术利用车载传感器来感知车辆周围环境，并根据感知所获得的道路、车辆位置和障碍物信息，将数据通过物联网实时返回给云平台，然后经人工智能分析后将数据快速反馈给车辆，车辆中的电子元件接收数据后完成车辆的转向和变速等控制，从而使车辆能够安全、可靠地在道路上行驶，如图2-99所示。

图2-99 无人驾驶场景

（3）智能医疗

在智能医疗领域，新技术的应用需以人为中心，而物联网技术是数据获取的主要途径，能有效地帮助医院实现对人和物的智能化管理。其中对人的智能化管理是指通过传感器对人的生理状态进行监测，将获取的数据记录到电子健康文件中，方便个人或医生查阅；对物的管理则是指通过RFID技术对医疗设备、器械和各种医疗物品资源等进行监控与管理，将传统医院打造为智慧医院。图2-100所示便从患者和医院的角度展示了智能医疗的应用场景。

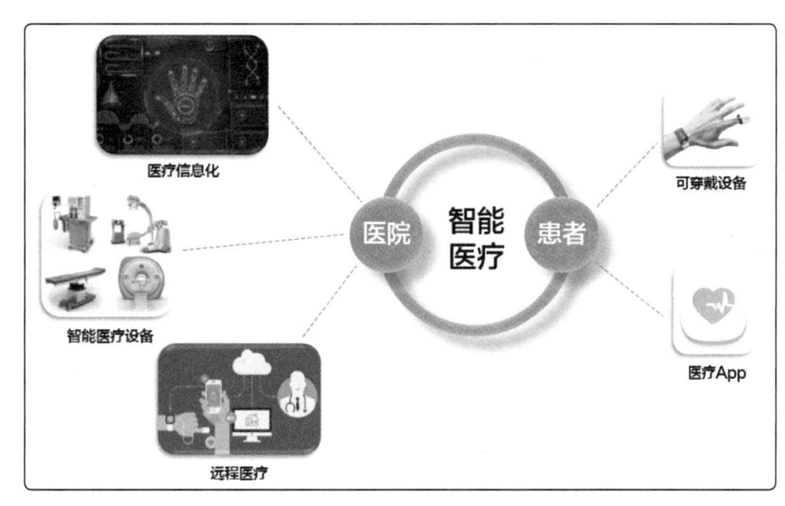

图2-100 智能医疗应用场景

（4）智能家居

智能家居指的是使用不同的方法和设备，来提高人们的生活水平，使家庭变得更舒适和更高效。物联网应用于智能家居领域，能够对家居类产品位置、状态的变化进行监测和控制。

智能家居行业的发展首先是连接智能家居单品，随后走向不同单品之间的联动，最后向智能家居系统平台发展。图2-101所示就直观地展示了智能家居系统的结构体系。

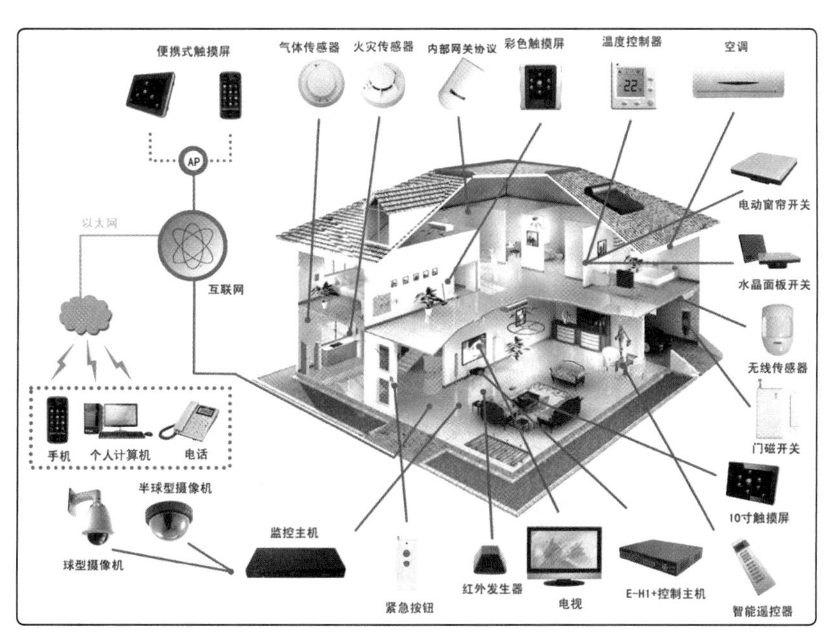

图2-101 智能家居系统的结构体系

（5）智能零售

目前，物联网技术主要应用于智能零售行业中的进场零售，常见的便是无人便利店和无人售货机。智能零售系统通过对传统的售货机和便利店进行数字化升级和改造，利用二维码、传感器、扫描仪等多种设备和技术，将其打造成无人零售模式，图2-102所示即为无人便利店的场景。

图2-102 无人便利店

4 物联网常见设备及软件配置

随着物联网的普及，生活中的许多场景都能见到应用了物联网相关技术的设备，下面便从中列举几个常见的设备，并简单介绍相关的软件配置情况。

（1）第二代身份证

第二代身份证内置有非接触式集成电路（Integrated Circuit，IC）芯片，可以存储个人的基本信息，能够近距离读取存储的资料。使用时只需将身份证放在读写器上便能显示出身份的基本信息。其中，非接触式IC芯片将射频识别技术和IC卡技术结合起来，实现了在一定距离范围（通常为5～10cm）内靠近读写器表面，即可通过无线电波的传递来完成数据的读写操作。图2-103所示为正在读取第二代身份证信息场景。

（2）ETC

ETC即电子不停车收费系统。它通过安装在车辆挡风玻璃上的车载电子标签与ETC车道上的微波天线之间进行的专用短程通信，利用物联网技术与银行进行后台结算处理，达到车辆通过高速公路或桥梁收费站无须停车就能缴纳过路费或过桥费的目的，如图2-104所示。ETC的软件配置主要由车辆自动识别系统、中心管理系统和其他辅助设施等组成。其中，车辆自动识别系统由车载单元（又称应答器或电子标签）、路边单元、环路感应器等组成。

图2-103 读取第二代身份证信息

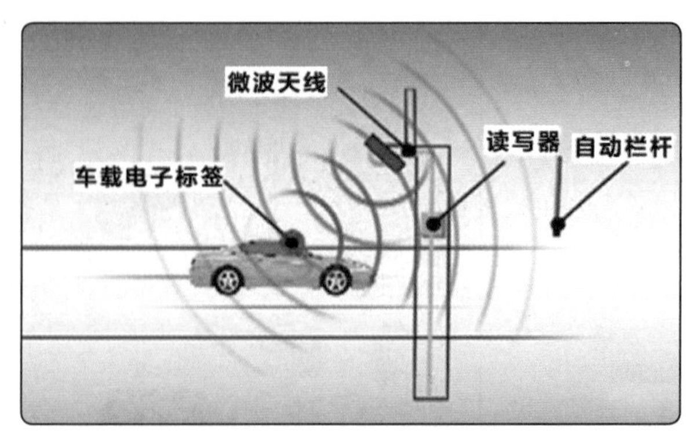

图2-104 ETC收费示意图

（3）智能手环

智能手环是一种典型的可穿戴智能设备，它可以将锻炼、睡眠等数据同步到移动智能设备上，如智能手机、平板电脑等，我们就可以利用这些数据来改善作息时间、生活习惯。智能手环中最重要的硬件设备之一就是重力加速传感器，通过人体动作的幅度并结合特定算法来监测运动情况。其软件配置主要是各种云服务系统，系统将采集到的数据经处理和计算后，反馈到移动终端，以此实现对人体情况的监测。

项目任务

任务1　体验校园一卡通

在物联网技术逐渐成熟以后，许多学校也已经着手打造校园数字化、信息化的建设。其中，校园一卡通系统就是数字化校园建设的主要组成部分。所谓校园一卡通系统，指的是校园内的人员，包括学校领导、教师、学生、员工等每人一张校园卡，代替以前诸如学生证、工作证、借书证、食堂饭卡、出入证等各种证件，实现一张校园卡解决所有校园事宜的效果。

校园一卡通与第二代身份证类似，也是以IC卡作为信息载体，请大家根据所学知识，填写表2-4内容。

表2-4　校园一卡通

项目	说明
1. 你认为校园一卡通的核心设备是什么？	
2. 你了解校园一卡通的应用原理吗？	
3. 你使用过校园一卡通吗？你认为它具有哪些功能？	
4. 使用校园一卡通时，你借助过哪些设备？	
5. 你访问过校园一卡通服务平台吗？你认为它有哪些软件系统？	

任务2　共享单车原来是这样实现的

共享单车对于我们而言已经不再是新鲜的事物了，它的出现，解决了人们从汽车站、地铁站、居民区、商业区、学校、公共服务区等地方到目的地的最后行程问题。而实际上，共享单车也是典型的物联网技术应用，其设备核心便是单车上配备的智能锁，其中包含了定位模块、通信模块、电控锁模块等重要组件。下面简单说明共享单车的使用和原理。

每一辆共享单车都会通过其上的定位模块向共享单车企业的云服务平台提供定位数据，当我们需要使用时，可以利用该企业的App向其发出请求，手机上的定位模块数据将反馈到云服务平台，通过大数据处理和分析，便会在手机上返回最合适的单车位置。此后利用二维码扫码技术进行用户信息核对并获取单车编号，信息审核成功后便会自动开锁，进入计费状态。达到目的地后，一旦关锁便停止计费，此时云服务平台会根据定位模块反馈的数据以及时间等其他数据进行分析和计算，确定费用，并将相关数据发送到我们的手机上，最后由我们通过移动支付技术完成付费操作，整个操作的大致流程如图2-105所示。

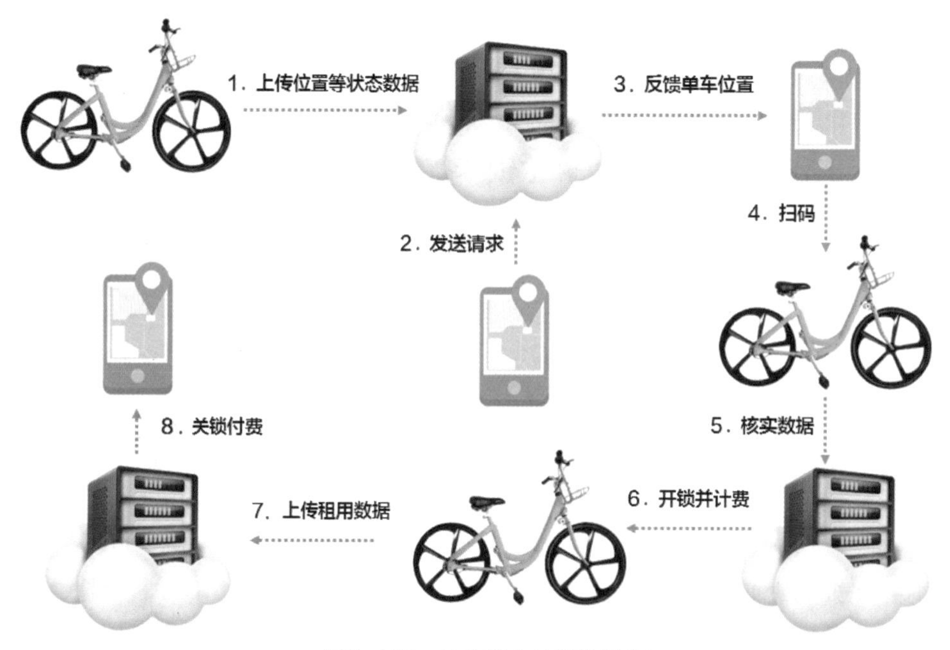

图2-105 共享单车的操作流程

请大家从物联网的角度，根据自己的亲身体验，描述共享单车涉及哪些技术，这些技术是如何发挥作用的，将具体内容填入下方空白区域。

共享单车涉及的技术及应用情况：

任务3 打造智能家居环境

智能家居是在物联网环境下的物联化应用，具备网络通信、智能家电与设备自动化等功能，智能家居系统集系统、结构、管理、服务于一体，能够为我们带来高效、快捷、安全、环保的居住环境，不仅增强了人们家居生活的安全性、舒适性，还能节约成本、低耗环保。

智能家居系统主要具有布线系统、网络系统、智能中央控制系统、照明控制系统、家庭安防系统、背景音乐系统、多媒体系统、环境控制系统等。通过这些智能系统，我们可以实现防火防盗、自动报警、自动控制开关、环境控制、多媒体应用控制等操作。

请大家根据自身体验或猜想，描述智能家居在安防、控制等方面的应用情况，并将内容填入表2-5。

表2-5　智能家居应用

项目	具体应用
防盗	
防火	
防燃气泄漏	
家电控制	
环境控制	
休闲娱乐	

强大的蜂舞协议

蜂舞协议是一种短距离、低功耗的无线通信技术，由于蜜蜂（bee）是靠飞翔和“嗡嗡”（zig）地抖动翅膀的“舞蹈”向同伴传递花粉所在的方位信息，也就是说蜜蜂依靠这样的方式构成群体中的通信网络，因此蜂舞协议的英文名称为“ZigBee”。

简单地说，ZigBee是一种高可靠性的无线数据传输网络，类似于码分多路访问（Code Division Multiple Access，CDMA）和全球移动通信系统（Global System for Mobile Communications，GSM）网络，其通信距离从标准的75米到几百米、几千米，是一个由多达65000个无线数据传输模块组成的无线数据传输网络平台，平台中的每个ZigBee网络数据传输模块之间都可以相互通信。

由于这些特性，ZigBee成为物联网实现高效通信的关键技术之一，在工业、农业、智能家居等领域，该技术都得到了大规模的应用。例如，工业上可以控制厂房内的设备，采集粉尘和有毒气体等数据；农业上可以实现温湿度、pH值等数据的采集并根据数据分析结果进行灌溉、通风等联动操作；矿业上可实现环境检测、语音通信和人员位置定位等功能。

● 关键词：ZigBee 物联网通信技术

课后练习

除课本上介绍的物联网技术和设备以外，说说你在现实生活中看到的物联网的具体应用，并尝试分析其工作原理。

模块小结

本模块详细介绍了与网络应用相关的知识，知识结构体系如图2-106所示。我们应当重点掌握的内容包括网络的配置、网络资源的获取、网络交流与信息发布的方法、网络工具的应用等。

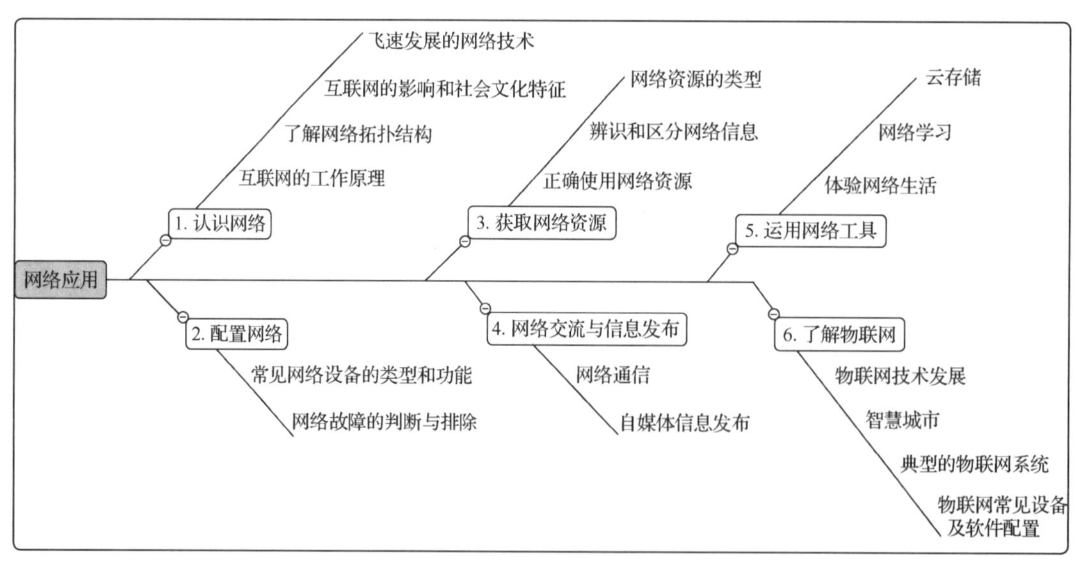

图2-106 本模块知识结构体系

习题

一、填空题

1\. 网络技术发展的三大重要阶段分别是__________、__________、__________。

2. 常见的网络拓扑结构有总线型、__________、__________、__________、树形。

3. 能够翻译计算机的数字信号和电话的模拟信号的网络设备是__________。

4. 检查计算机网络是否连通时，可以利用“运行”对话框打开“cmd.exe”窗口，在其中使用__________命令进行查看。

5. 按不同的版权要求，网络资源包括开放资源、________、________、________。

6. 智慧城市的体系结构包括__________、__________、__________、__________。

二、选择题

1. 互联网是一把“双刃剑”，我们在使用时应该特别注意。下列关于使用互联网的描述，不正确的是（　　）。

A. 不要泄露个人隐私　　B. 不要沉迷于网络世界

C. 不要在网上购物　　D. 不要购买网课进行学习

2. 在网络通信中起到标识设备作用的是（　　）。

A. IP　　B. DNS　　C. Wi-Fi　　D. 5G

3. 以下各项中不能作为域名的是（　　）。

A. www.sina.com　　B. www,baidu.com

C. www.163.com　　D. mail.qq.com

4. 下列网址中，代表教育机构的是（　　）。

A. www.wangzhi.com　　B. www.wangzhi.gov

C. www.wangzhi.edu　　D. www.wangzhi.info

5. 下列不属于正确使用网络资源策略的是（　　）。

A. 树立正确的价值观　　B. 详细记录下自己每次上网所做的事

C. 从正规的途径获取知识　　D. 在网络上侮辱、谩骂他人

6. 下列网络设备中，（　　）是组网必不可少的设备。

A. 网线　　B. 网卡　　C. 集线器　　D. 交换机

7. 下列技术中，属于物联网应用到的技术的有（　　）。

A. RFID技术　　B. 传感器技术　　C. 云计算技术　　D. 人工智能技术

三、操作题

1. 在百度网页中搜索“物联网”的相关信息，然后将物联网的信息复制到记事本中，并保存到桌面。

2. 在搜索引擎百度网页中搜索“FlashFXP”的相关信息，然后使用迅雷下载软件，将该软件下载到计算机的D盘中。

3. 将家里的计算机设置为允许远程协助状态，然后使用QQ远程控制其他计算机。

4. 使用QQ即时通信软件接收好友发送的文件，保存至计算机，然后将下载的文件通过QQ邮箱发送给同事。

5. 通过百度网盘将计算机中的重要资料上传至云盘。

6. 在手机中下载抖音短视频App，并通过抖音在互联网中发布一段短视频。

四、思考题

网络暴力是指发表和传播对他人具有“诽谤性、诬蔑性、侵犯名誉、损害权益和煽动性”等特点的言论，其内容包括文字、图片、音频、视频、动画等。网络暴力打破了道德底线，往往也伴随着侵权行为和违法犯罪行为。请思考在使用互联网时，自己会不会针对他人出现网络暴力的行为？如果自己遭遇了网络暴力，应该如何面对和解决问题？

模块3

图文编辑

——制作极具创意的精美文档

无论是工作、学习还是生活，我们都会接触到各种各样的文档，如工作中开展某个项目之前会制作项目计划书，学生在毕业后寻找工作岗位时会制作个人简历，职员会在年终制作工作总结等。

在信息技术不断发展的今天，利用计算机等各种信息技术设备制作文档已经成为现代人一项基本的技能。我们应该学会根据不同的需求，选择相应的图文编辑软件，并制作出需要的文档。与此同时，我们应该给自己提出更高的要求，不仅能够制作出文档，还应该制作出高质量的文档。

本模块将教会大家如何利用图文编辑软件来制作出各种极具创意的精美文档，包括图文编辑软件的基础知识、文档的基本编辑操作、文本的格式设置、表格的制作、在文档中绘制图形的各种方法，以及图文编排的技巧等内容。

情景导入：编辑文档并不是枯燥的工作

小峰刚刚学会使用计算机，在他看来，使用计算机编辑文档就是枯燥的码字过程，于是他非常不解地询问同学："我们为什么要进行文档编辑？把这个枯燥的工作交给打印店的人来做不是更能提高效率吗？"小雯笑着对他说："你刚才不是说学校的活动海报做得很漂亮嘛，这就是我们使用计算机编辑出来的文档。文档编辑绝对不是一个枯燥的任务，相反它还极具创意呢！"小芳也跟着说："可不是嘛！等我们毕业时，还需要制作个人简历呢！能够编辑出让人耳目一新的个人简历，对我们争取到心仪的工作岗位是非常有用的。"小雪不住地点头，她说："我的父母在单位也经常会编辑各种文档，比如标书、通知等，他们常常对我说不能小看文档编辑工作，拿标书来说，十几页甚至几十页的内容，想办法让人家读起来不费力，就不是一件容易的事情，可没你说得那么简单呢。"

项目 3.1 操作图文编辑软件

图文编辑是一种集文字编辑、图片绘制与处理，以及图文编排、美化为一体的复杂工作，它涉及文本格式设置、表格制作、图形绘制、图文编排等多种操作，而要想快速完成图文编辑工作，还需要掌握常用的图文编辑软件和工具的使用方法。

学习要点

◎ 常用的图文编辑软件和工具。
◎ 新建、保存、打开和打印文档。
◎ 对文档内容进行查询、校对、修订和批注。
◎ 对文档进行加密和保护。

相关知识

1 常用图文编辑软件和工具

图文编辑软件和工具可以对文字、图片、形状等信息进行加工，形成电子文档，是日常工作中的一类常用工具。图文编辑软件很多，如Word、WPS等文字处理软件，InDesign、方正飞翔等文字排版软件，以及3D画图等其他为图文编辑提供创意的工具。

（1）Word

Word是Office办公软件中的一个组件，主要用于编辑和处理各种文档。我们可以借助Word制作出具有专业水准的创意文档，该软件的主要功能包括：强大的文本输入与编辑功能，各种类型的多媒体图文混排功能，精确的文本校对、审阅功能，以及文档打印功能等。图3-1所示为使用Word 2016制作的元宵节宣传海报。

图3-1 元宵节宣传海报

（2）WPS

WPS是由我国金山公司自主研发的一款办公软件，可以实现办公软件最常用的文字、表格编辑，演示，PDF阅读等多种功能。WPS具有内存占用低、运行速度快、云功能多、插件丰富、模板资源庞大且免费等优点。与Word相比，二者的操作界面和操作方式大致相同，图3-2所示为它们的界面对比。

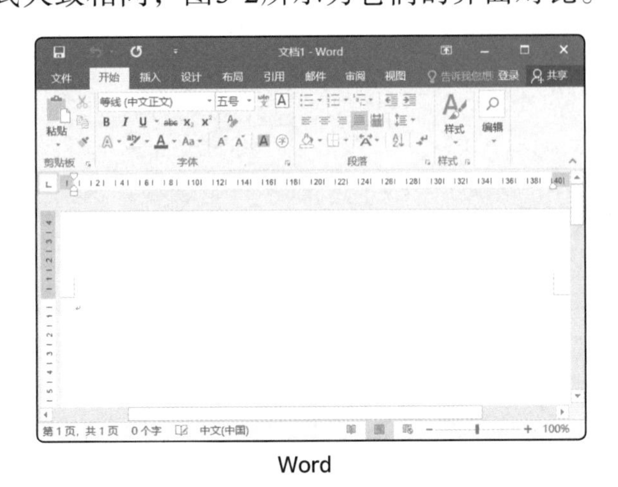

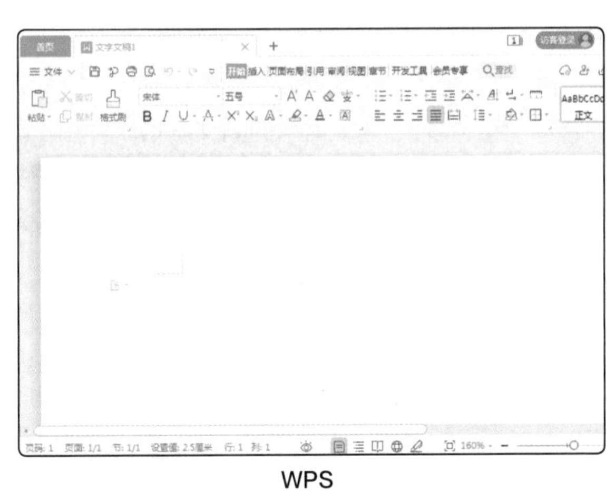

图3-2　Word与WPS的操作界面对比

（3）InDesign

InDesign是Adobe公司推出的用于各种印刷品排版编辑的软件，其功能强大、使用灵活，是报纸杂志等出版物编辑的常用软件，图3-3所示为利用InDesign编排杂志的效果。

图3-3　InDesign编排杂志的效果

（4）方正飞翔

方正飞翔是北大方正公司出品的一款具有图形设计、图像处理能力以及专业排版水平的多形态出版编排设计软件。该软件集图像、文字、公式和表格排版于一体，提供图文混排、印刷样式控制、图形与图像设计制作等功能，排版效果所见即所得，可进行传统出版物与电子书的版面编排。

（5）微软画图

Windows 10操作系统自带的画图工具可以创建简单的二维图形，也能对图形进行缩放、裁剪、旋转等基本操作，并且能够为文档编辑提供所需的资源。图3-4所示为画图工具的操作界面。

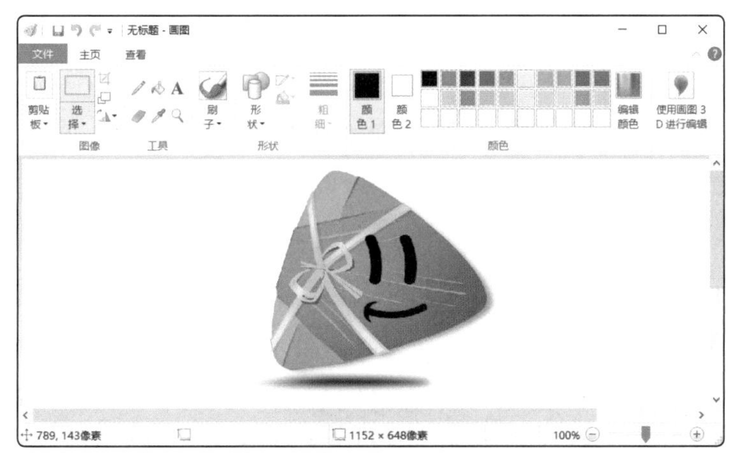

图3-4 画图工具的操作界面

2 文档的基本操作

文档的基本操作主要涉及新建、编辑、保存、打印等内容，下面以Word 2016为例进行介绍。

（1）认识Word 2016的操作界面

在“开始”菜单中选择“W”栏下的“Word 2016”选项，启动Word 2016，在打开的窗口中选择“空白文档”选项，或选择左下角的“打开其他文档”选项，在打开的对话框中选择某个已有的Word文档，均可打开Word 2016的工作窗口，其操作界面组成情况如图3-5所示。

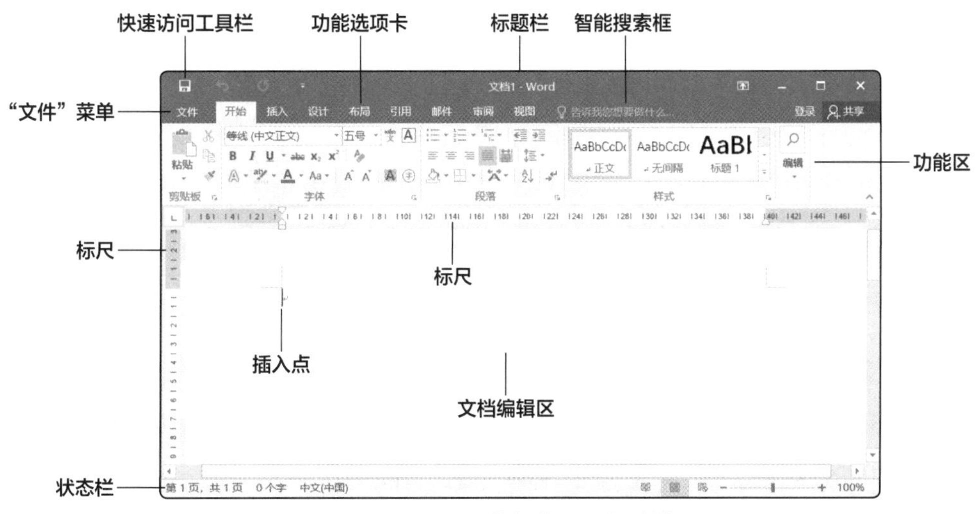

图3-5 Word 2016的操作界面组成情况

● **标题栏**。标题栏主要用于显示文档名称和控制窗口大小。其中，控制窗口大小的

3个按钮从左至右依次为“最小化”、“最大化”和“关闭”，可分别最小化、最大化和关闭窗口。

- **快速访问工具栏**。快速访问工具栏中显示了一些常用的工具按钮，可以提高操作效率。默认按钮有“保存”、“撤销键入”、“重复键入”。我们可以根据需要添加或删除这些按钮，只需单击该工具栏右侧的“自定义快速访问工具栏”下拉按钮，在弹出的下拉列表中选择相应的按钮选项。
- **“文件”菜单**。“文件”菜单主要用于执行文档的新建、打开、保存、共享等操作，菜单最下方的“选项”命令可对Word进行设置，以符合个人使用的习惯和需要。
- **功能选项卡**。Word 2016将各种设置和按钮集成在多个功能选项卡中，单击任意一个选项卡便可显示对应的功能区，在其中就能对文档的内容进行编辑，如设置字体格式、段落格式、页面格式等。
- **智能搜索框**。智能搜索框可以帮助我们轻松找到相关的操作说明，例如，在该搜索框中输入“目录”，Word便会自动显示与目录相关的帮助选项，选择相应的选项就能查看具体的内容。
- **标尺**。标尺主要用于定位文档内容，单击“视图”功能选项卡，在其中的“显示”组中可控制标尺是否出现在界面中。
- **文档编辑区**。文档编辑区是输入与编辑文档内容的区域，对文本进行的各种操作及结果都显示在该区域中。其中的一个不停闪烁的短竖线称为插入点，用于定位文本输入或图片插入的位置。
- **状态栏**。状态栏主要用于显示当前文档的工作状态，包括当前页数、字数、输入状态等，右侧的按钮和设置参数则用于视图模式的切换和显示比例的调整。

（2）新建文档

利用“开始”菜单启动Word 2016后，在其界面中选择“空白文档”选项就能新建一个空白的文档。如果已经启动了Word 2016，可单击“文件”菜单，选择左侧的“新建”选项，并选择“空白文档”选项，如图3-6所示，或直接按【Ctrl+N】组合键，新建空白文档。

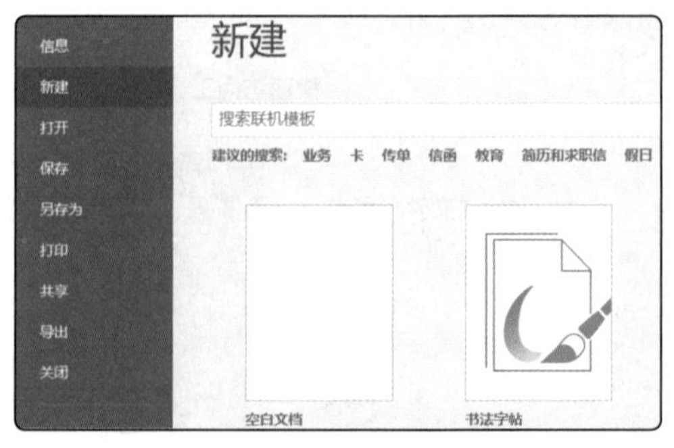

图3-6 新建文档的界面

技巧

如果需要新建带有一定内容和格式的文档，可在Word 2016中单击“文件”菜单，选择左侧的“新建”选项，然后在当前界面中选择一种已有的模板样式，或在搜索框中输入模板关键字，按【Enter】键后在搜索结果中选择需要的模板样式，并在打开的对话框中单击“创建”按钮。

（3）输入文本

在Word中输入文本时，常见的操作有以下几种。

- **换行**。输入一段文本后，按【Enter】键可执行换行操作，在新的段落中输入文本。
- **删除**。对于错误的文本，可拖曳鼠标将其选中，按【Delete】键删除。
- **修改**。可先删除错误的文本或在需要添加文本的位置单击鼠标定位插入点，然后重新输入需要的内容。

（4）保存文档

第一次保存时，选择“文件”/“保存”命令，或单击快速访问工具栏中的“保存”按钮，或按【Ctrl+S】组合键，均可显示“另存为”界面，在其中选择“浏览”选项，打开“另存为”对话框，在对话框中设置文档的保存路径，在“文件名”下拉列表框中设置文档的保存名称，单击 保存(S) 按钮保存文档，如图3-7所示。

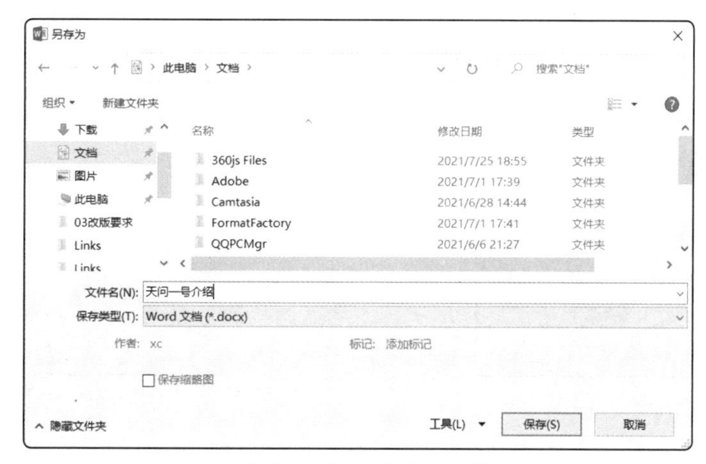

图3-7　“另存为”对话框

在计算机上双击已有的Word文档，可启动Word 2016并打开该文档，也可单击“文件”菜单，依次选择“打开”选项和“浏览”选项，在打开的对话框中双击Word文档将其打开。若要关闭已打开的文档，可在任务栏中切换到该文档的界面，单击右上角的“关闭”按钮。

（5）打印文档

打印文档时，需要确保打印机正确连接到计算机上并能够正常使用。打开需要打印的文档，单击“文件”菜单，选择“打印”选项，此时在显示的界面中可以预览打印效果，如果不符合要求，可按【Esc】键返回操作界面进行修改。如果打印效果无误，则可选择连接的打印机设备，然后设置打印份数、打印范围、打印顺序等需要设置的参数，最后单击“打印”按钮，实现文档的打印。

3 文档的信息操作

文档的信息操作主要涉及查询、校对、修订、批注等，下面逐一介绍。

（1）查询信息

打开需要查询信息的Word文档，在“开始”/“编辑”组中单击 查找 按钮，打开“导航”任务窗格，在搜索框中输入需要查找的内容，如“管理”，Word将自动在文档中搜索“管理”文本，并显示在搜索框下方。同时，包含该内容的文本将在“导航”任务窗格中呈高亮显示，如图3-8所示。单击搜索框右下方的“上一个”按钮▲和“下一个”按钮▼，可在文档中快速定位到“管理”文本的位置。

（2）校对信息

在“审阅”/“校对”组中单击“拼写和语法”按钮，打开“语法”任务窗格，在其列表框中显示了错误的相关信息，查看文档中对应的位置，若确实存在错误则直接在文档页面中进行修改，若确定无须修改，则可单击 忽略(I) 按钮，Word将自动显示下一个语法错误，直至文档无错误，如图3-9所示。

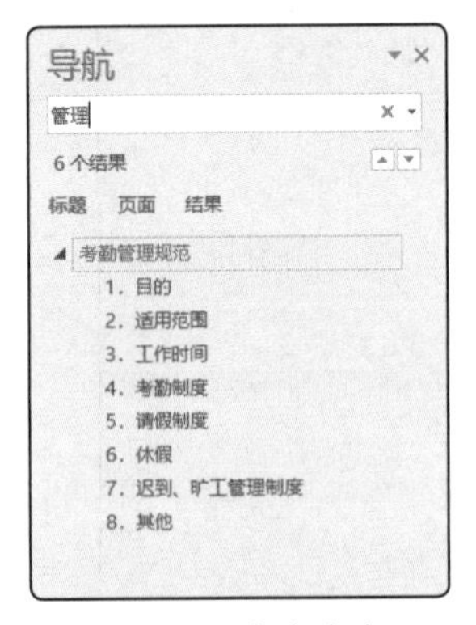

图3-8 查询内容

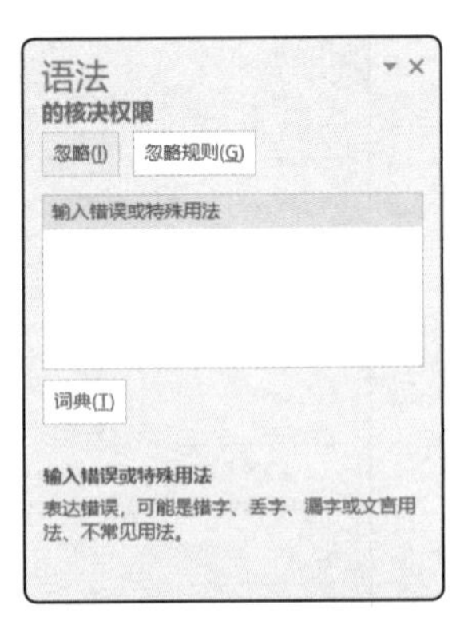

图3-9 校对拼写和语法错误

（3）修订信息

在“审阅”/“修订”组中单击“修订”按钮进入修订状态。此后在文档中进行修改时，修改处左侧会显示一条竖线，表示该处进行了修订，以便他人使用该文档时了解哪些位置进行了修改，如图3-10所示。完成后再次单击“修订”按钮可退出修订状态。

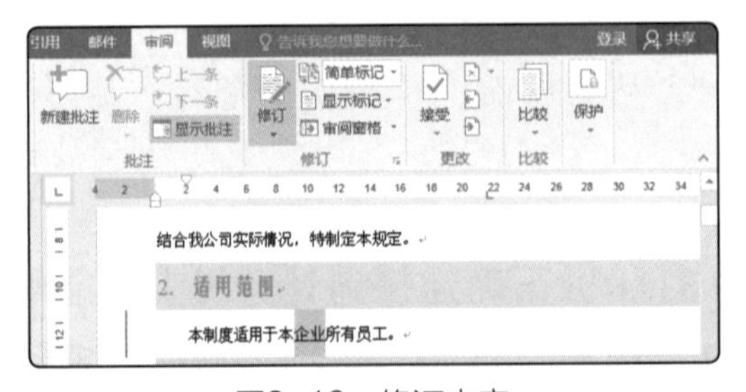

图3-10 修订内容

提示

当其他人使用修订过的文档时，可在“审阅”/“更改”组中单击 上一条 按钮或 下一条 按钮快速定位到修订的位置，如果同意修订，单击该组中的“同意”按钮，如果不同意修订，单击“拒绝”按钮。

（4）批注信息

在“审阅”/“批注”组中单击“新建批注”按钮，Word将自动为选择的文本添加红色底纹，并用引线连接页边距上的批注框，我们可以在批注框中输入批注内容，如图3-11所示。当需要提醒他人文档有不妥之处或有亮眼之处时，如果不想直接修订，就可采用批注的方式进行提醒。

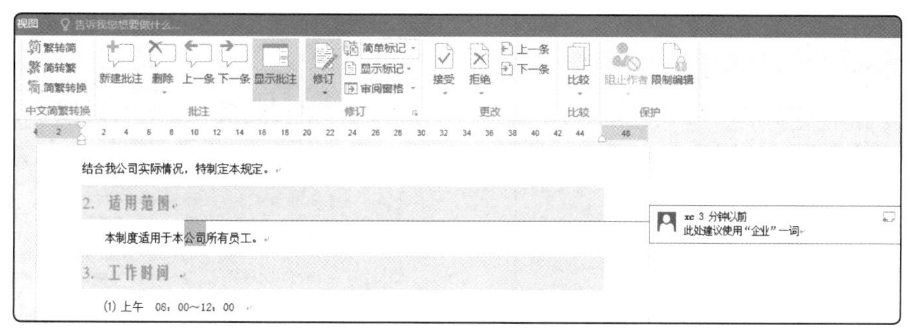

图3-11 添加批注

项目任务

任务1 进行简单的文档编辑和管理

下面将新建并保存“国画”文档，然后通过插入文件中文字的方式将其他素材中的内容插入“国画”文档，接着适当编辑文档内容并对文档进行加密设置，最后将文档导出为PDF文件，其具体操作如下。

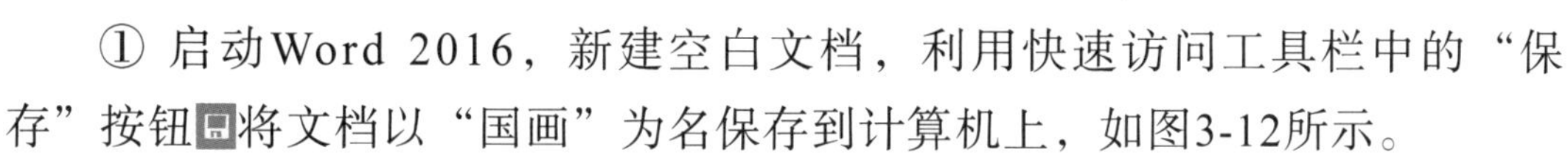

① 启动Word 2016，新建空白文档，利用快速访问工具栏中的“保存”按钮将文档以“国画”为名保存到计算机上，如图3-12所示。

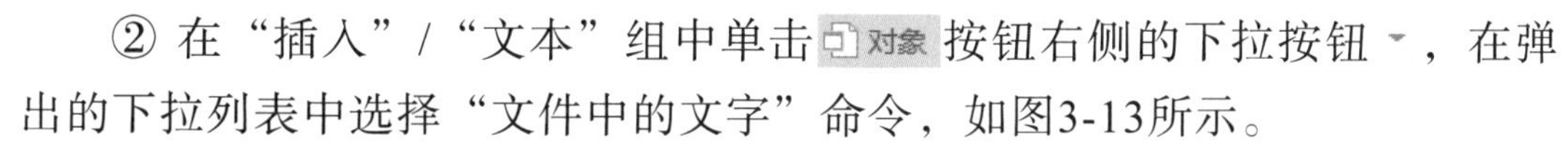

② 在“插入”/“文本”组中单击“对象”按钮右侧的下拉按钮，在弹出的下拉列表中选择“文件中的文字”命令，如图3-13所示。

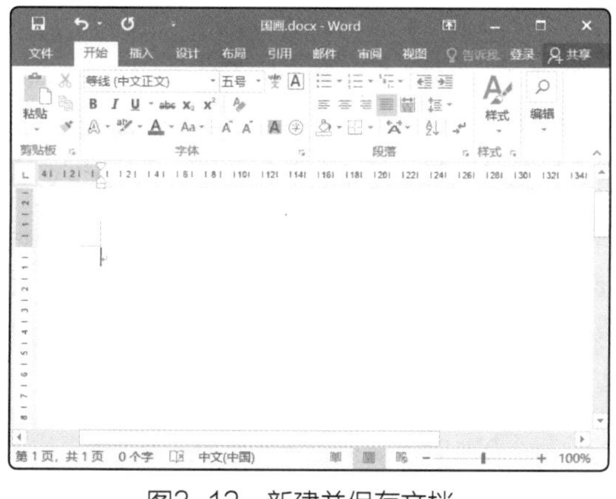

图3-12 新建并保存文档

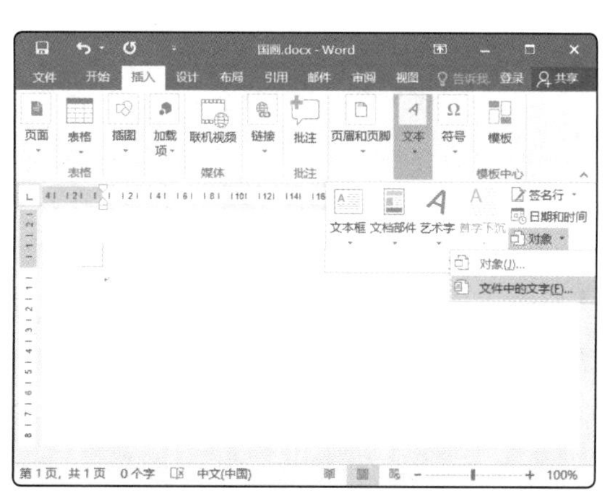

图3-13 插入文件中的文字

③ 打开“插入文件”对话框，按住【Ctrl】键的同时，选择“国画的分类.docx”“国画的概念.docx”“国画的魅力.docx”文件（配套资源：素材/模块3），单击“插入(S)”按

钮，如图3-14所示。

④ 按住鼠标左键不放，拖曳鼠标选择图3-15所示的整个段落（包括段落末尾的段落标记↵）。

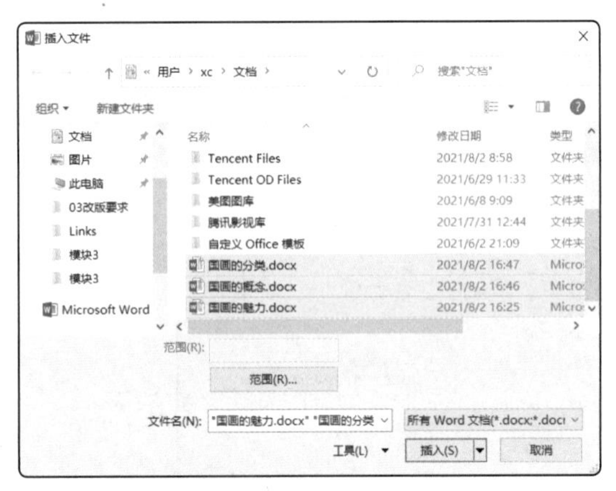

图3-14 选择文件

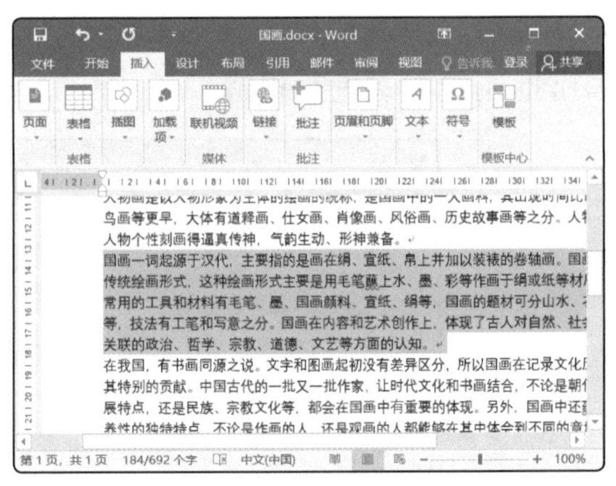

图3-15 选择文本

⑤ 在选择的段落上按住鼠标左键不放，将其拖曳到文档开始处。拖曳时会出现定位线，当该定位线定位于文档开始处时释放鼠标左键，完成文本的移动，如图3-16所示。

⑥ 在文档最开始处单击鼠标定位插入点，按【Enter】键换行并产生空行。在空行中单击鼠标定位插入点，输入标题“走进国画的世界”，如图3-17所示。

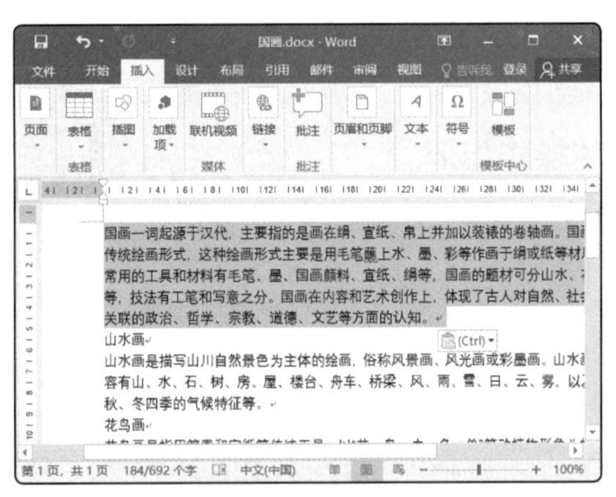

图3-16 拖曳文本

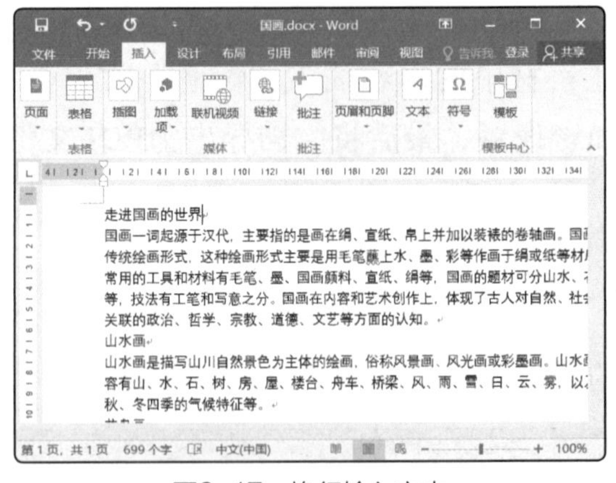

图3-17 换行输入文本

技巧

选择文本或段落后，按【Ctrl+X】组合键可剪切对象，按【Ctrl+C】组合键可复制对象。然后单击鼠标将插入点定位到目标位置，按【Ctrl+V】组合键就能快速实现对象的移动或复制操作。另外，在所选文本或段落上单击鼠标右键，利用快捷菜单中的“剪切”和“复制”命令，以及该快捷菜单中“粘贴选项”栏下的各种粘贴按钮也能实现移动或复制操作。大家可以尝试使用这两种方法，以提高移动和复制的操作效率。

⑦ 按相同方法将插入点定位到目标位置，为相关标题段落添加“一、”“二、”“三、”的编号，如图3-18所示。

⑧ 单击“文件”选项卡，选择左侧的“信息”选项，单击“保护文档”按钮，在弹出的下拉列表中选择“用密码进行加密”命令，如图3-19所示。

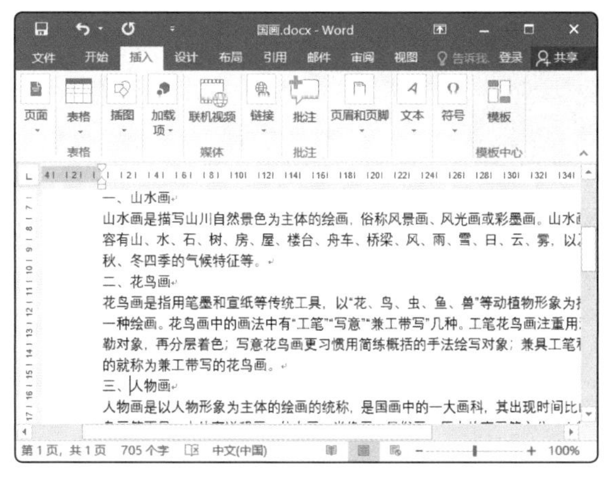

图3-18　添加编号

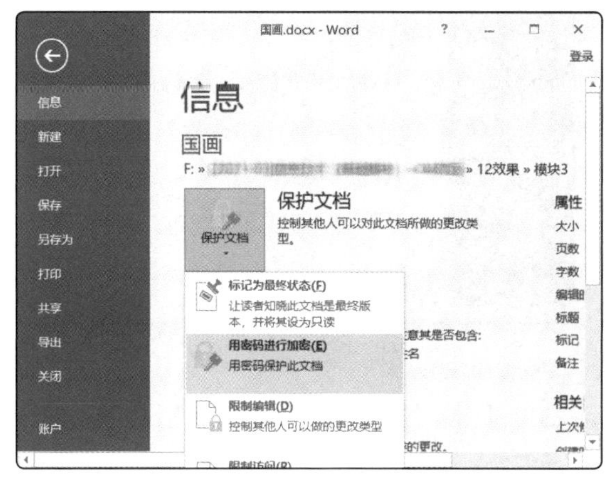

图3-19　加密文档

⑨ 打开“加密文档”对话框，在“密码”文本框中输入密码，如“123456”，单击 确定 按钮，如图3-20所示。

⑩ 打开“确认密码”对话框，在“重新输入密码”文本框中输入相同的密码，单击 确定 按钮，如图3-21所示。

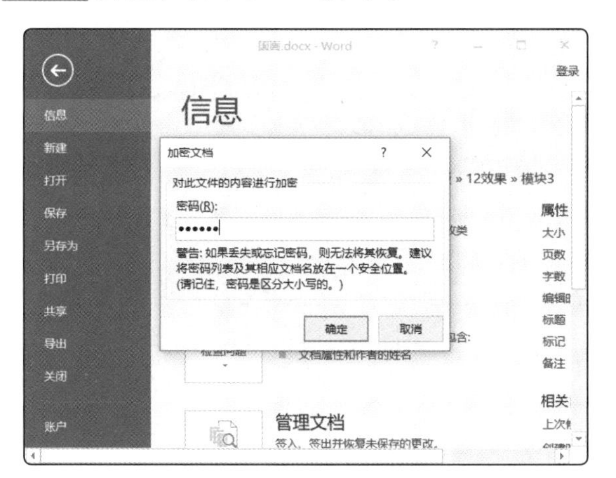

图3-20　输入密码

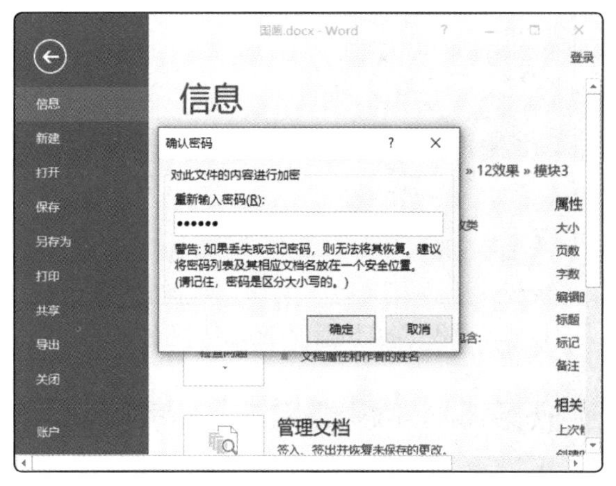

图3-21　确认密码

注意

如果要取消文档的加密状态，只需按相同的方法进行操作，并在“加密文档”对话框中删除原有的密码。也就是说，将加密信息设置为“空”，文档就处于非加密状态。

⑪ 此时“保护文档”栏呈高亮显示，表示该文档进行了保护设置。继续在左侧选择“导出”选项，如图3-22所示。

⑫ 在当前界面右侧选择“创建PDF/XPS”选项，并单击“创建PDF/XPS”按钮，如图3-23所示。

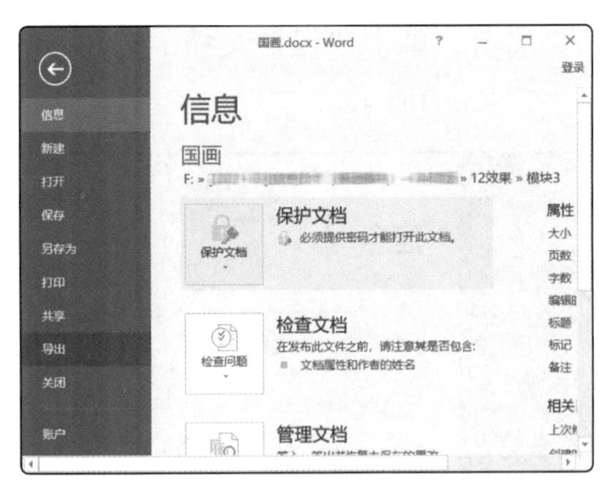

图3-22　导出文档

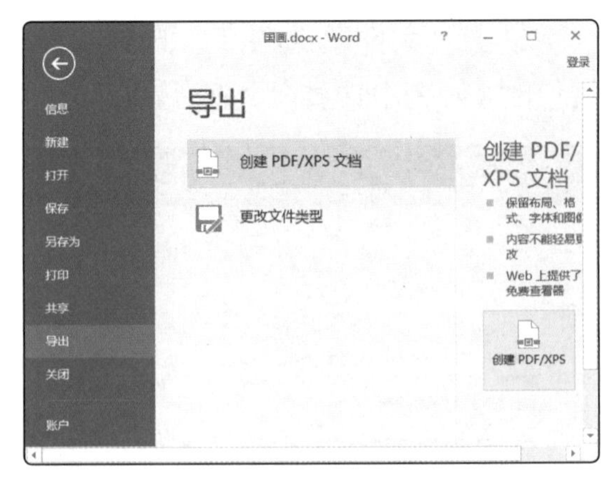

图3-23　选择导出类型

⑬ 打开“发布为PDF或XPS”对话框，设置文件的保存位置和名称，单击 发布(S) 按钮，如图3-24所示。

⑭ 由于Word文档进行了加密设置，因此将打开提示对话框，单击 是(Y) 按钮便能将Word文档导出为PDF文件，如图3-25所示（配套资源：效果/模块3/国画.docx、国画.pdf）。

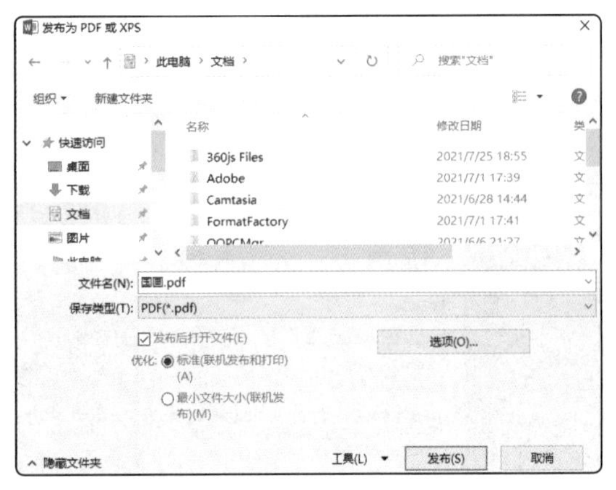

图3-24　设置保存位置和名称

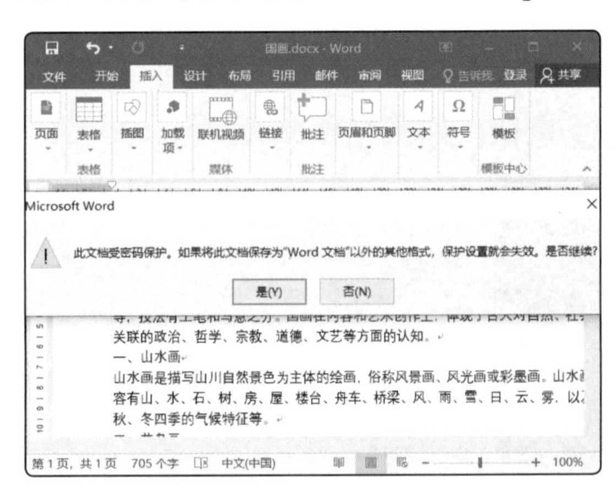

图3-25　确认导出

任务2　移动端文档的传输与操作

由于智能手机几乎已经成了大家必不可少的设备，这也对自动化办公起到了一定的影响。我们除了使用计算机编辑文档外，也会经常使用手机发送、接收文件，甚至直接使用手机编辑文档。下面便练习在移动端对文档进行传输和操作的常用方法，其具体操作如下。

微课
移动端文档的传输与操作

① 在移动端下载并安装Office应用程序。登录移动端Office应用程序后，点击操作主界面右下角的“操作”选项，打开“操作”界面，在“共享文件”栏中点击“传输文件”选项，如图3-26所示。

② 打开“传输文件”界面，点击 ↙接收 按钮接收文件，如图3-27所示。转到计算机上的transfer.office.com，扫描二维码，在手机上点击“配对”选项，如图3-28所示，在计算机上也进行配对操作。

图3-26 点击“传输文件”选项

图3-27 接收文件

图3-28 配对计算机与移动端

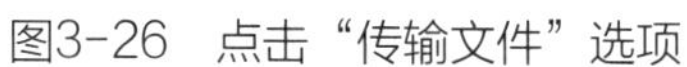

③ 在计算机页面中单击＋择要发送的文件按钮，如图3-29所示，打开“打开”对话框，选择需发送的Word文档，单击打开(O)按钮自动发送文件。完成后移动端将显示接收到文件，如图3-30所示。

④ 点击接收到的文件将其打开，接着点击“编辑”按钮编辑文档，其中 B I U 等按钮分别表示加粗、倾斜、下画线、高亮文本、字体设置，点击其后的“更多”按钮⋮，还可为文档设置编号、项目符号等，如图3-31所示。

图3-29 选择要发送的文件

图3-30 接收文件

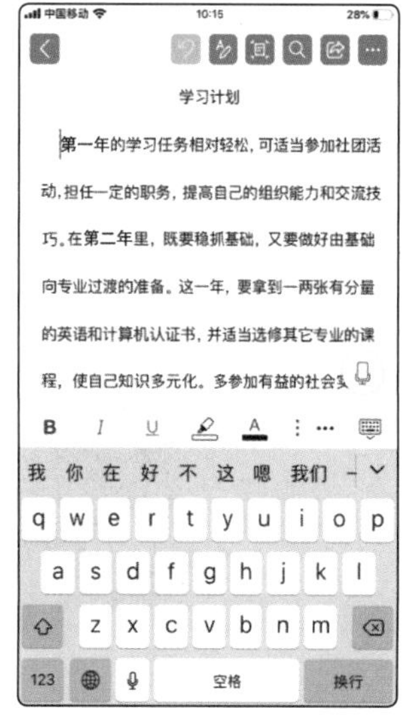

图3-31 编辑文档

⑤ 编辑完成后，点击界面右上角的“共享”按钮，打开“共享”界面，登录Office账号，将文件上传至OneDrive共享文件。

⑥ 也可返回“传输文件”界面，点击↗发送按钮，配对计算机与移动端，选择移动端文件并将其发送到计算机。

拓展知识

认识文档的基本元素

对于利用信息技术设备编辑电子文档来说，设计和排版时应当主要考虑其页面布局、文档内容和文档格式等元素。

- **页面布局**。主要涉及纸张大小、纸张方向、页边距、文字方向、分栏、页面边框和背景等，这些元素决定了文档的整体布局。
- **文档内容**。主要涉及封面、目录、各级别标题、正文、图形图像、脚注与尾注、页眉与页脚等各种与纸质文档相似的内容，这些元素决定了文档的呈现方式。
- **文档格式**。主要涉及文本格式、段落格式、页面格式、图形图像的格式等，如字体、字号、字符间距、对齐方式、缩进距离等，这些元素决定了文档的表现形式。

图3-32所示为一张图文混排的电子小报，纸张方向为横向、大小为A4，使用图片作为页面背景，并添加页面底纹。文档标题为艺术字，二级标题和正文使用文本框排列，并加入了丰富的图片、形状等对象，使整个文档看上去非常生动和形象。

图3-32　图文混排的电子小报

- 关键词：　文档元素　电子小报

课后练习

打开“珠穆朗玛峰.docx”文档（配套资源：素材/模块3），在其中输入文档的标题“珠穆朗玛峰”，然后根据自己对珠峰的印象，尝试在文档中添加一定的内容。对于经常需要输入的文本，如“珠穆朗玛峰”，可使用复制粘贴的方式提高输入效率。参考效果如图3-33所示（配套资源：效果/模块3/珠峰.docx）。

珠穆朗玛峰
珠穆朗玛峰，简称珠峰，是喜马拉雅山脉的主峰，同时也是世界上海拔最高的山峰，位于中国与尼泊尔边境线上，北部在中国西藏定日县境内，南部在尼泊尔境内。数十万年前，印度洋板块与亚欧大陆板块碰撞挤压，青藏高原逐渐隆起并形成“世界屋脊”，其中具代表性的山峰便是珠峰。2020 年 12 月 8 日，中国和尼泊尔两国联合对外宣布，经过两国团队的测量工作，珠穆朗玛峰的最新高程为 8848.86 米，此次珠峰高程测量也是我国对珠峰展开的第四次大规模测绘和科考。
珠穆朗玛峰呈巨型的金字塔状，威武雄壮，昂首天外，地形极端的险峻，环境异常复杂。东北山脊，东南山脊和西山山脊中间夹着三大陡壁，在这些山脊和峭壁之间又分布着 548 条大陆型冰川。冰山上既有千姿百态，瑰丽多姿的冰塔林，又有险象环生的冰崩带和雪崩带。
眺望珠穆朗玛峰，确实神奇美丽，无论那云雾之中的山峦奇峰，还是那耀眼夺目的冰雪世界，无不引起人们莫大的兴趣。不过最让人感兴趣的，还是那飘浮在峰顶的云彩。这云彩好像是在峰顶上飘扬着的一面旗帜，因此被形象地称为旗云。
珠穆朗玛峰旗云的形状千姿百态，时而像一面旗帜迎风招展，时而像波涛汹涌的海浪，忽而又变成袅娜上升的炊烟。刚刚似万里奔腾的骏马，一会儿又如轻轻飘动的面纱。这一切，使珠穆朗玛峰增添了不少绚丽壮观的景色，堪称世界奇观。

图3-33 “珠峰.docx”参考效果

项目 3.2 设置文本格式

无论多么精彩的内容，如果没有文本格式的衬托，既不方便阅读，也无法让人感觉赏心悦目。因此，我们还需要掌握对文档中的文本进行格式设置的方法，包括文本格式、段落格式、页面格式等。Word提供了强大的文本格式设置功能，我们可以根据自己的需要随心所欲地打造出需要的文档效果。

学习要点

◎ 设置文本格式，包括字体、字号、字形、效果等。
◎ 设置段落格式，包括对齐方式、缩进、行间距、段落间距等。
◎ 设置项目符号和编号、边框和底纹等。
◎ 设置页面格式，包括页边距、页面大小等。
◎ 使用样式，包括新建样式、保存样式、修改和应用样式等。

相关知识

1 设置页面格式

在Word中创建的内容都以页为单位显示。前面所做的文档编辑，都是在默认的页面设置下进行的，但这种默认的页面设置有可能不符合用户要求。此时，我们就可根据需要对其进行调整，包括页面设置、页眉和页脚设置等。

在介绍页面格式的设置之前，我们需要了解Word的页面结构。Word的页面分为文档区域和页边区域，页面各部分的名称如图3-34所示。

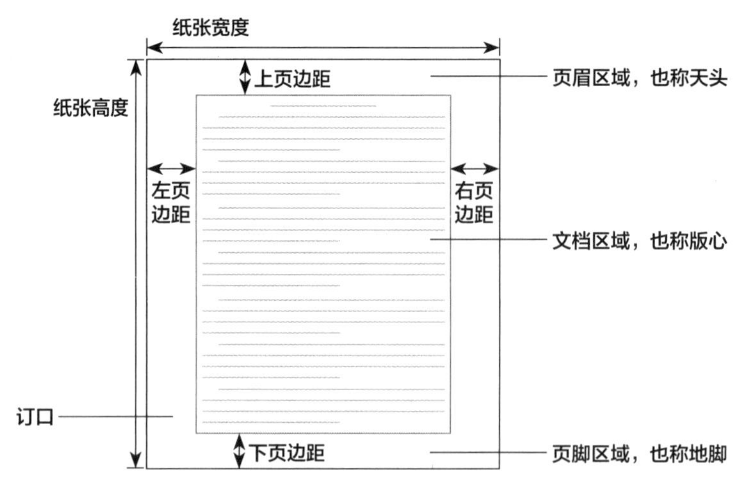

图3-34 页面各部分的名称

（1）页面设置

打开需进行页面设置的文档后，可直接在“布局”/“页面设置”组中利用现有的参数对页面的文字方向、页边距、纸张方向、纸张大小、分栏等进行设置，也可单击该组中的“展开”按钮，打开“页面设置”对话框，利用其中各选项卡对参数进行详细设置。

- **“页边距”选项卡**。可自定义上下左右的页边距，也可设置纸张方向，如图3-35所示。
- **“纸张”选项卡**。可选择预设的纸张大小，也可自定义页面的宽度和高度，如图3-36所示。

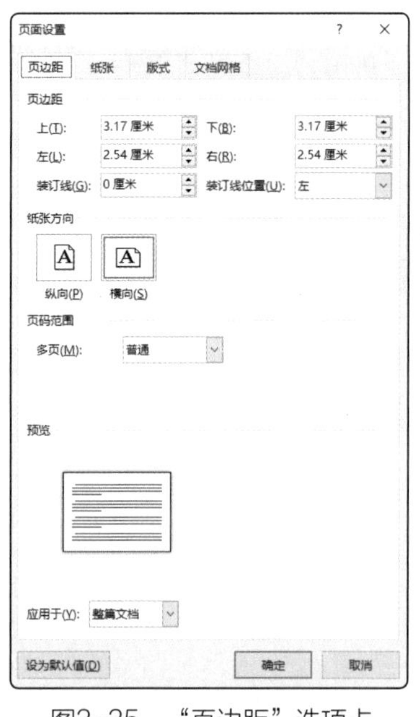

图3-35 “页边距”选项卡

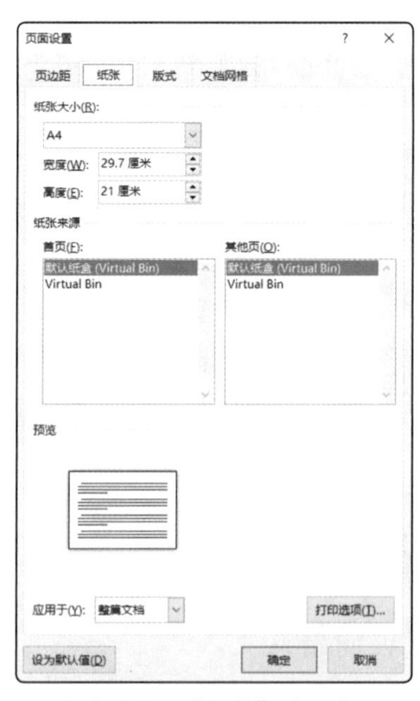

图3-36 “纸张”选项卡

- **“版式”选项卡**。当文档中插入了分节符时，在其中可设置节的起始位置；当文档中添加了页眉和页脚时，可设置页面应用页眉页脚的规则，如图3-37所示。
- **“文档网格”选项卡**。在其中可设置文字的排列方向，页面的分栏数，是否应用行网格和字符网格，并可精确设置每行的字符数和每页的行数等，如图3-38所示。

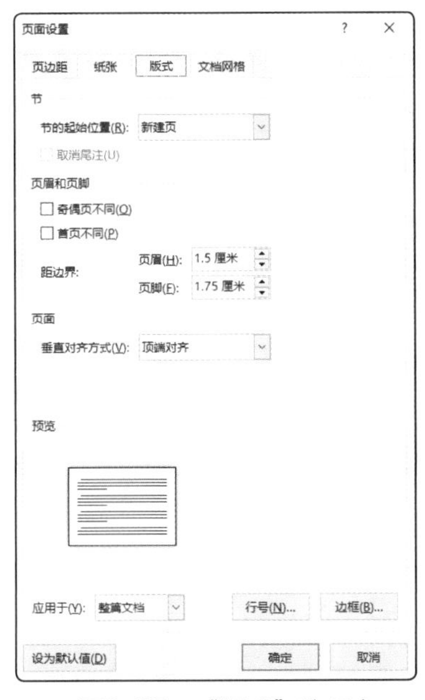

图3-37 “版式”选项卡

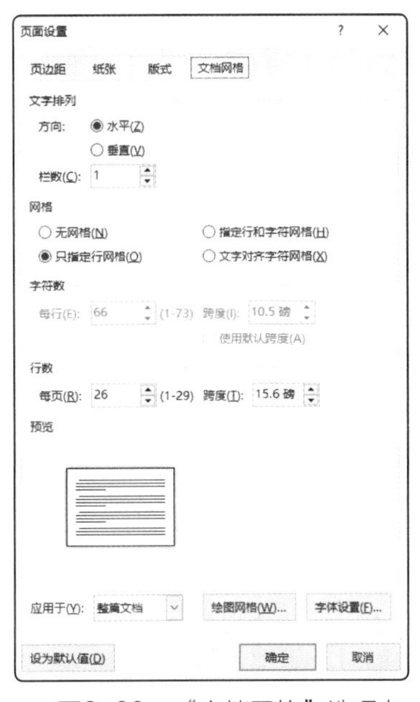

图3-38 “文档网格”选项卡

（2）页眉和页脚设置

页眉和页脚区域可以显示文档的其他重要辅助信息，如文件名、制作单位或制作人、页码等，如图3-39所示。

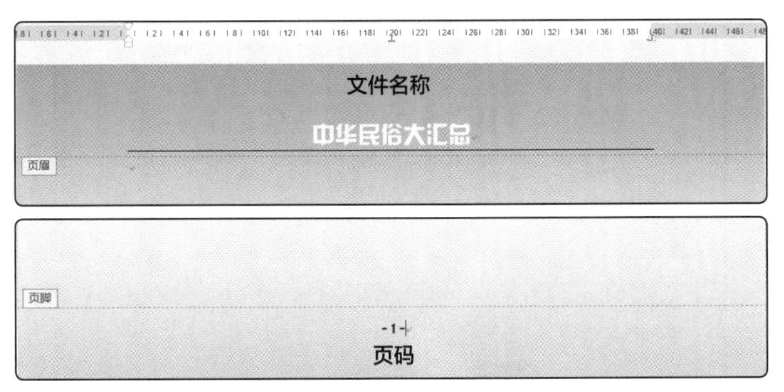

图3-39 页眉和页脚

- **插入页眉**。在“插入”/“页眉和页脚”组中单击“页眉”按钮，在弹出的下拉列表中选择所需的页眉样式，进入页眉编辑状态，在其中输入需要的内容。
- **插入页脚**。在页眉编辑状态下，单击“页眉和页脚工具-设计”/“页眉和页脚”组中的“页脚”按钮，或在“插入”/“页眉和页脚”组中单击“页脚”按钮，在弹出的下拉列表中选择所需的页脚样式，并输入需要的内容或插入页码。

在“插入”/“页眉和页脚”组中单击“页码”按钮或在页眉页脚编辑状态下，在“页眉和页脚工具-设计”/“页眉和页脚”组中单击该按钮，可在弹出的下拉列表中为指定的位置添加页码。若在该下拉列表中选择“设置页码格式”命令，则可在打开的对话框中设置页码的编号和编号格式。

❷ 使用样式来提高工作效率

样式是多种格式的集合，当需要为某个对象设置多种字体格式、段落格式等格式时，就可以将这些格式保存为样式，需要时，直接将样式应用到对象上，便能快速完成设置工作。在Word中创建并应用样式的方法为：在“开始”/“样式”组的“样式”下拉列表框中选择“创建样式”命令，打开“根据格式设置创建新样式”对话框，在“名称”文本框中可设置该样式的名称，便于以后管理和使用。单击 修改(M)... 按钮，此时将展开“根据格式设置创建新样式”对话框，单击左下角的 格式(O) 按钮，根据需要设置格式，如图3-40所示。例如，如果需要设置字体格式，则可单击 格式(O) 按钮，在弹出的下拉列表中选择“字体”命令，并在打开的对话框中设置字体格式，完成后依次单击 确定 按钮。

图3-40 “根据格式设置创建新样式”对话框

创建好样式后，只需选择文本或段落对象，然后在“开始”/“样式”组的“样式”下拉列表框中选择对应的样式选项就能为所选对象快速应用样式。

项目任务

任务1 设置文档的基本格式

对文档进行格式设置是编辑文档时经常涉及的操作，特别是文本格式与段落格式的设置更是常见。我国基础研究和原始创新不断加强，一些关键核心技术实现突破，战略性新兴产业发展壮大。天问一号是执行我国首次火星探测任务的探测器，它成功着陆火星，是我国首次实现地外行星着陆，以下是关于天问一号的素材。本任务将在所提供的素材基础上，首先进行页面格式设置，包括调整纸张大小、纸张方向和页面背景，然后练习文本格式和段落格式的设置，文档格式设置后效果如图3-41所示。其具体操作如下。

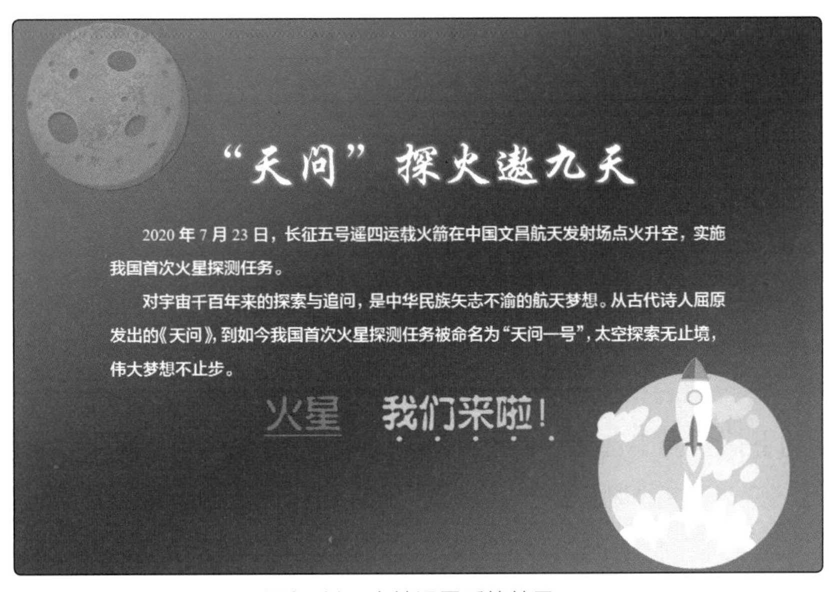

图3-41　文档设置后的效果

① 打开“天问一号.docx”文档（配套资源：素材/模块3），在“布局”/“页面设置”组中单击“纸张大小”按钮，在弹出的下拉列表中选择“A5”选项，设置纸张大小，如图3-42所示。

② 继续在该组中单击“纸张方向”按钮，在弹出的下拉列表中选择“横向”选项，设置纸张方向如图3-43所示。

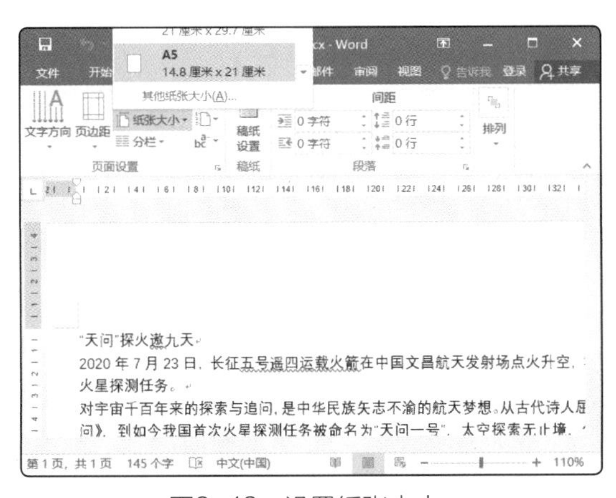

图3-42　设置纸张大小

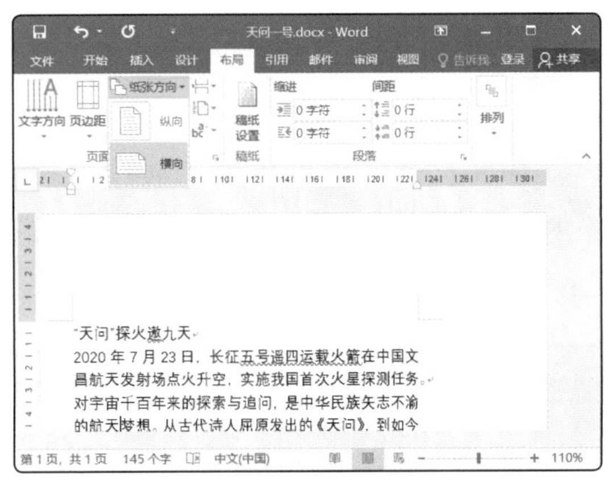

图3-43　设置纸张方向

③ 在“设计”/“页面背景”组中单击“页面颜色”按钮，在弹出的下拉列表中选择“填充效果”命令，如图3-44所示。

④ 打开“填充效果”对话框的“渐变”选项卡，单击选中“双色”单选按钮，在“颜色1”下拉列表框中选择“蓝色”选项，在“颜色2”下拉列表框中选择“深蓝”选项，在“底纹样式”栏中单击选中“斜上”单选按钮，单击 确定 按钮，如图3-45所示。

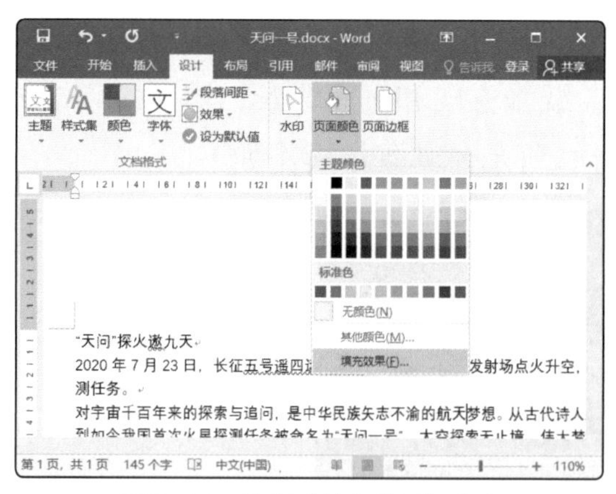

图3-44　选择“填充效果”命令

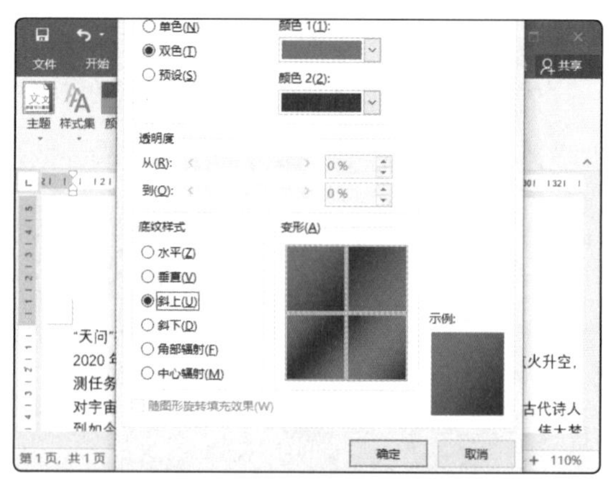

图3-45　设置双色填充

⑤ 拖曳鼠标选择标题段落，在“开始” / “字体”组的“字体”下拉列表框中选择“方正行楷简体”选项，在“字号”下拉列表框中选择“小初”选项，然后单击“字体颜色”按钮 右侧的下拉按钮 ，在弹出的下拉列表中选择“白色”选项，设置字体格式，如图3-46所示。

⑥ 继续在该组中单击“文本效果和版式”按钮 ，在弹出的下拉列表中选择“发光”选项，并在其级联选项中选择“发光变体”栏下的第1种效果选项，设置字体效果，如图3-47所示。

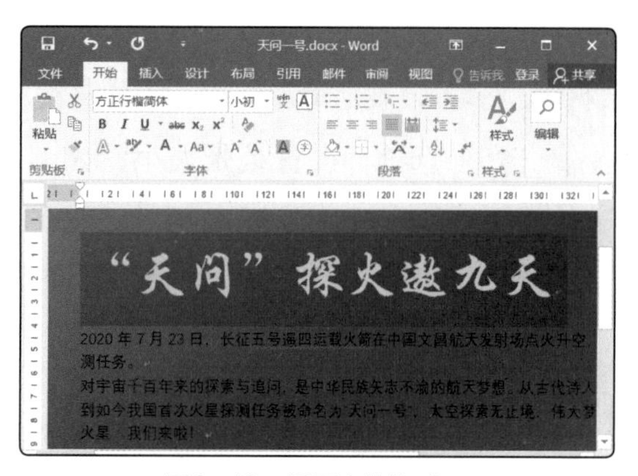

图3-46　设置字体格式

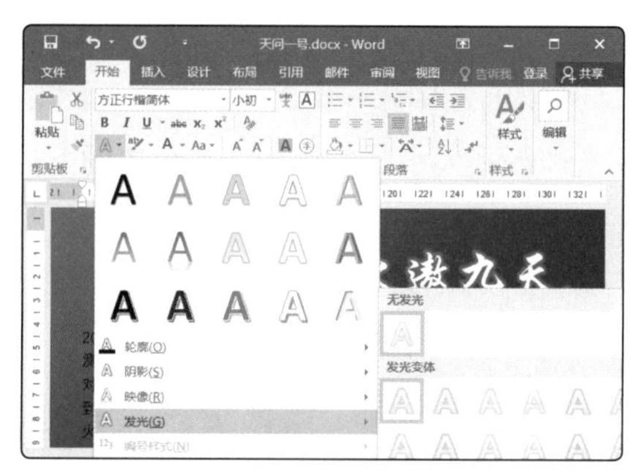

图3-47　设置字体发光效果

⑦ 在“段落”组中单击“居中”按钮 ，设置对齐方式，如图3-48所示。

⑧ 拖曳鼠标选择标题下方的两个段落，单击“字体”组中的“展开”按钮 ，如图3-49所示。

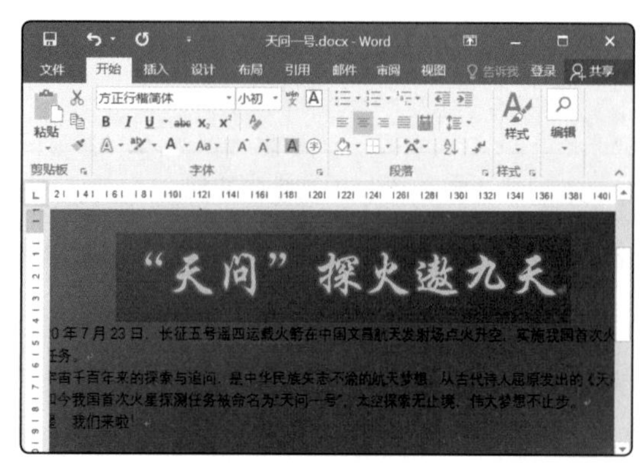

图3-48　设置对齐方式

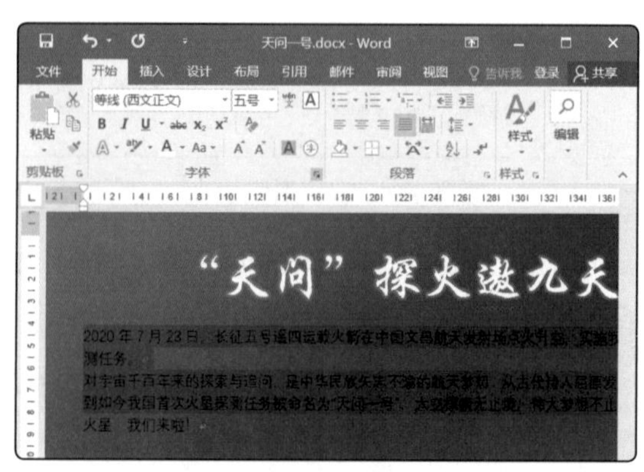

图3-49　选择段落

⑨ 打开“字体”对话框的“字体”选项卡，在“中文字体”下拉列表框中选择“方正兰亭中黑简体”选项，在“西文字体”下拉列表框中选择“Times New Roman”选项，在“字号”列表框中选择“小四”选项，在“字体颜色”下拉列表框中选择“白色”选项，单击 确定 按钮，设置字体格式，如图3-50所示。

⑩ 保持段落的选中状态，单击“段落”组中的“展开”按钮，打开“段落”对话框的“缩进和间距”选项卡，在“特殊格式”下拉列表框中选择“首行缩进”选项，在“行距”下拉列表框中选择“固定值”选项，在右侧的“设置值”数值框中输入“24磅”，单击 确定 按钮，设置段落格式，如图3-51所示。

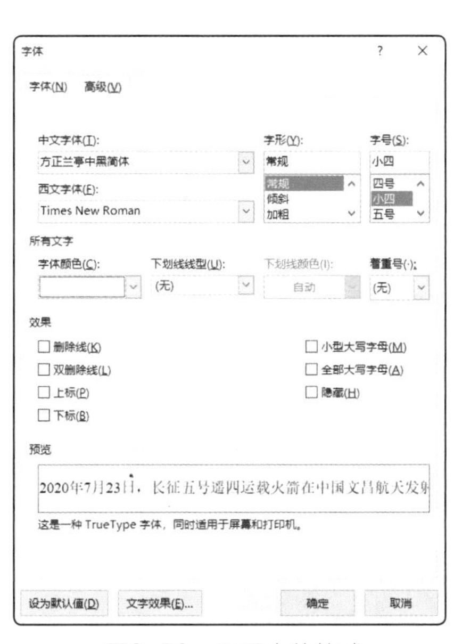

图3-50　设置字体格式

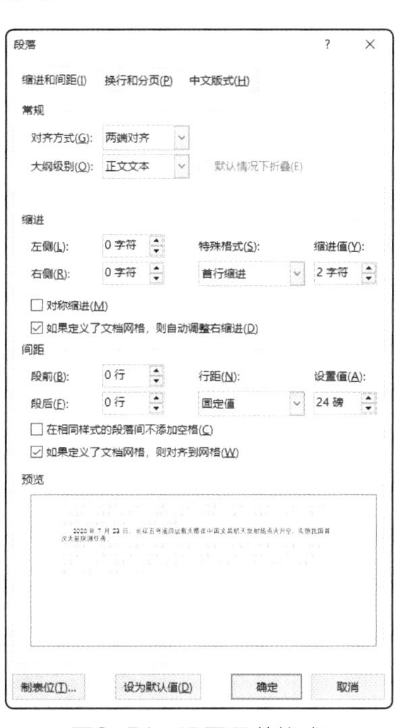

图3-51　设置段落格式

⑪ 选择最后一个段落，将其字体和段落格式设置为“方正水柱简体、28号、居中对齐”，如图3-52所示。

⑫ 单独选择“火星”文本，将其字体颜色设置为“红色”，并在“字体”组中单击“下画线”按钮，为其添加下画线，如图3-53所示。

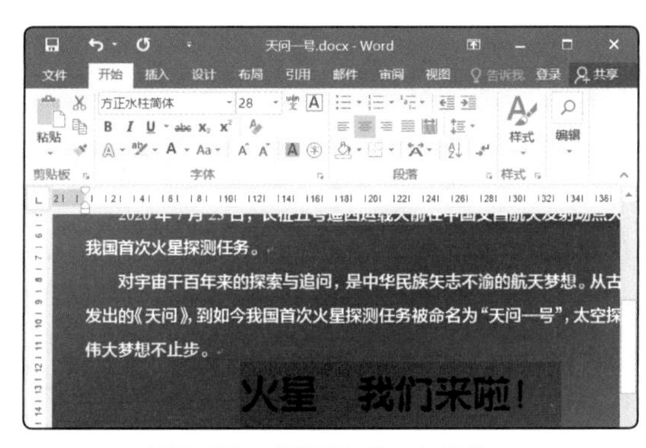

图3-52　设置最后一个段落

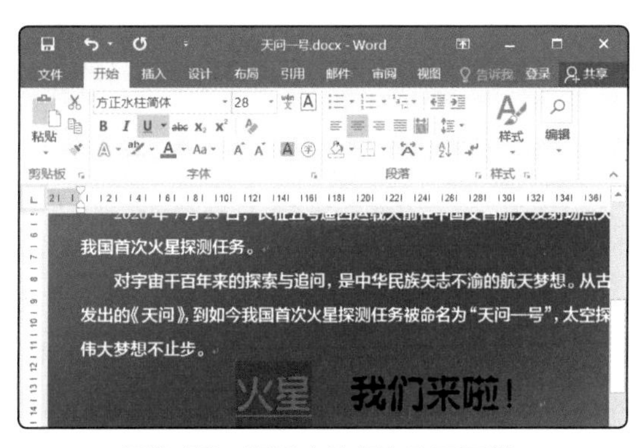

图3-53　设置字体颜色和下画线

⑬ 单独选择“我们来啦！”文本，将其字体颜色设置为“橙色”，然后单击“字体”组中的“展开”按钮，如图3-54所示。

⑭ 打开“字体”对话框，在“着重号”下拉列表框中选择“•”选项，单击 确定 按钮，如图3-55所示。

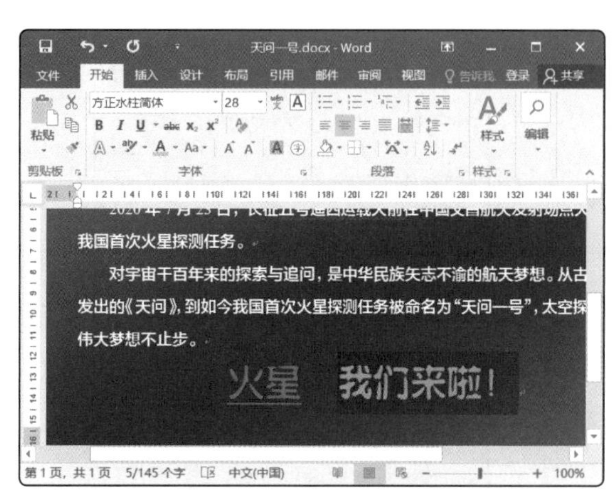

图3-54 设置字体颜色

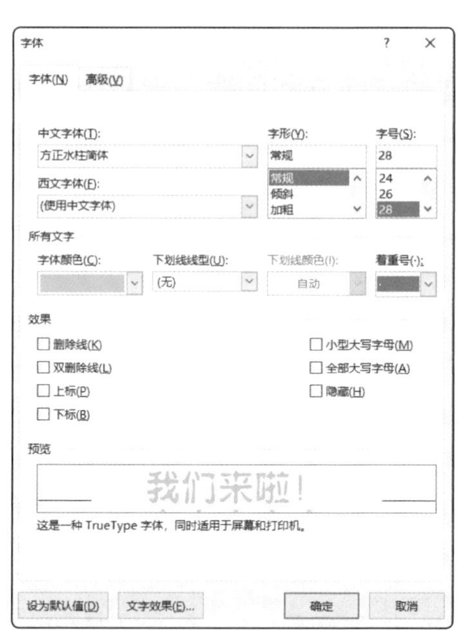

图3-55 添加着重号

⑮ 将文档中已有的2幅图片移至合适的位置（在图片上按住鼠标左键不放并拖曳），如图3-56所示，最后保存文档（配套资源：效果/模块3/天问一号.docx）。

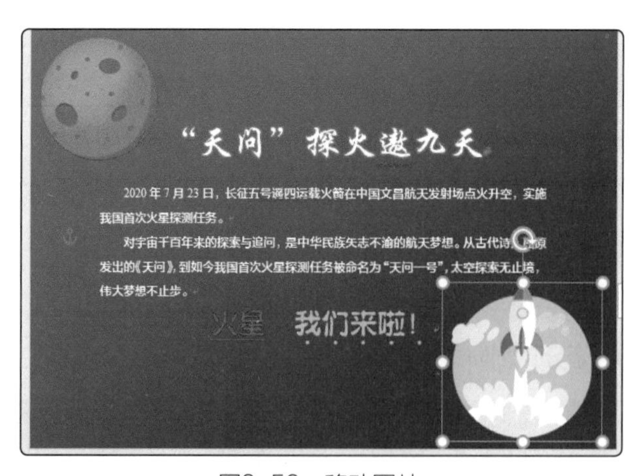

图3-56 移动图片

任务2 使用多种工具美化文档

Word美化文档的功能远远不止对文本格式、段落格式和页面格式进行设置，本任务将使用更多的功能来满足文档的美化需要，具体主要涉及文本格式、段落格式、页面格式、编号和项目符号、样式、页眉和页脚等功能的综合应用。文档美化后的参考效果如图3-57所示，其具体操作如下。

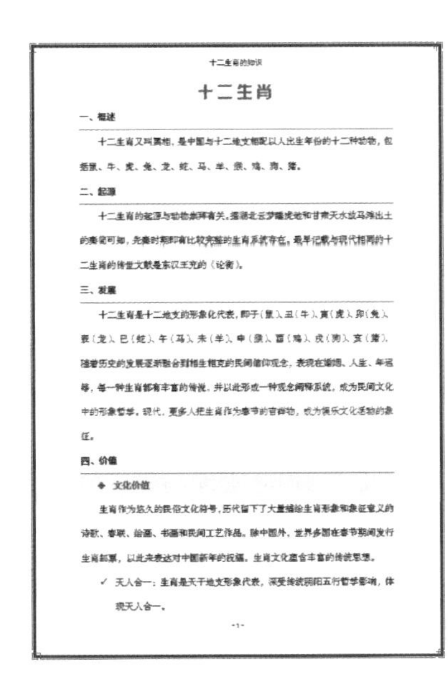

十二生肖的知识

十二生肖

一、概述

十二生肖又叫属相，是中国与十二地支相配以人出生年份的十二种动物，包括鼠、牛、虎、兔、龙、蛇、马、羊、猴、鸡、狗、猪。

二、起源

十二生肖的起源与动物崇拜有关。据湖北云梦睡虎地和甘肃天水放马滩出土的秦简可知，先秦时期即有比较完整的生肖系统存在。最早记载与现代相同的十二生肖的传世文献是东汉王充的《论衡》。

三、发展

十二生肖是十二地支的形象化代表，即子（鼠）、丑（牛）、寅（虎）、卯（兔）、辰（龙）、巳（蛇）、午（马）、未（羊）、申（猴）、酉（鸡）、戌（狗）、亥（猪），随着历史的发展逐渐融合到相生相克的民间信仰观念，表现在婚姻、人生、年运等，每一种生肖都有丰富的传说，并以此形成一种观念阐释系统，成为民间文化中的形象哲学。现代，更多人把生肖作为春节的吉祥物，成为娱乐文化活动的象征。

四、价值

◆ 文化价值

生肖作为悠久的民俗文化符号，历代留下了大量描绘生肖形象和象征意义的诗歌、春联、绘画、书画和民间工艺作品。除中国外，世界多国在春节期间发行生肖邮票，以此来表达对中国新年的祝福。生肖文化蕴含丰富的传统思想。

✓ 天人合一：生肖是天干地支形象代表，深受传统阴阳五行哲学影响，体现天人合一。

-1-

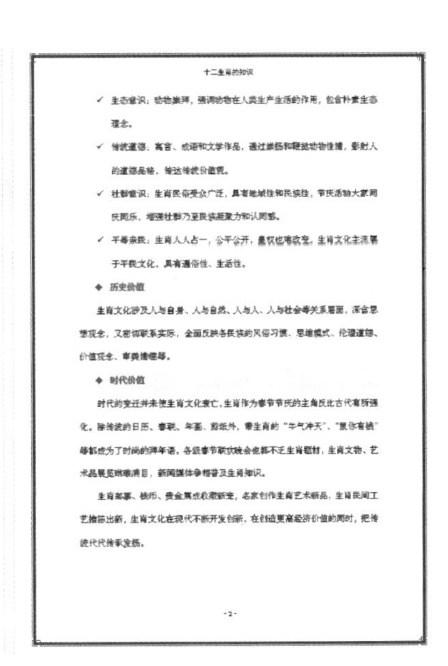

十二生肖的知识

✓ 生态意识：动物崇拜，强调动物在人类生产生活的作用，包含朴素生态理念。

✓ 传统道德：寓言、成语和文学作品，通过褒扬和鞭挞动物性情，影射人的道德品格，传达传统价值观。

✓ 社群意识：生肖民俗受众广泛，具有地域性和民族性，节庆活动大家同庆同乐，增强社群乃至民族凝聚力和认同感。

✓ 平等亲民：生肖人人占一，公平公开，皇权也难改变。生肖文化主流属于平民文化，具有通俗性、生活性。

◆ 历史价值

生肖文化涉及人与自身、人与自然、人与人、人与社会等关系层面，深含思想观念，又密切联系实际，全面反映各民族的风俗习惯、思维模式、伦理道德、价值观念、审美情趣等。

◆ 时代价值

时代的变迁并未使生肖文化衰亡，生肖作为春节节庆的主角反比古代有所强化。除传统的日历、春联、年画、剪纸外，带生肖的“牛气冲天”、“鼠你有钱”等都成为了时尚的拜年语。各级春节联欢晚会也都不乏生肖题材，生肖文物、艺术品展览琳琅满目，新闻媒体争相普及生肖知识。

生肖邮票、钱币、贵金属成收藏新宠，名家创作生肖艺术新品，生肖民间工艺推陈出新，生肖文化在现代不断开发创新，在创造更高经济价值的同时，把传统代代传承发扬。

-2-

图3-57　美化文档后的参考效果

① 打开“十二生肖.docx”文档（配套资源：素材/模块3），选择标题段落，将其对齐方式设置为“居中对齐”，如图3-58所示，然后单击“开始”/“字体”组中的“展开”按钮 ⊡。

② 打开“字体”对话框，在“中文字体”下拉列表框中选择“汉仪菱心体简”选项，在“字号”列表框中选择“二号”选项，在“字体颜色”下拉列表框中选择“紫色”选项，设置字体格式，如图3-59所示。

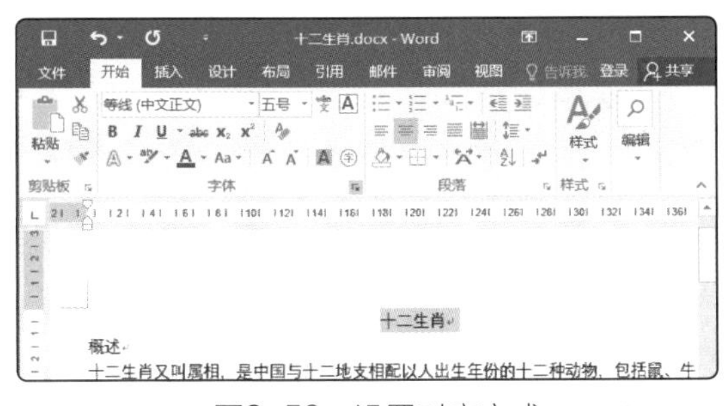

图3-58　设置对齐方式

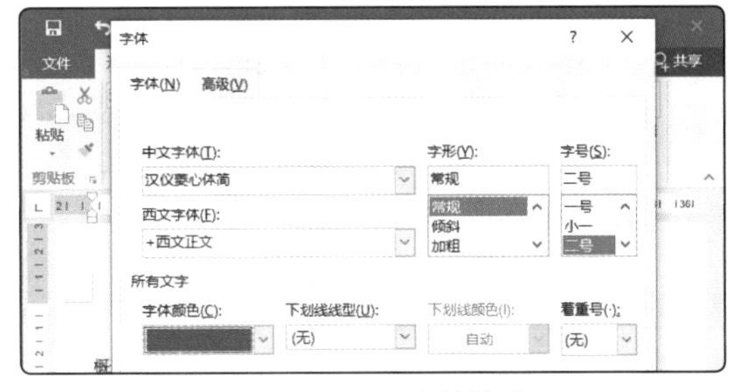

图3-59　设置字体格式

③ 单击“高级”选项卡，在“间距”下拉列表框中选择“加宽”选项，在右侧的“磅值”数值框中输入“2磅”，单击 确定 按钮，设置字符间距，如图3-60所示。

④ 选择除标题段落以外的其他所有段落，将其字体格式设置为“方正宋三简体、小四”，如图3-61所示。

技巧

选择篇幅较长的文本段落时，可在段落起始处单击鼠标定位插入点，然后滚动鼠标滚轮显示段落的末尾，此时需按住【Shift】键，然后单击末尾处便能快速选择所有文本段落。

图3-60 设置字符间距

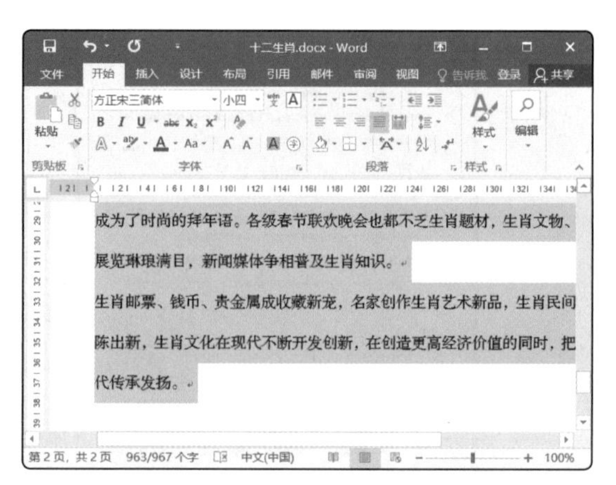

图3-61 设置其他段落的字体格式

⑤ 按住【Alt】键不放，拖曳标尺上的“首行缩进”滑块▽，将段落的首行缩进设置为2个字符的距离，如图3-62所示。

⑥ 选择“概述”段落，将其字体设置为“方正兰亭中黑简体”，并重新拖曳标尺上的“首行缩进”滑块▽，取消首行缩进，如图3-63所示。

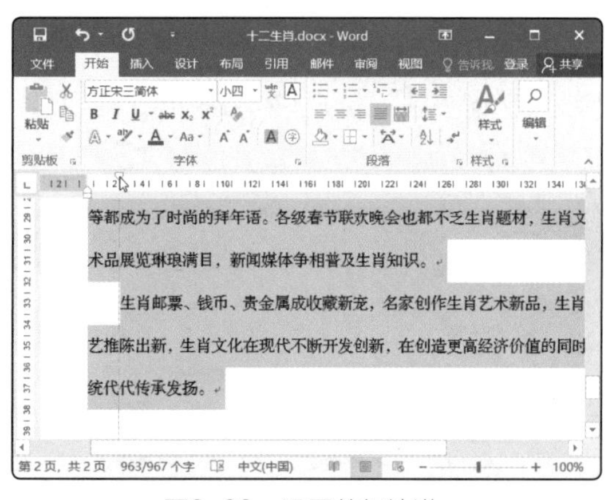

图3-62 设置首行缩进

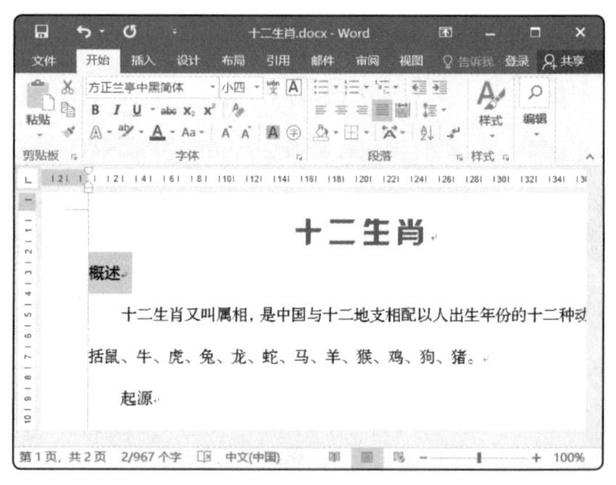

图3-63 设置字体和缩进

⑦ 保持段落的选中状态，在“段落”组中单击“编号”按钮右侧的下拉按钮，在弹出的下拉列表中选择图3-64所示的编号选项。

⑧ 由于添加编号后缩进距离有些过大，因此这时还需要对缩进距离进行调整。在所选段落上单击鼠标右键，在弹出的快捷菜单中选择“调整列表缩进”命令，如图3-65所示。

提示

除“首行缩进”滑块外，标尺上还包含其他3种滑块，其名称和作用分别如下：“悬挂缩进”滑块△，用于调整一个段落中除第一行以外其他行的缩进距离，与“首行缩进”的作用刚好相反；“左缩进”滑块□，用于调整整个段落距左侧版心的距离；“右缩进”滑块△，用于调整整个段落距右侧版心的距离。

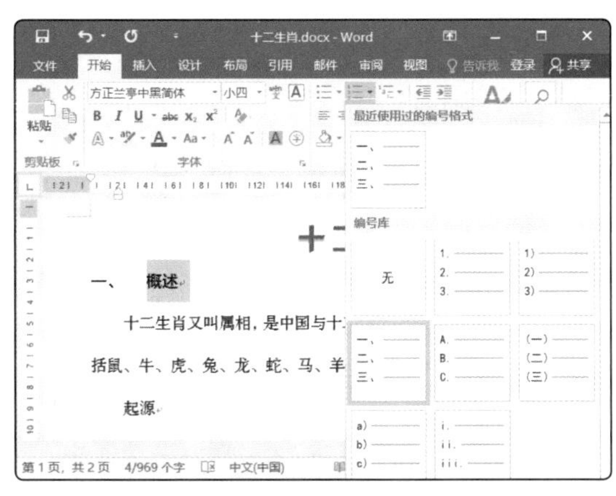

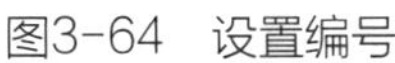

图3-64　设置编号

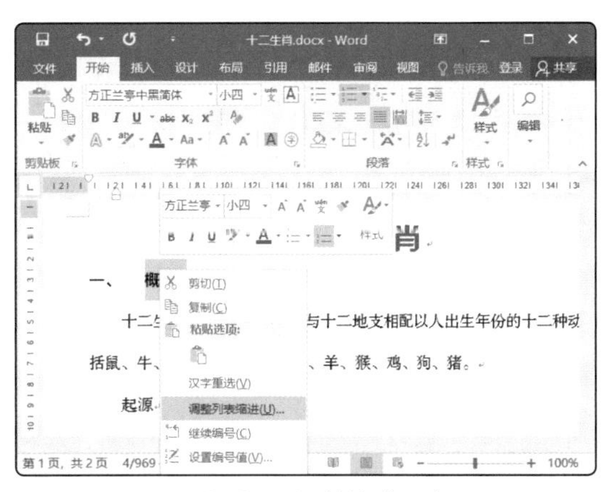

图3-65　调整缩进距离

⑨ 打开“调整列表缩进”对话框，在“编号之后”下拉列表框中选择“不特别标注”选项，单击 确定 按钮，如图3-66所示。

⑩ 继续保持段落的选中状态，在“样式”组的“样式”下拉列表框中选择“创建样式”命令，如图3-67所示。

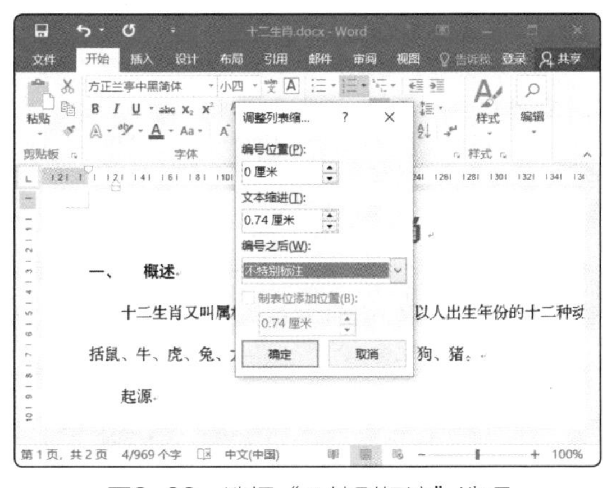

图3-66　选择“不特别标注”选项

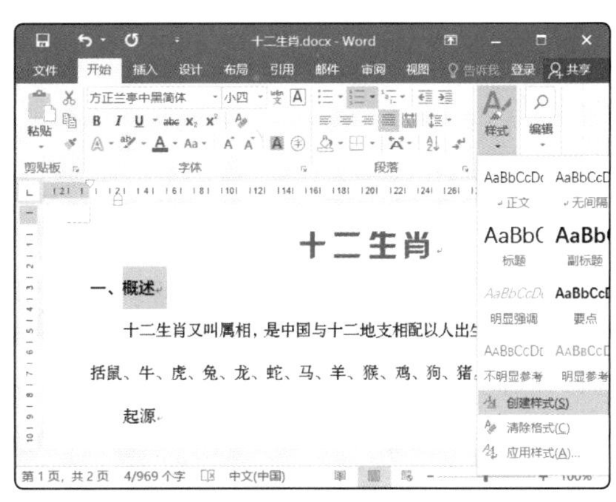

图3-67　创建样式

⑪ 打开“根据格式设置创建新样式”对话框，在“名称”文本框中输入“编号”，单击 修改(M)... 按钮，如图3-68所示。

⑫ 展开“根据格式设置创建新样式”对话框，单击左下角的 格式(O) 按钮，在弹出的下拉列表中选择“边框”命令，如图3-69所示。

⑬ 打开“边框和底纹”对话框的“边框”选项卡，在“颜色”下拉列表框中选择“紫色”选项，在“宽度”下拉列表框中选择“1.0磅”选项，单击右侧“预览”栏中图示的下方位置，为其添加下边框，依次单击 确定 按钮，如图3-70所示。

⑭ 此时所选段落便应用了“编号”样式效果，如图3-71所示。

⑮ 选择“起源”段落，在“样式”下拉列表框中选择“编号”选项，为该段落应用“编号”样式，如图3-72所示。

⑯ 按相同方法继续为“发展”段落和“价值”段落添加“编号”样式，如图3-73所示。

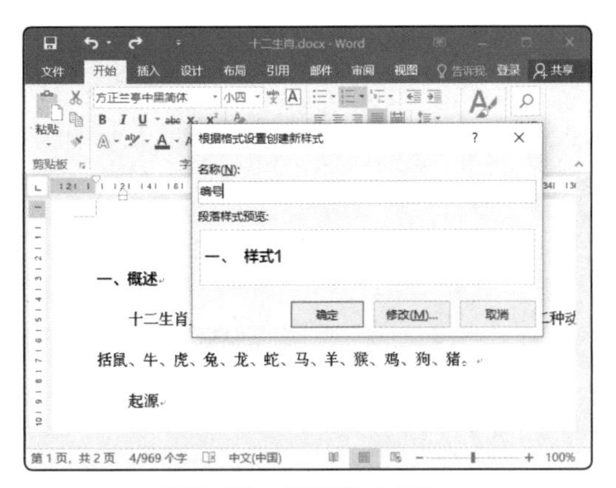

图3-68 设置样式名称

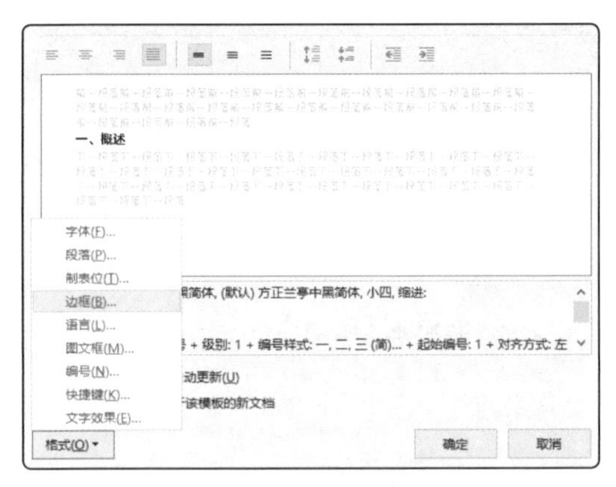

图3-69 选择“边框”命令

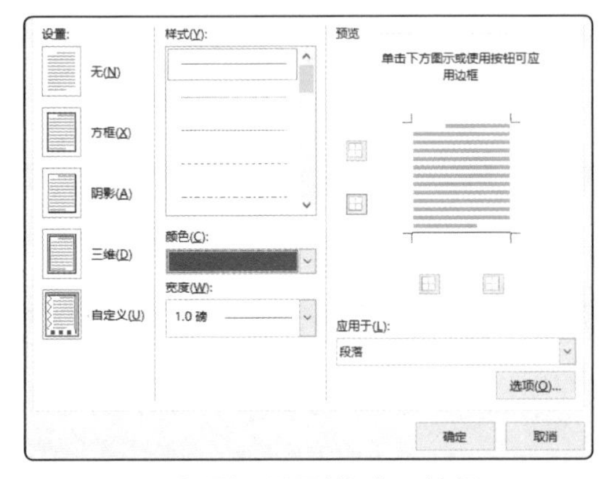

图3-70 设置并添加下边框

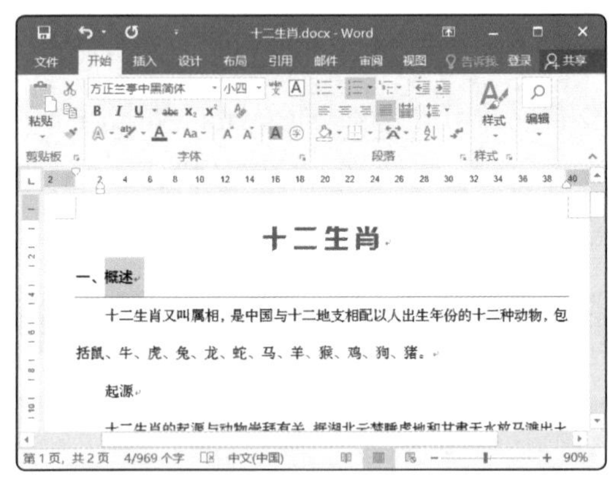

图3-71 应用“编号”样式效果

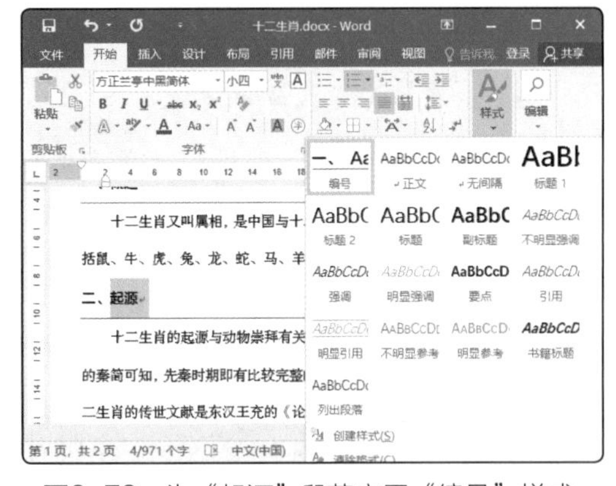

图3-72 为“起源”段落应用“编号”样式

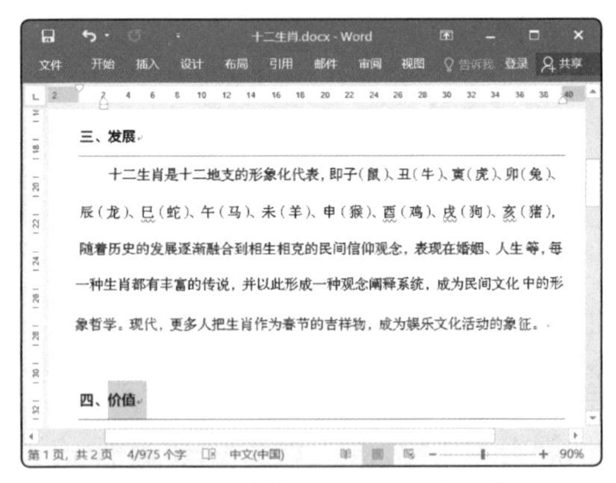

图3-73 继续应用“编号”样式

⑰ 选择“文化价值”段落，在“段落”组中单击“项目符号”按钮右侧的下拉按钮，在弹出的下拉列表中选择图3-74所示的项目符号。

⑱ 保持段落的选中状态，在“样式”组的“样式”下拉列表框中选择“创建样式”命令，如图3-75所示。

⑲ 打开“根据格式设置创建新样式”对话框，在“名称”文本框中输入“项目符号”，单击 修改(M)... 按钮，如图3-76所示。

⑳ 展开“根据格式设置创建新样式”对话框，单击左下角的 格式(O) 按钮，在弹出的下拉列表中选择“字体”命令，如图3-77所示。

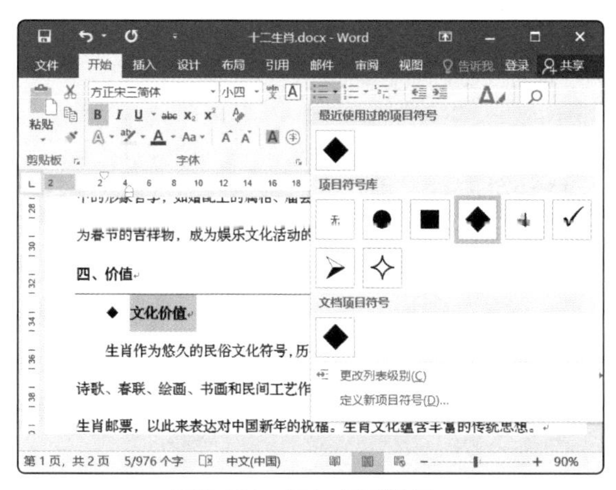

图3-74　添加项目符号

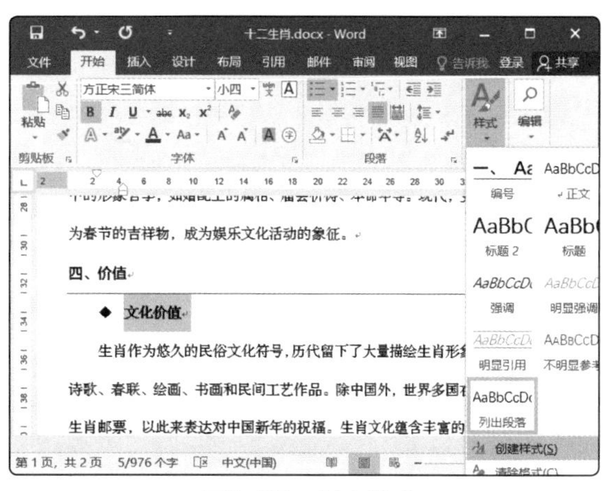

图3-75　创建样式

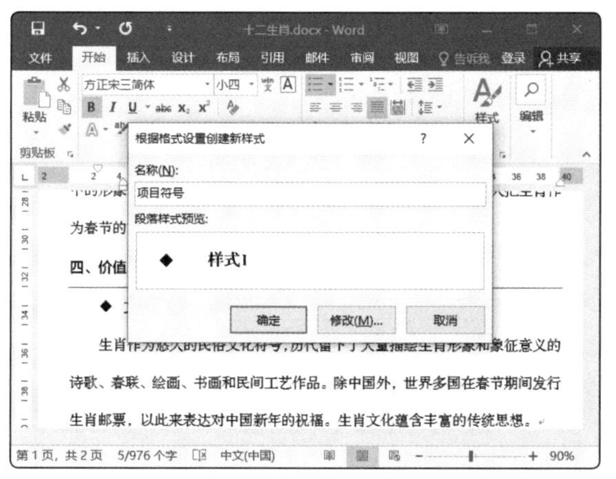

图3-76　设置样式名称

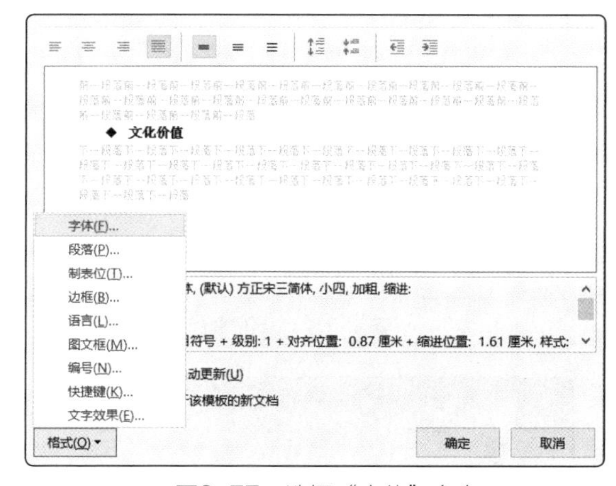

图3-77　选择“字体”命令

㉑ 打开“字体”对话框，在“字体颜色”下拉列表框中选择“紫色”选项，单击 确定 按钮，如图3-78所示。

㉒ 返回“根据格式设置创建新样式”对话框，再次单击左下角的 格式(O)▾ 按钮，在弹出的下拉列表中选择“段落”命令，打开“段落”对话框，在“特殊格式”下拉列表框中选择“首行缩进”选项，依次单击 确定 按钮，如图3-79所示。

㉓ 此时所选的“文化价值”段落便应用了“项目符号”样式。选择“历史价值”段落，在“样式”下拉列表框中选择“项目符号”选项，为该段落应用“项目符号”样式，如图3-80所示。

㉔ 按相同方法继续为“时代价值”段落应用“项目符号”样式，如图3-81所示。

㉕ 如果发现还需要调整“项目符号”样式的某些格式，可在“样式”下拉列表框的“项目符号”样式选项上单击鼠标右键，在弹出的快捷菜单中选择“修改”命令，修改样式，如图3-82所示。

㉖ 打开“根据格式设置创建新样式”对话框，单击左下角的 格式(O)▾ 按钮，在弹出的下拉列表中选择“边框”命令，如图3-83所示。

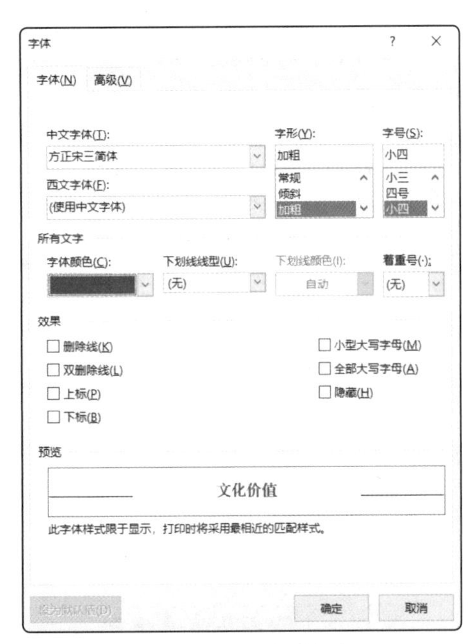

图3-78　设置字体颜色

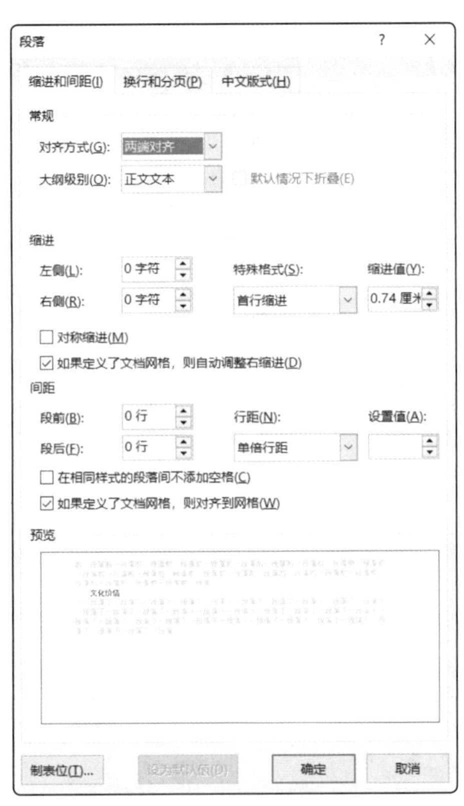

图3-79　设置首行缩进

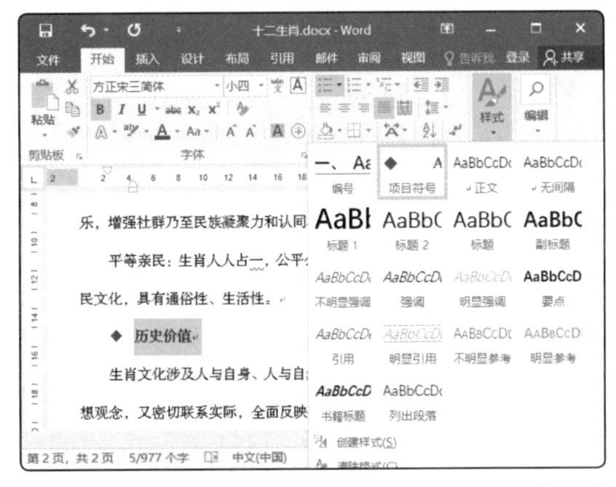

图3-80　为“历史价值”段落应用“项目符号”样式

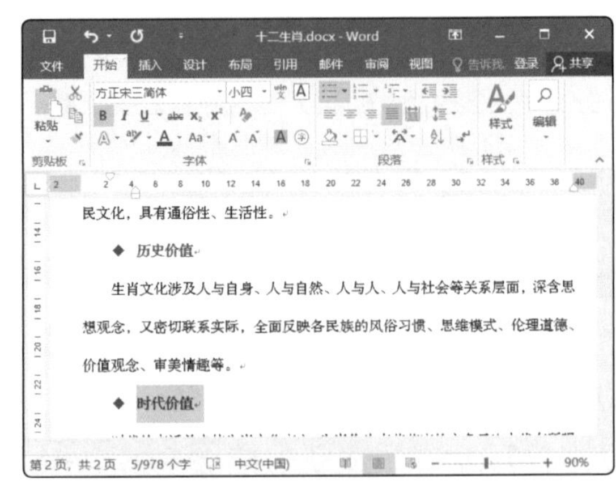

图3-81　继续应用“项目符号”样式

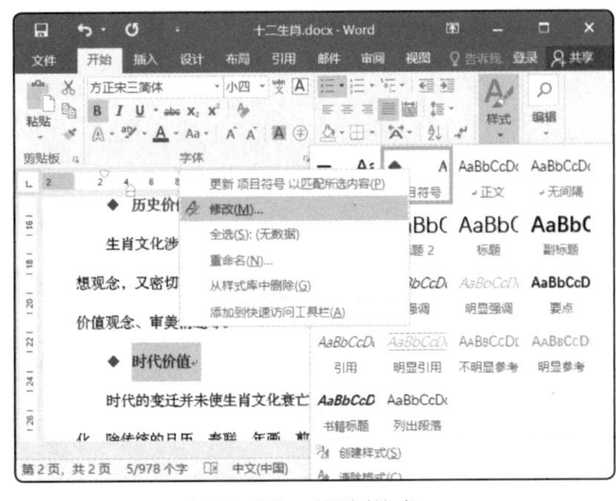

图3-82　修改样式

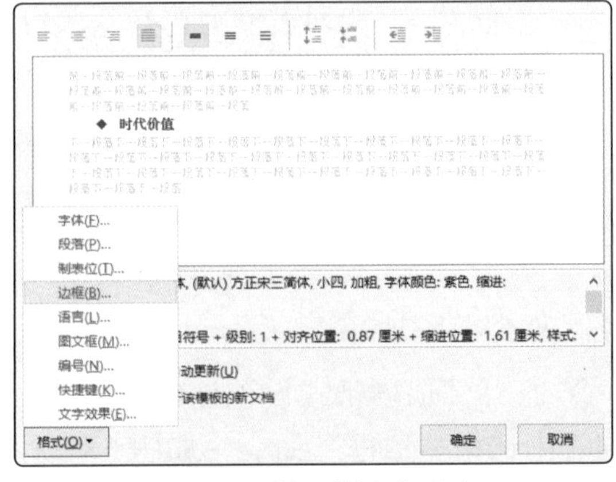

图3-83　选择“边框”命令

㉗ 打开“边框和底纹”对话框，单击“底纹”选项卡，在“填充”下拉列表框中选择“黄色”选项，依次单击 确定 按钮，如图3-84所示。

㉘ 此时所有应用了“项目符号”样式的段落将自动调整为新的格式，如图3-85所示。

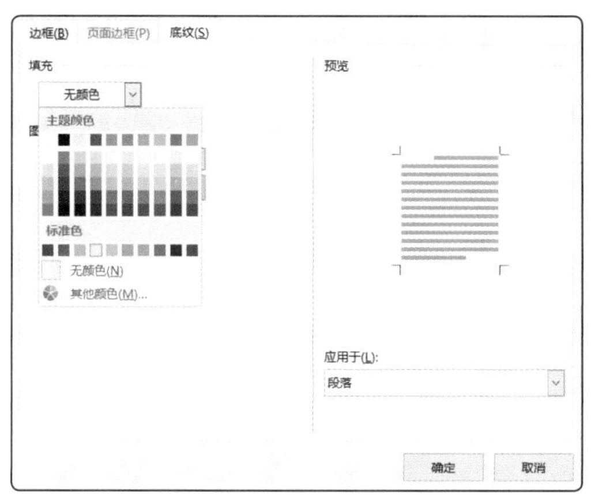

图3-84　设置底纹颜色

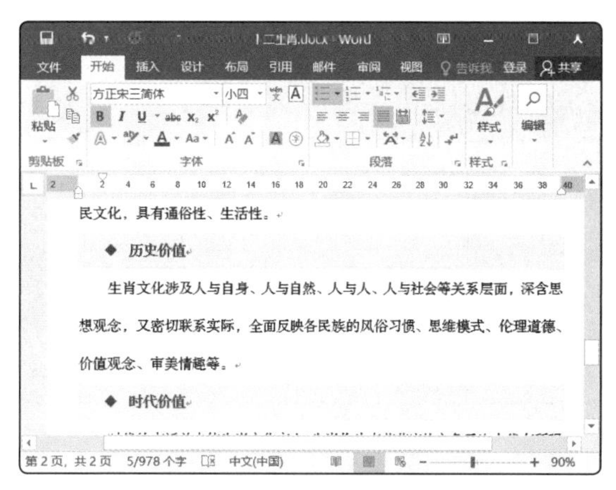

图3-85　自动调整格式

㉙ 下面为文档添加页眉和页脚。在“插入”/“页眉和页脚”组中单击“页眉”按钮，在弹出的下拉列表中选择第1种样式选项，插入页眉，如图3-86所示。

㉚ 进入页眉编辑状态，在其中输入“十二生肖的知识”，如图3-87所示。

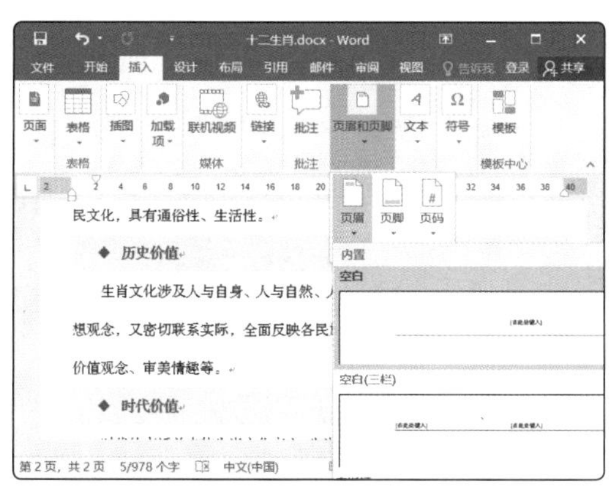

图3-86　插入页眉

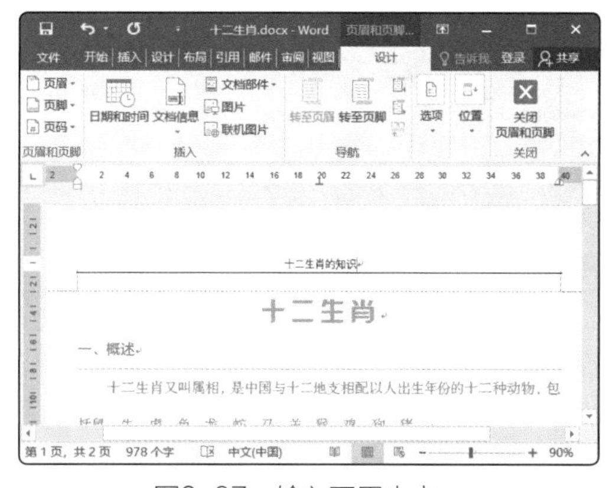

图3-87　输入页眉内容

㉛ 选择输入的文本，将其字体格式设置为“方正宋三简体、10号”，如图3-88所示。

㉜ 保持文本的选中状态，单击“段落”组中“边框”按钮右侧的下拉按钮，在弹出的下拉列表中选择“无框线”命令，取消边框线，如图3-89所示。

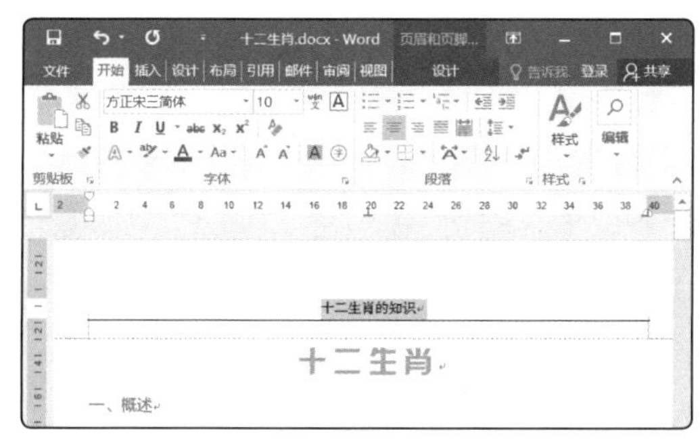

图3-88　设置页眉字体格式

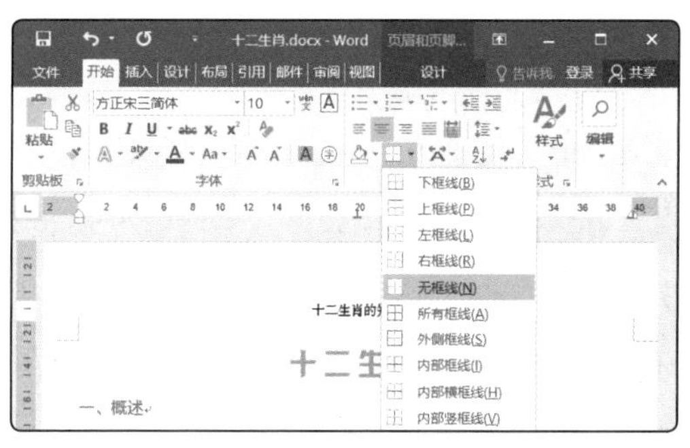

图3-89　取消边框线

㉝ 在“页眉和页脚工具-设计”/“页眉和页脚”组中单击“页码”按钮，在弹出的下拉列表中选择“页面底端”选项，在弹出的下拉列表中选择第2种样式选项，插入页码，如图3-90所示。

㉞ 选择插入的页码，将其字体格式设置为“Berlin Sans FB，五号”，如图3-91所示。

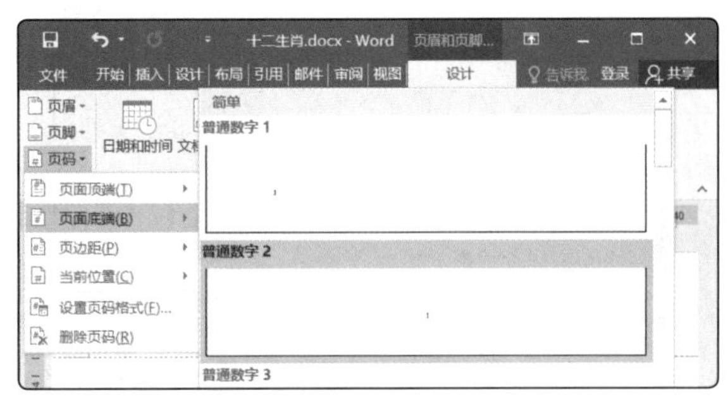

图3-90 插入页码

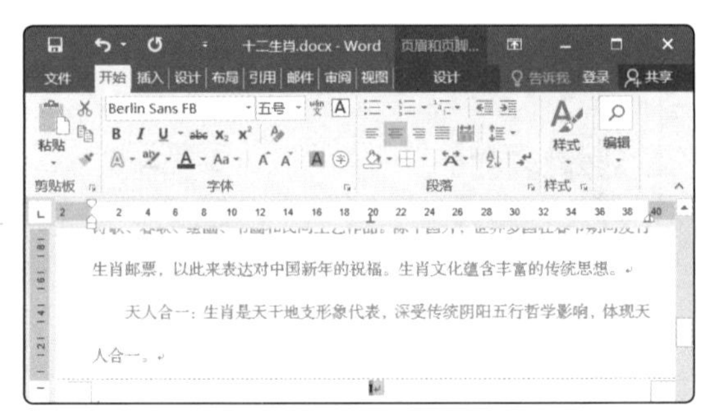

图3-91 设置页码字体格式

㉟ 在“页眉和页脚工具-设计”/“页眉和页脚”组中单击“页码”按钮，在弹出的下拉列表中选择“设置页码格式”命令，如图3-92所示。

㊱ 打开“页码格式”对话框，在“编号格式”下拉列表框中选择“- 1 -，- 2 -，- 3 -，…”选项，单击 确定 按钮，如图3-93所示。

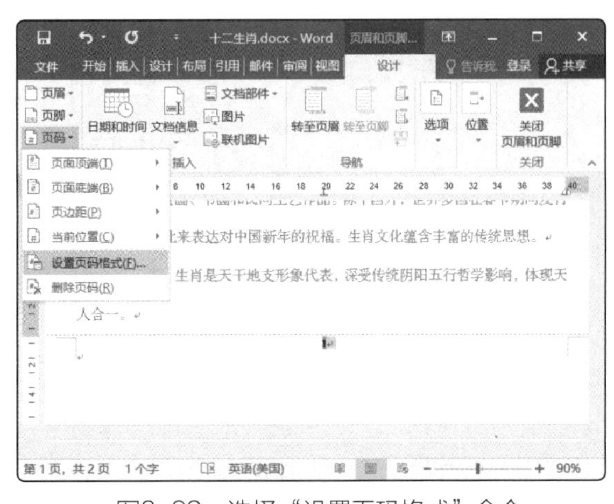

图3-92 选择“设置页码格式”命令

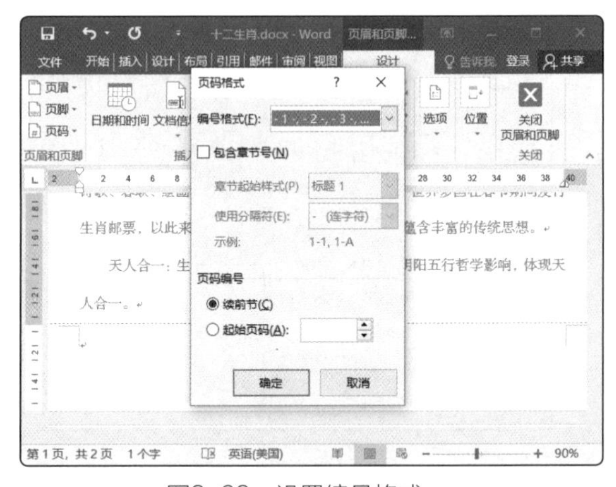

图3-93 设置编号格式

㊲ 此时插入的页码便应用了选择的格式，单击“页眉和页脚工具-设计”/“关闭”组中的“关闭页眉和页脚”按钮，退出页眉页脚的编辑状态，如图3-94所示。

㊳ 下面为文档页面添加边框效果。在“设计”/“页面背景”组中单击“页面边框”按钮，如图3-95所示。

㊴ 打开“边框和底纹”对话框的“页面边框”选项卡，在“颜色”下拉列表框中选择“紫色”选项，在“艺术型”下拉列表框中选择图3-96所示的选项，将“宽度”数值框中的数值设置为“14磅”，单击 确定 按钮，为页面应用边框效果。

㊵ 最后选择“历史价值”段落上方的5个段落，为其添加图3-97所示的项目符号，然后保存文档完成操作（配套资源：效果/模块3/十二生肖.docx）。

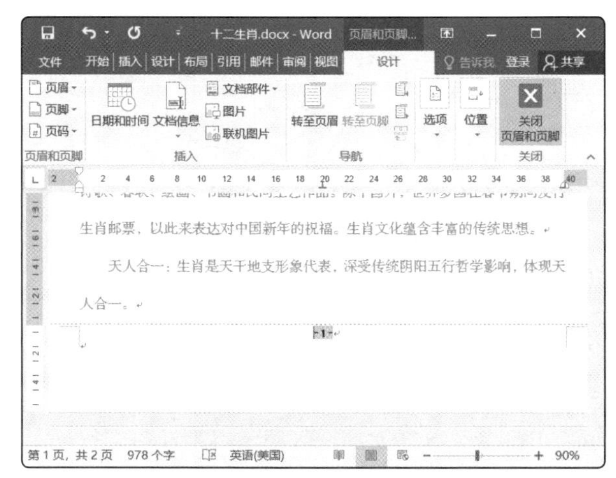

图3-94　应用的编号格式

图3-95　添加页面边框

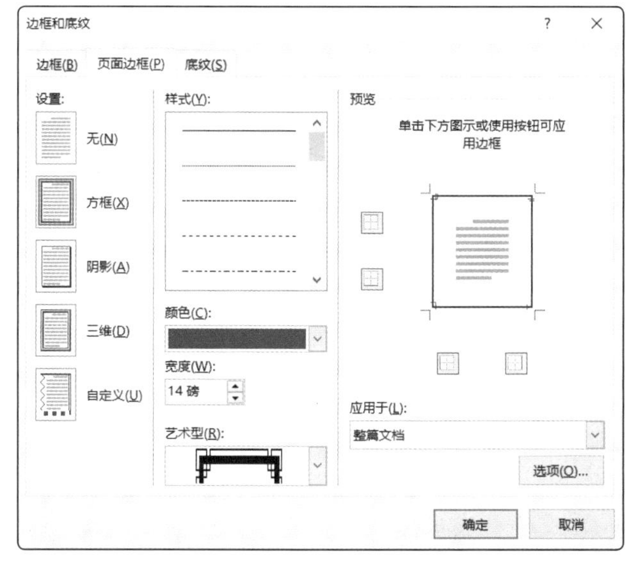

图3-96　“边框和底纹”对话框的“页面边框”选项卡

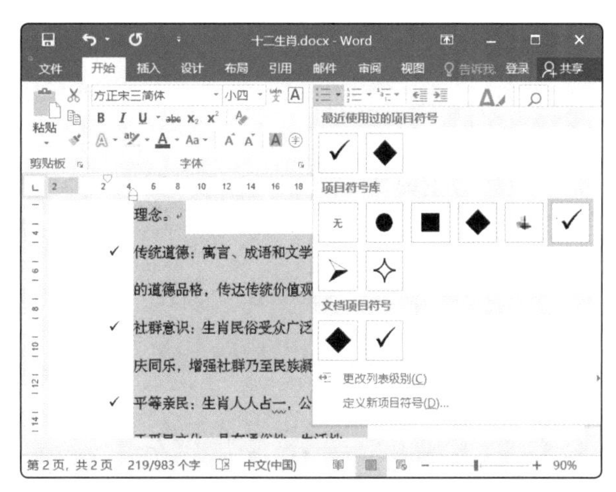

图3-97　添加项目符号

拓展知识

了解纸张国际标准尺寸

国际标准化组织制定的国际纸张尺寸标准是一个精密而又系统的纸张尺寸制度。根据此标准可以将纸张尺寸分为A、B、C几种纸度。其中，A度纸张用于图书、杂志、商务印刷品、复印品以及一般性印刷品等；B度纸张用于印刷海报、复印品、地图、商业广告以及艺术复制品等；C度纸张用于制作信件封套及文件夹。我们接触最多的自然是A度纸张，这类纸张尺寸的长宽比都是$\sqrt{2}$：1，然后舍去小数部分取最接近的毫米值。A0纸最大，尺寸为1189mm×841mm，接下来的A1、A2、A3等纸张尺寸，都是定义成将编号少一号的纸张沿长边对折，然后舍去小数部分最接近的毫米值，如图3-98所示。最常用到的纸张尺寸是A4，它的大小是210mm×297mm。

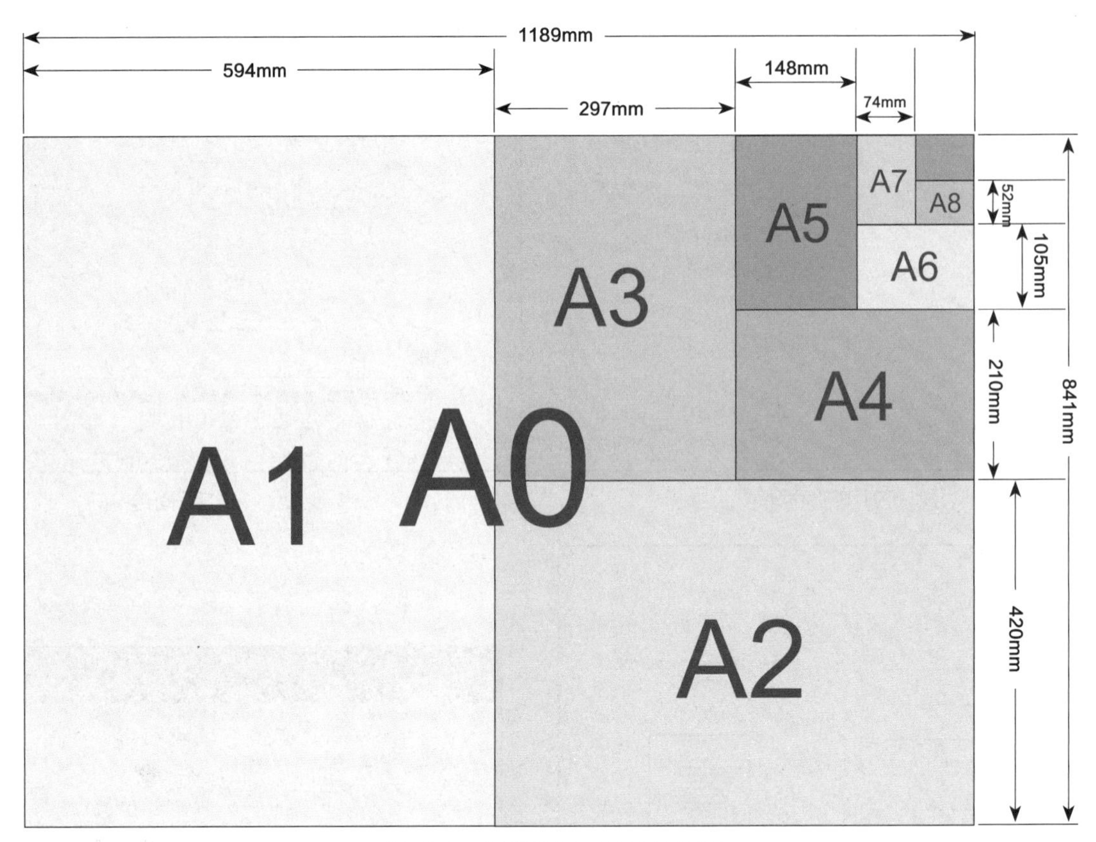

图3-98 A度纸张尺寸比例示意图

● 关键词：纸张尺寸 A4纸

课后练习

我们必须坚定历史自信、文化自信，坚持古为今用、推陈出新。中医中药是中华民族的宝贵财富和文化传承，在中华历史长河中曾出现过许多著名医学家。孙思邈是我国唐代医学家，著有《千金要方》，被后人尊称为“药王”。打开“孙思邈.docx”文档（配套资源：素材/模块3），按照要求完成下列操作。

① 将纸张大小自定义为“宽度：21厘米，高度：14厘米”。

② 将第1段段落的文本格式设置为“方正水柱简体、20号、字体颜色-深红”。

③ 将该段落的对齐方式设置为“分散对齐”（借助“分散对齐”按钮）。然后将左缩进调整为“22字符”。

④ 继续为该段落添加颜色为“深红”的段落边框。

⑤ 将第2段段落的文本格式设置为“方正北魏楷书简体、18号”，将段落格式设置为“分散对齐、左缩进22字符、段前间距0.5行”。

⑥ 将两段正文的字体格式设置为“方正北魏楷书简体”，将首行缩进设置为“2字符”。

⑦ 将第1段正文的段前间距设置为“0.5行”。文档美化后的参考效果如图3-99所示（配套资源：效果/模块3/孙思邈.docx）。

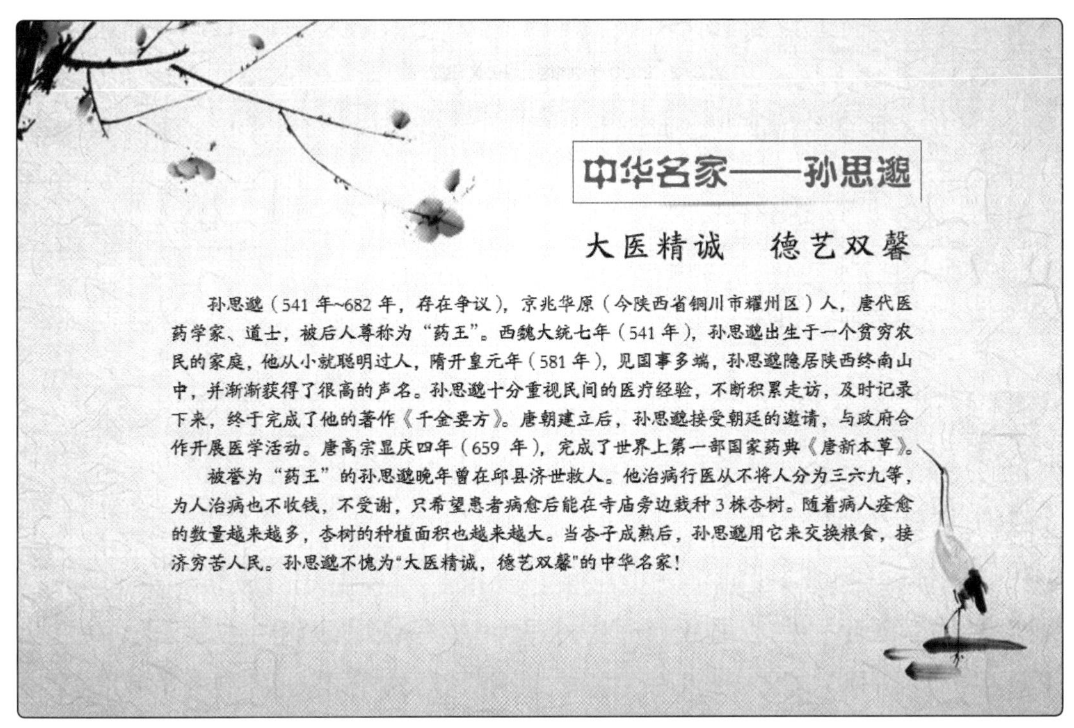

中华名家——孙思邈

大医精诚 德艺双馨

孙思邈（541 年~682 年，存在争议），京兆华原（今陕西省铜川市耀州区）人，唐代医药学家、道士，被后人尊称为“药王”。西魏大统七年（541 年），孙思邈出生于一个贫穷农民的家庭，他从小就聪明过人，隋开皇元年（581 年），见国事多端，孙思邈隐居陕西终南山中，并渐渐获得了很高的声名。孙思邈十分重视民间的医疗经验，不断积累走访，及时记录下来，终于完成了他的著作《千金要方》。唐朝建立后，孙思邈接受朝廷的邀请，与政府合作开展医学活动。唐高宗显庆四年（659 年），完成了世界上第一部国家药典《唐新本草》。

被誉为“药王”的孙思邈晚年曾在邱县济世救人。他治病行医从不将人分为三六九等，为人治病也不收钱，不受谢，只希望患者病愈后能在寺庙旁边栽种 3 株杏树。随着病人痊愈的数量越来越多，杏树的种植面积也越来越大。当杏子成熟后，孙思邈用它来交换粮食，接济穷苦人民。孙思邈不愧为“大医精诚，德艺双馨”的中华名家！

图3-99 文档美化后的参考效果

项目 3.3 制作表格

编辑文档的过程中，免不了会使用各种各样的表格对象。表格是由若干行和列划分成的单元格所组成的，一张简单的表格就能将大量的文本整理成简洁明了的内容，不仅使信息更加直观，也提高了文档的可读性。在Word中，如果需要，还可以在表格中进行简单的数据计算和排序操作。

学习要点

◎ 采用多种方法在文档中插入表格。
◎ 编辑表格，包括选定表格及单元格、调整表格的行高和列宽、删除单元格等。
◎ 设置表格格式，包括更改边框、底色、底纹、对齐方式等。
◎ 对表中数据进行简单的计算和排序。

相关知识

1 创建表格

表格主要由表格标题、行、列、单元格等元素组成。列可以称为“字段”“项目”等，行则称为“记录”“数据记录”等，单元格中则可以输入文本、插入图片等，如图3-100所示。

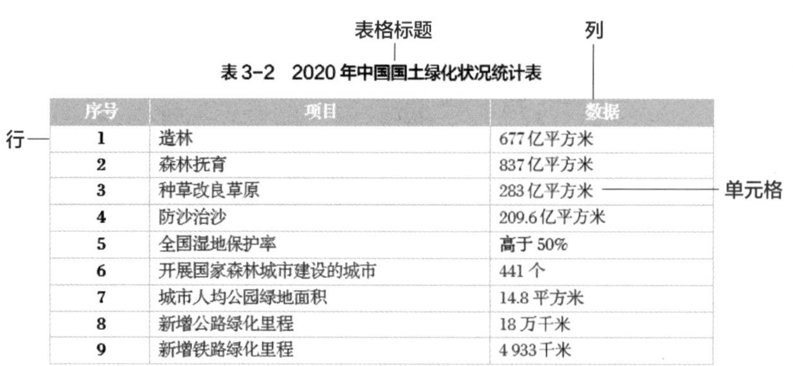

表 3-2　2020 年中国国土绿化状况统计表

序号	项目	数据
1	造林	677 亿平方米
2	森林抚育	837 亿平方米
3	种草改良草原	283 亿平方米
4	防沙治沙	209.6 亿平方米
5	全国湿地保护率	高于 50%
6	开展国家森林城市建设的城市	441 个
7	城市人均公园绿地面积	14.8 平方米
8	新增公路绿化里程	18 万千米
9	新增铁路绿化里程	4 933 千米

数据来源于《2020 年中国国土绿化状况公报》

图3-100　组成表格的元素

在Word中创建表格的方法有很多种，其中较为常用的两种如下。

● **利用下拉列表创建**。在“插入”/“表格”组中单击“表格”按钮，在弹出的下拉列表中移动鼠标指针至需要的单元格位置，单击鼠标可创建对应行列数的表格。

● **利用对话框创建**。在“插入”/“表格”组中单击“表格”按钮，在弹出的下拉列表中选择“插入表格”命令，打开“插入表格”对话框，在其中可设置更大尺寸的行列数，以创建满足需要的表格。

2 编辑与美化表格

在表格中输入内容后，可以对表格进行适当编辑和美化操作来提升其美观性和可读性，常见的方法如下。

● **插入行或列**。将鼠标指针定位到需插入行的表格外侧或需插入列的表格上侧，单击出现的“添加”标记⊕可插入行或列，如图3-101所示。

表 3-2　2020 年中国

序号	项目
1	造林
2	森林抚育
3	种草改良草原
4	防沙治沙
5	全国湿地保护率
6	开展国家森林城市建设的城市
7	城市人均公园绿地面积
8	新增公路绿化里程
9	新增铁路绿化里程

图3-101　插入行或列

● **调整行高和列宽**。将鼠标指针定位到行与行之间的分隔线上，当其变为÷形状时，按住鼠标左键不放并拖曳鼠标可调整行高；将鼠标指针定位到列与列之间的分隔线上，当其变为形状时，按住鼠标左键不放并拖曳鼠标可调整列宽。

● **删除行或列**。选择需要删除的整行或整列（可以同时选择多行或多列），按【BackSpace】键即可删除。

- **合并或拆分单元格**。选择需合并的多个单元格，在其上单击鼠标右键，在弹出的快捷菜单中选择“合并单元格”命令可将多个单元格合并为一个单元格；选择需拆分的单元格，在其上单击鼠标右键，在弹出的快捷菜单中选择“拆分单元格”命令，在打开的对话框中可设置具体的拆分行列数，确认后可实现单元格的拆分，如图3-102所示。

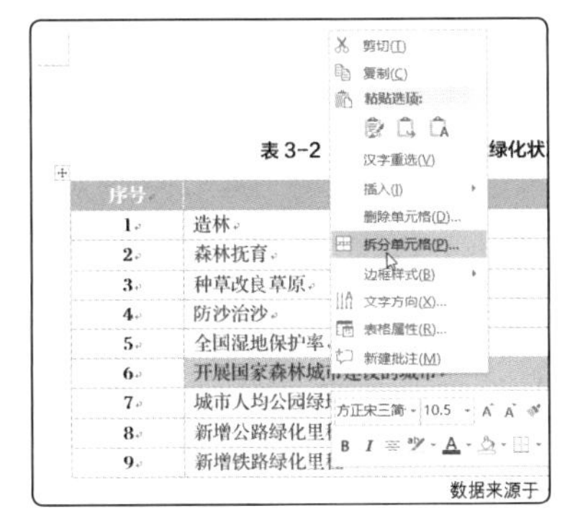

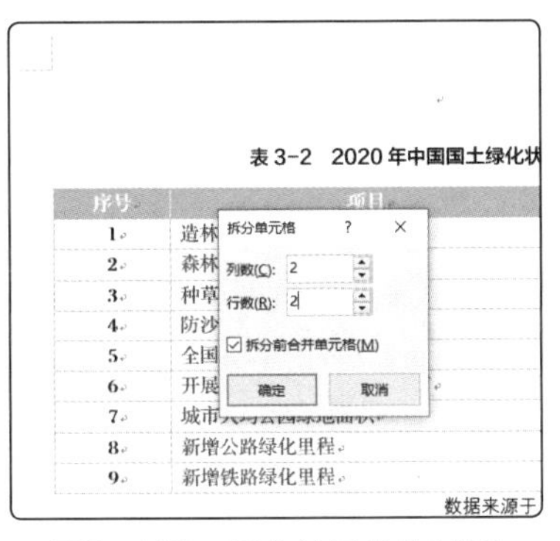

图3-102 拆分单元格的过程

- **应用表格样式**。将鼠标指针移至表格上，单击表格左上角出现的“全选”标记⊞选择整个表格，在“表格工具-设计”/“表格样式”组的“样式”下拉列表框中选择某个表格样式选项，可快速为整个表格设置样式。
- **设置单元格格式**。选择需单独设置格式的单元格，在“表格工具-设计”/“边框”组中单击“边框”按钮下方的下拉按钮，在弹出的下拉列表中选择“边框和底纹”命令，在打开的对话框中可设置单元格的底纹颜色和边框样式。

提示

选择单元格或表格后，在“表格工具-布局”选项卡中也可实现对表格的编辑，如删除行或列、插入行或列、合并单元格、拆分单元格等。在“单元格大小”组中可精确设置行高和列宽，在“对齐方式”组中则可设置单元格中文本的对齐方式。

3 文本与表格的相互转换

为了方便大家提高创建表格的效率，Word允许直接将文本转换为表格，但需要将文本按一定的规则进行排列，例如，文本与文本之间用制表符（按【Tab】键可输入该符号）分隔等。将文本转换为表格的方法为：选择文本对象，在“插入”/“表格”组中单击“表格”按钮，在弹出的下拉列表中选择“文本转换成表格”命令，打开“将文字转换成表格”对话框，在其中可设置表格尺寸、“自动调整”操作和文字分隔位置等参数，一般采用默认设置，单击 确定 按钮，如图3-103所示。

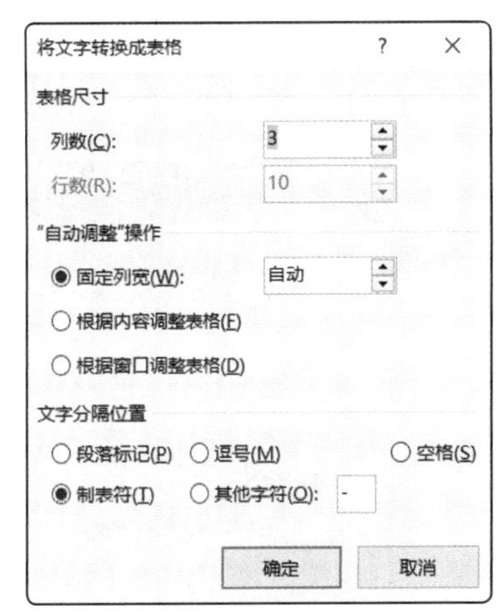

图3-103 将文本转换成表格

注意

如果想要将表格转换成文本，则需要选择表格后，在“表格工具-布局”/“数据”组中单击“转换为文本”按钮，打开“表格转换成文本”对话框，在其中设置转换后的文字分隔符，最后单击 确定 按钮。

项目任务

任务1 体验表格的“说服力”

对于一些枯燥、不易理解的数据，我们应当考虑是否能够利用更好的方式将其反映出来，而表格便是较为有效的一种手段。下面便通过表格来展示我国2020年国内生产总值（GDP）的增长情况（数据来源于国家统计局官方网站），制作后的文档效果如图3-104所示，其具体操作如下。

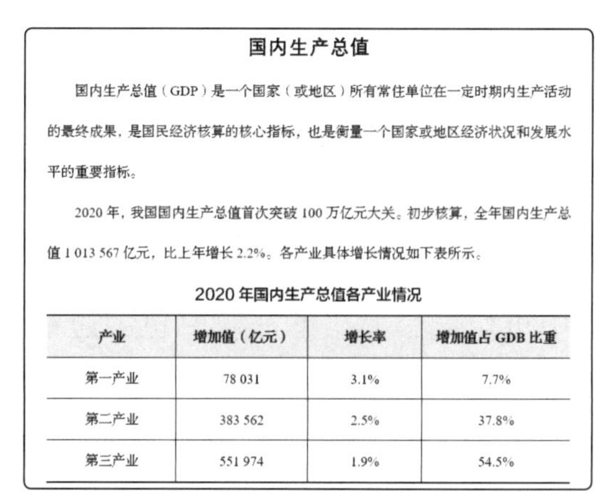

国内生产总值

国内生产总值（GDP）是一个国家（或地区）所有常住单位在一定时期内生产活动的最终成果，是国民经济核算的核心指标，也是衡量一个国家或地区经济状况和发展水平的重要指标。

2020 年，我国国内生产总值首次突破 100 万亿元大关。初步核算，全年国内生产总值 1 013 567 亿元，比上年增长 2.2%。各产业具体增长情况如下表所示。

2020 年国内生产总值各产业情况

产业	增加值（亿元）	增长率	增加值占 GDB 比重
第一产业	78 031	3.1%	7.7%
第二产业	383 562	2.5%	37.8%
第三产业	551 974	1.9%	54.5%

图3-104 反映GDP增长情况的表格效果

① 打开“GDP.docx”文档（配套资源：素材/模块3），在文档末尾按2次【Enter】键增加2个空行，在第1个空行处输入表格标题文本，如图3-105所示。

② 选择输入的表格标题段落，将其格式设置为“方正兰亭中黑简体、小四、首行缩进0字符、居中对齐”，如图3-106所示。

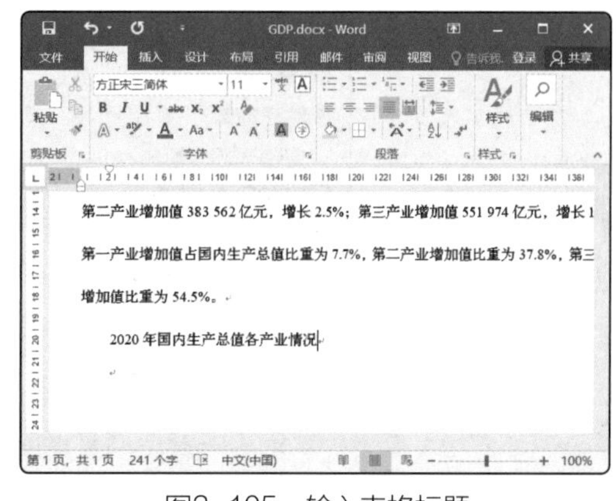

图3-105 输入表格标题

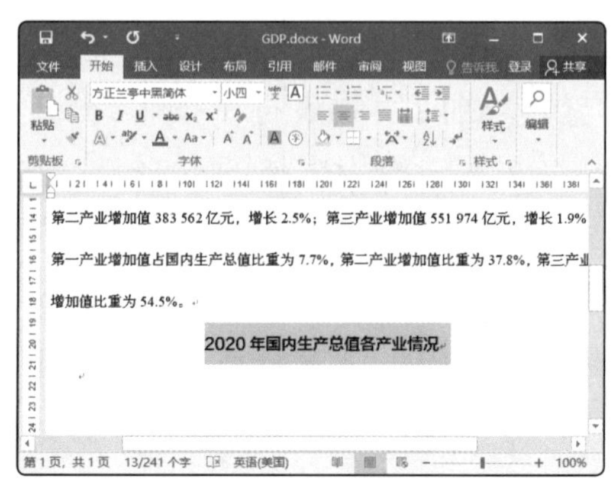

图3-106 设置标题格式

③ 在下一个空行中输入表格的各个项目文本，各项目文本之间按【Tab】键插入制表符分隔，如图3-107所示。

④ 依据正文内容，继续输入表格的各条数据，同样用制表符分隔，如图3-108所示。

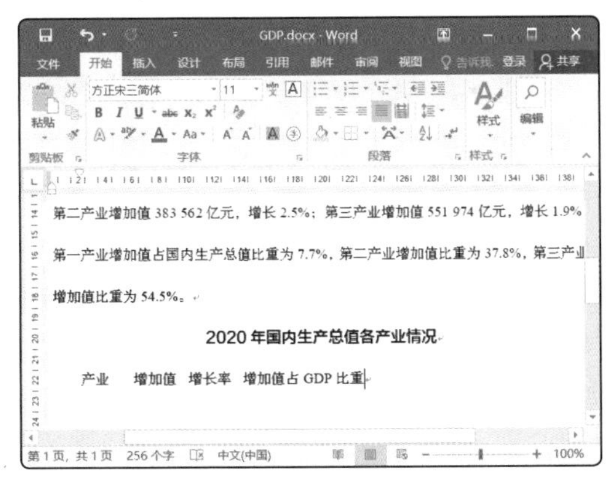

图3-107 输入表格项目

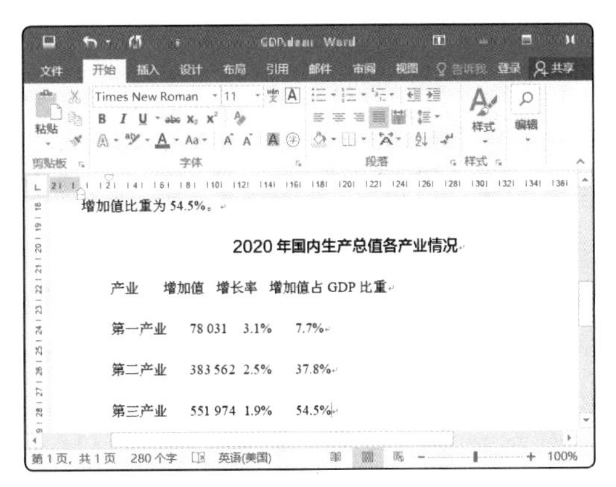

图3-108 输入表格数据

提示

如果不习惯使用制表符来分隔文本，则可以输入其他符号，如“,”、空格等，也可以输入“!”“#”等各种符号进行分隔，但此后在进行文本转换为表格时，就需要在“将文字转换成表格”对话框中指定对应的符号。另外还应当注意，分隔符不能与表格内容重复，否则转换为表格时会出现错误。

⑤ 选择“比上年增长2.3%。”文本后的所有正文内容，修改为“各产业具体增长情况如下表所示。”，如图3-109所示。

⑥ 选择输入的表格项目和各条数据，在“插入”/“表格”组中单击“表格”按钮，在弹出的下拉列表中选择“文本转换成表格”命令，如图3-110所示。

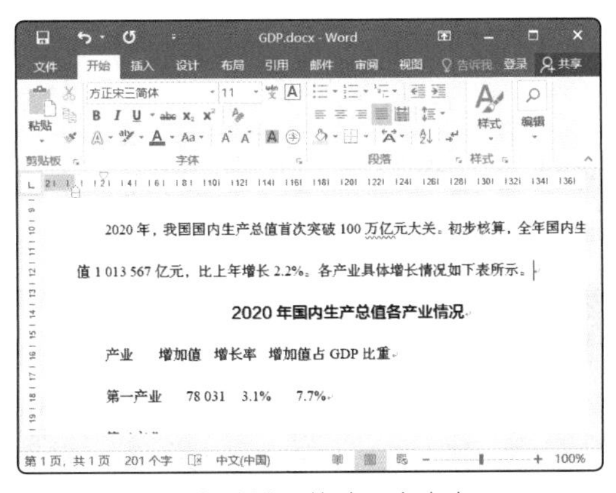

图3-109 修改正文内容

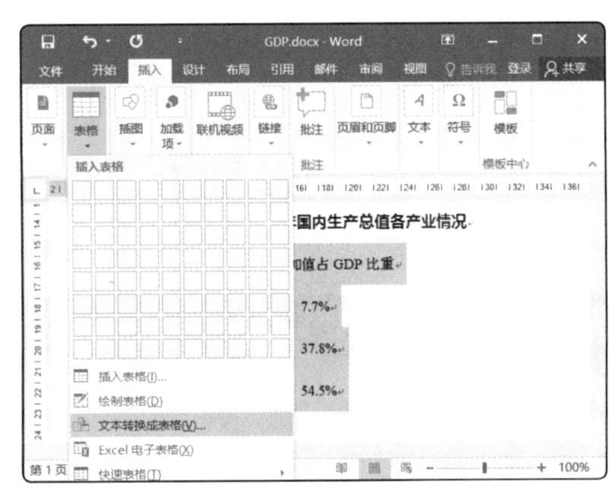

图3-110 将文本转换成表格

⑦ 打开“将文字转换成表格”对话框，采用默认参数设置，直接单击 确定 按钮，如图3-111所示。

⑧ 保持表格的选中状态，在“表格工具-布局”/“对齐方式”组中单击“水平居中”按钮，设置对齐方式，如图3-112所示。

图3-111 默认参数设置

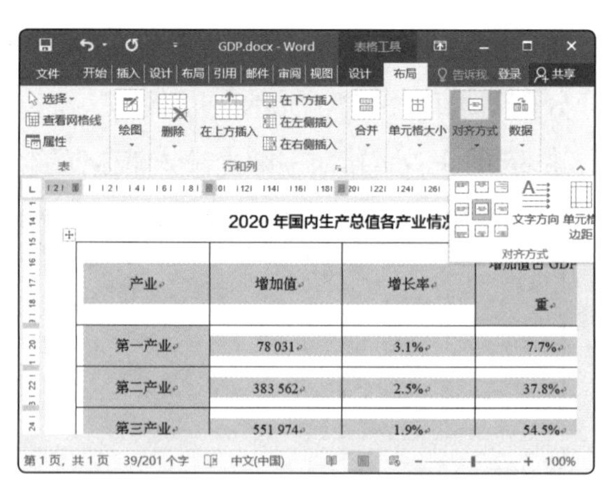

图3-112 设置对齐方式

⑨ 适当向左拖曳"增长率"项目右侧的列分隔线，减小该列的宽度，使右侧一列的项目内容能够在一行中完整显示，如图3-113所示。

⑩ 拖曳鼠标选择第1行单元格，按【Ctrl+B】组合键加粗文本，如图3-114所示。

图3-113 调整表格列宽

图3-114 加粗文本

⑪ 保持该行单元格的选中状态，在"表格工具-设计"/"表格样式"组中单击"底纹"按钮下方的下拉按钮，在弹出的下拉列表中选择图3-115所示的底纹颜色选项。

⑫ 单击表格左上角出现的"全选"标记选择整个表格，在"边框"组中单击"边框"按钮下方的下拉按钮，在弹出的下拉列表中选择"边框和底纹"命令，如图3-116所示。

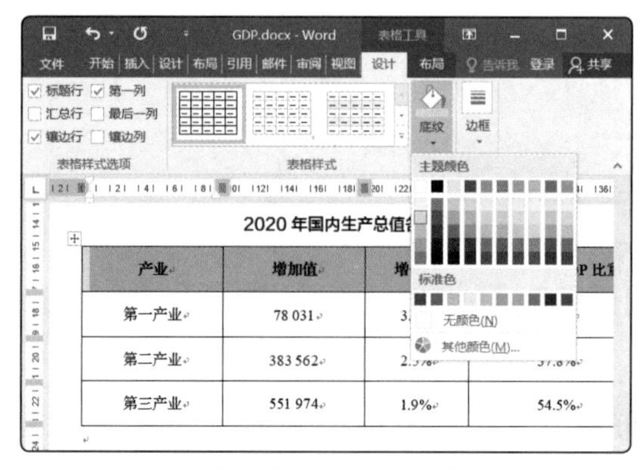

图3-115 设置单元格底纹颜色

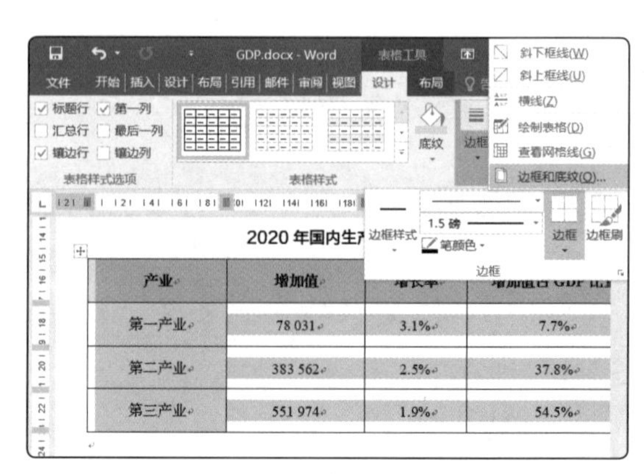

图3-116 选择"边框和底纹"命令

⑬ 打开“边框和底纹”对话框的“边框”选项卡，单击“预览”栏中表格图示的左右边框，将其从图示中取消，如图3-117所示。

⑭ 重新在“宽度”下拉列表框中选择“1.5磅”选项，在“预览”栏中单击表格图示的上下边框，将其应用为新的宽度样式，加粗上下边框，单击 确定 按钮，如图3-118所示。

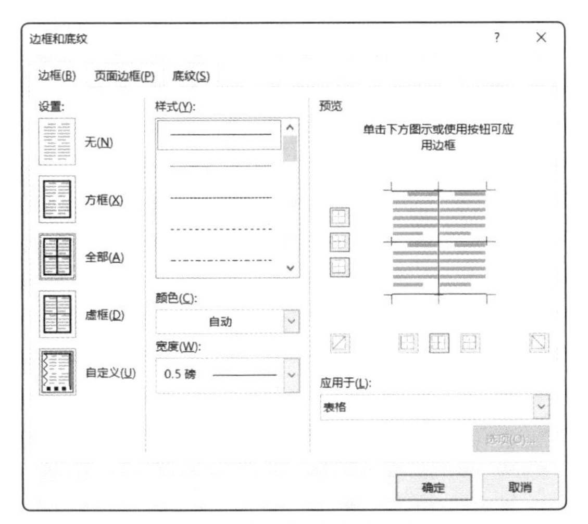

图3-117　取消左右边框

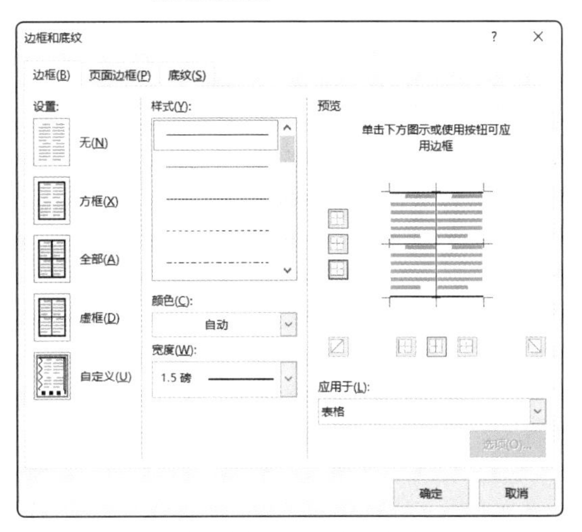

图3-118　加粗上下边框

注意

在设置表格边框时，可以为表格同时应用多种样式、颜色和宽度的边框效果，且可以在“边框和底纹”对话框中一次性设置完成，而无须多次选择对应的单元格，再打开对话框进行设置。

⑮ 检查表格内容和效果是否还有需要调整的地方，这里还需要在“增加值”项目中添加单位“/亿元”，完成后保存文档（配套资源：效果/模块3/GDP.docx），如图3-119所示。

产业	增加值（亿元）	增长率	增加值占 GDP 比重
第一产业	78 031	3.1%	7.7%
第二产业	383 562	2.5%	37.8%
第三产业	551 974	1.9%	54.5%

图3-119　修改表格项目

任务2　创建二十四节气对照表

上一个任务我们是将文本转换成表格，下面将手动创建表格，并输入内容，然后对表格的布局和外观进行美化设置，其中还将涉及手动绘制表格边框的方法。本任务制作后的参考效果如图3-120所示，其具体操作如下。

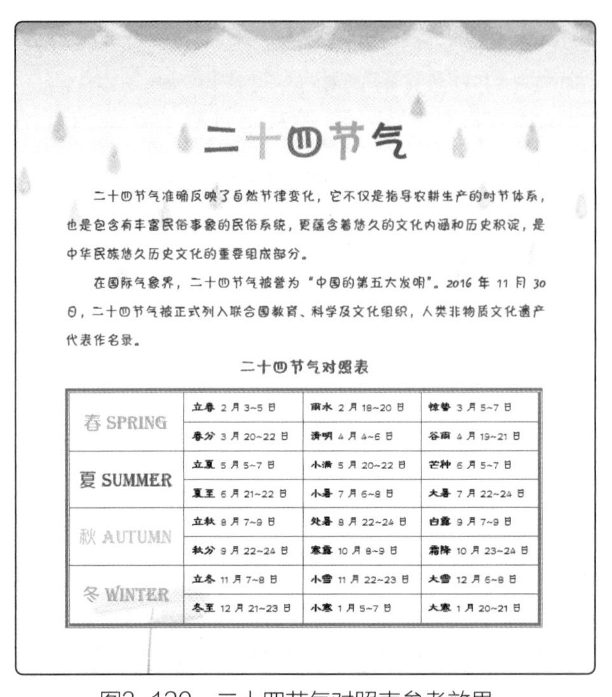
二十四节气

二十四节气准确反映了自然节律变化，它不仅是指导农耕生产的时节体系，也是包含有丰富民俗事象的民俗系统，更蕴含着悠久的文化内涵和历史积淀，是中华民族悠久历史文化的重要组成部分。

在国际气象界，二十四节气被誉为“中国的第五大发明”。2016年11月30日，二十四节气被正式列入联合国教育、科学及文化组织，人类非物质文化遗产代表作名录。

二十四节气对照表

春 SPRING	立春 2月3~5日	雨水 2月18~20日	惊蛰 3月5~7日
	春分 3月20~22日	清明 4月4~6日	谷雨 4月19~21日
夏 SUMMER	立夏 5月5~7日	小满 5月20~22日	芒种 6月5~7日
	夏至 6月21~22日	小暑 7月6~8日	大暑 7月22~24日
秋 AUTUMN	立秋 8月7~9日	处暑 8月22~24日	白露 9月7~9日
	秋分 9月22~24日	寒露 10月8~9日	霜降 10月23~24日
冬 WINTER	立冬 11月7~8日	小雪 11月22~23日	大雪 12月6~8日
	冬至 12月21~23日	小寒 1月5~7日	大寒 1月20~21日

图3-120　二十四节气对照表参考效果

① 打开“二十四节气.docx”文档（配套资源：素材/模块3），在文末倒数第2个空行处输入表格标题，并将其格式设置为“方正卡通简体、四号、加粗、深红、居中对齐”，如图3-121所示。

② 在最后一行空行处单击鼠标定位插入点，在“插入”/“表格”组中单击“表格”按钮，在弹出的下拉列表中移动鼠标指针至“4×8表格”的单元格处，单击鼠标插入表格，如图3-122所示。

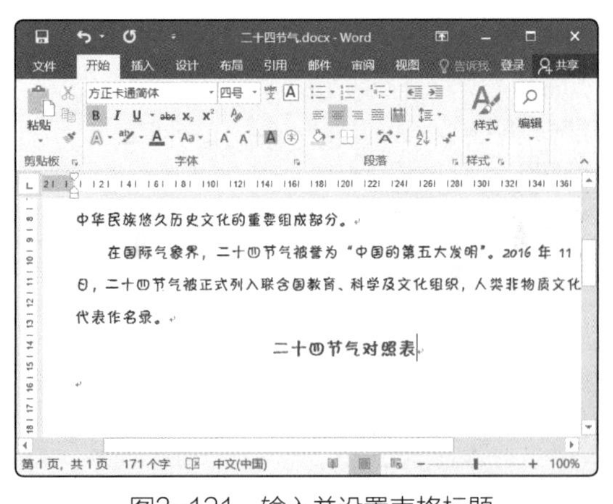

图3-121　输入并设置表格标题

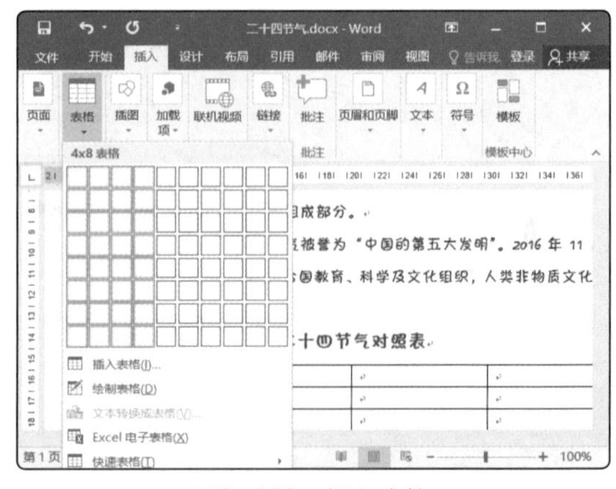

图3-122　插入表格

③ 拖曳鼠标选择第1列前两行单元格，在“表格工具-布局”/“合并”组中单击“合并单元格”按钮，如图3-123所示。

④ 用相同方法继续将该列剩余单元格两两合并，如图3-124所示。

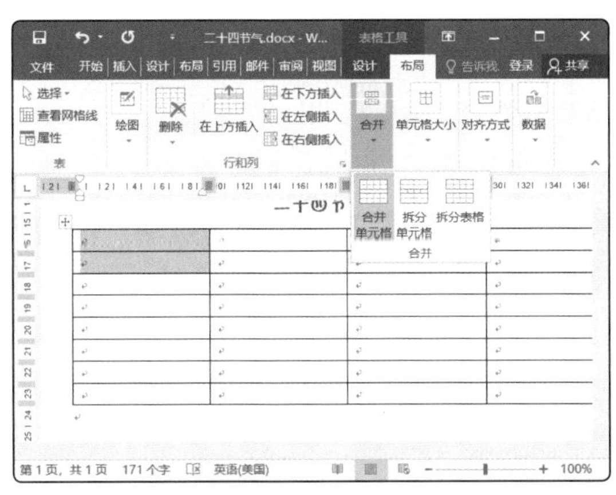

图3-123　合并单元格

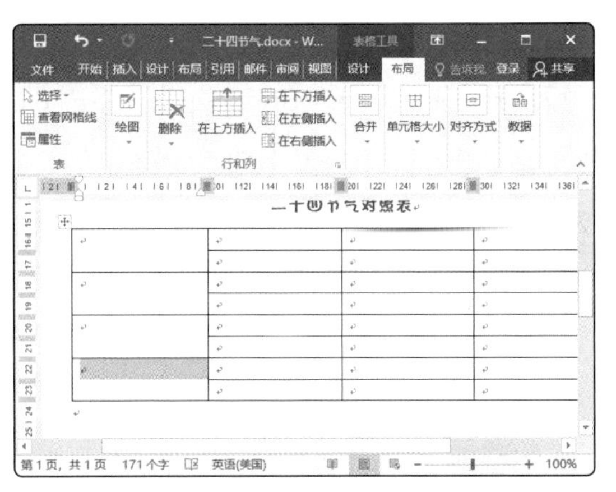

图3-124　继续合并单元格

⑤ 选择第1列单元格，在“表格工具-布局”/“对齐方式”组中单击“水平居中”按钮，如图3-125所示。

⑥ 选择其余3列单元格，在“表格工具-布局”/“对齐方式”组中单击“中部两端对齐”按钮，如图3-126所示。

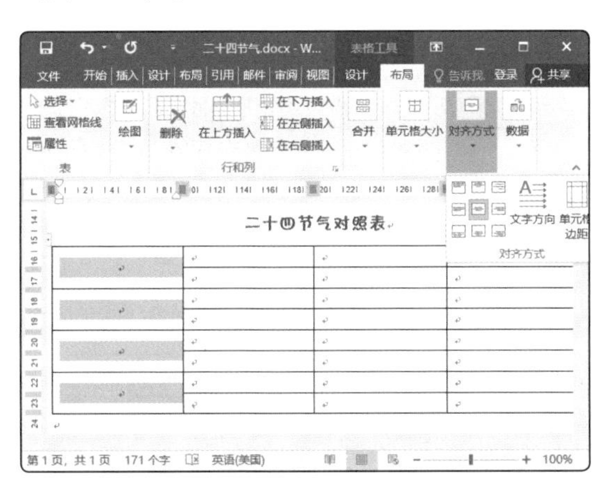

图3-125　设置第1列单元格对齐方式

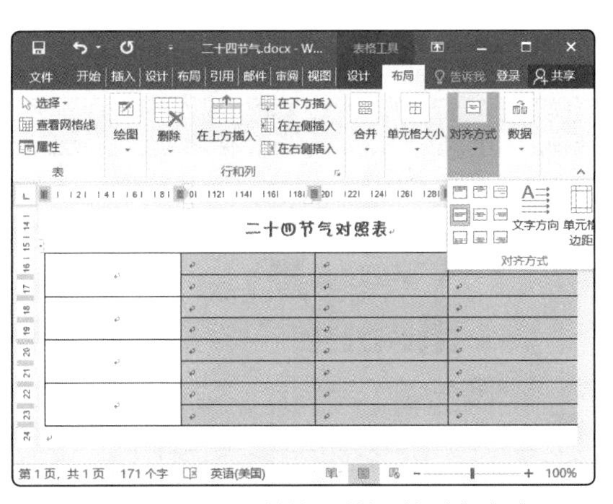

图3-126　设置其他3列单元格对齐方式

⑦ 在第1行第1列单元格中输入“春Spring”，如图3-127所示。

⑧ 选择文本“春”，将其字体格式设置为“方正品尚黑简体、三号、绿色”，如图3-128所示。

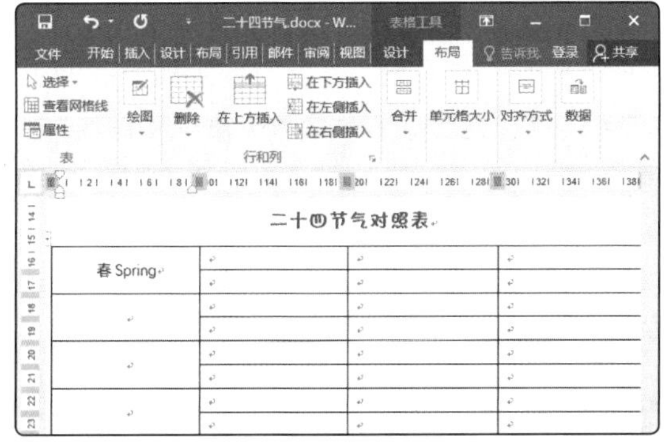

图3-127　输入文本

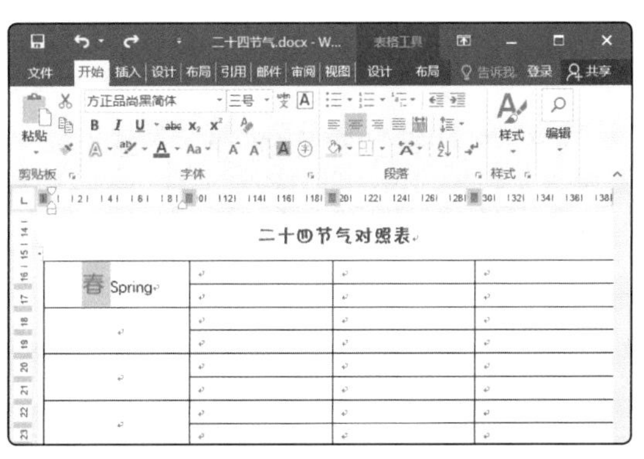

图3-128　设置“春”文本格式

⑨ 继续将文本“Spring”的字体格式设置为“Algerian、三号、绿色”，如图3-129所示。

⑩ 选择文本“春SPRING”，按【Ctrl+C】组合键复制，将插入点定位到第1列第2行单元格，按【Ctrl+V】组合键粘贴文本，并修改文本内容，如图3-130所示。

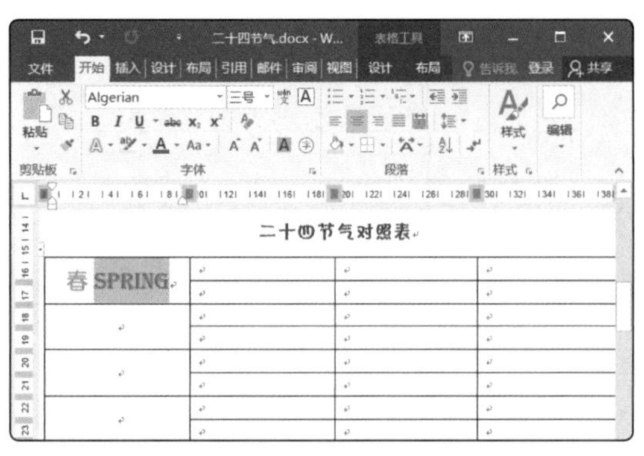

图3-129 设置“SPRING”文本格式

图3-130 复制并修改文本

⑪ 选择修改后的文本，将字体颜色设置为“深红”，如图3-131所示。

⑫ 按相同的方法继续在第1列第3行和第4行单元格中编辑文本，并分别将字体颜色设置为“橙色”和“浅蓝”，如图3-132所示。

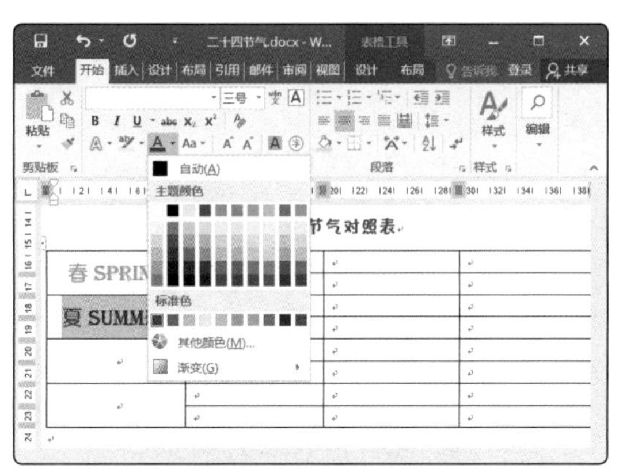
图3-131 设置字体颜色

图3-132 继续复制并修改文本

⑬ 在第2列第1行单元格中输入节气名称和对应的日期，中间用空格分隔，然后将字体格式设置为“方正隶变简体、10号”，并加粗显示节气名称，如图3-133所示。

⑭ 通过复制和修改文本内容的方法，依次编辑出其他节气和对应的日期，如图3-134所示。

图3-133 输入节气和日期并设置文本

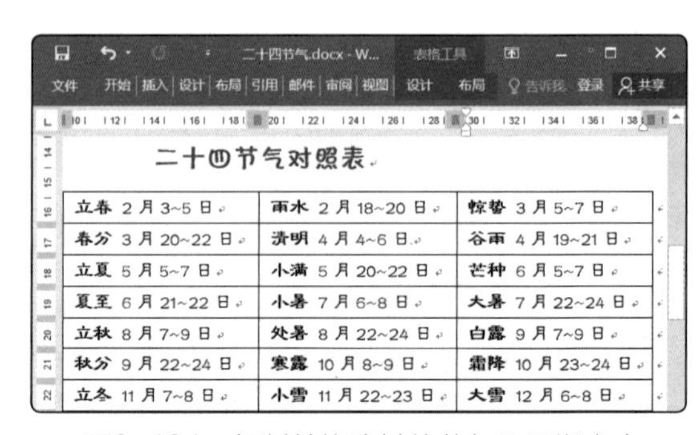
二十四节气对照表

立春 2月3~5日	雨水 2月18~20日	惊蛰 3月5~7日
春分 3月20~22日	清明 4月4~6日	谷雨 4月19~21日
立夏 5月5~7日	小满 5月20~22日	芒种 6月5~7日
夏至 6月21~22日	小暑 7月6~8日	大暑 7月22~24日
立秋 8月7~9日	处暑 8月22~24日	白露 9月7~9日
秋分 9月22~24日	寒露 10月8~9日	霜降 10月23~24日
立冬 11月7~8日	小雪 11月22~23日	大雪 12月6~8日

图3-134 复制并修改其他节气和日期文本

⑮ 选择最后一列单元格，在“表格工具-布局”/“单元格大小”组的“高度”数值框中输入“0.82厘米”，按【Enter】键确认，设置行高，如图3-135所示。

⑯ 选择整个表格，在“表格工具-设计”/“边框”组中单击“边框”按钮下方的下拉按钮，在弹出的下拉列表中选择“边框和底纹”命令，打开“边框和底纹”对话框的“边框”选项卡，在“颜色”下拉列表框中选择“深红”选项，单击 确定 按钮，如图3-136所示。

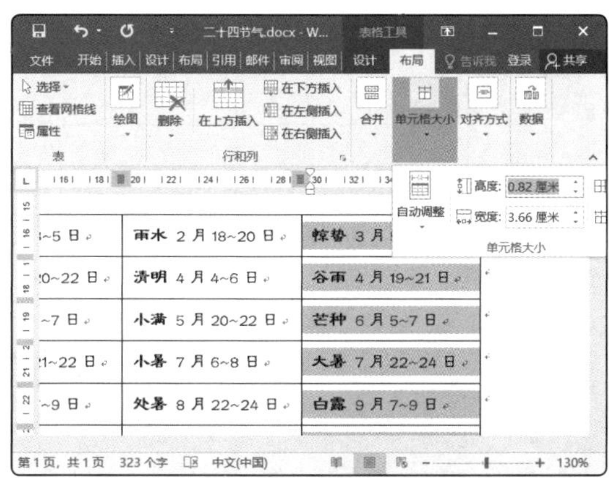

图3-135　设置行高

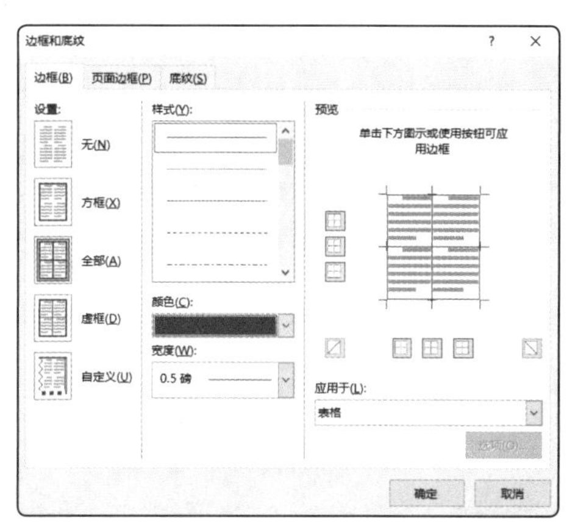

图3-136　设置边框颜色

⑰ 继续在“表格工具-设计”/“边框”组的“笔样式”下拉列表框中选择上粗下细样式对应的选项，单击 笔颜色 按钮，在弹出的下拉列表中选择“蓝色”选项，如图3-137所示。

⑱ 此时鼠标指针将变为形状，在表格四周的外边框上拖曳鼠标重新绘制边框，如图3-138所示，最后按【Esc】键退出绘制表格的状态，然后保存设置的文档（配套资源：效果/模块3/二十四节气.docx）。

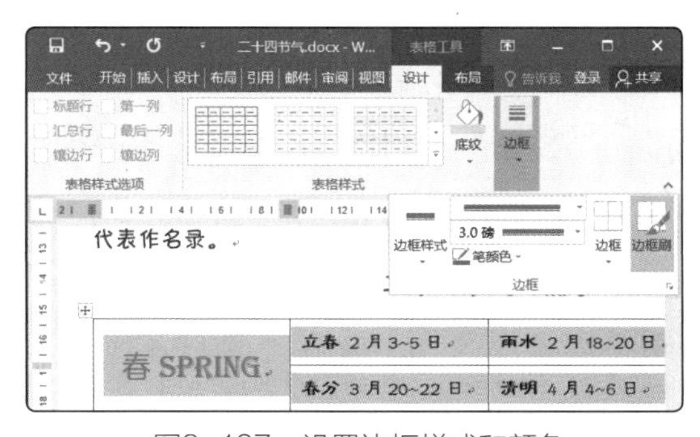

图3-137　设置边框样式和颜色

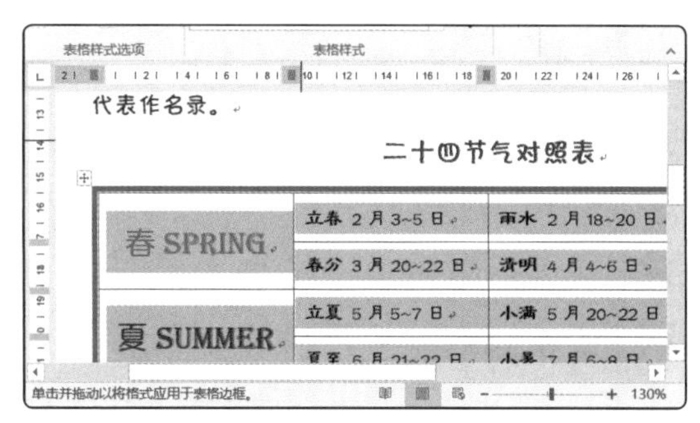

图3-138　重新绘制边框

拓展知识

1 计算表格数据

Word的计算功能虽然不如Excel强大，但最基本的表格计算在Word中也能实现，以计算平均成绩为例，其具体操作如下。

① 将插入点定位到保存结果的单元格，在“表格工具-布局”/“数据”组中单击“公式”按钮fx。

② 打开“公式”对话框，将“公式”文本框中原有的函数“SUM”修改为“AVERAGE”，保留其后的参数，单击 确定 按钮。

③ 此时便将得到该名学生的平均成绩。将得到的数据复制到其他单元格中，依次在各数据上单击鼠标右键，在弹出的快捷菜单中选择“更新域”命令，就能根据对应的数据更新计算结果。整个计算过程如图3-139所示。

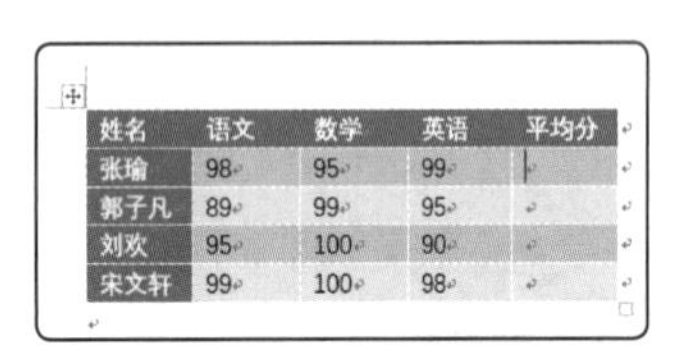

姓名	语文	数学	英语	平均分
张瑜	98	95	99	
郭子凡	89	99	95	
刘欢	95	100	90	
宋文轩	99	100	98	

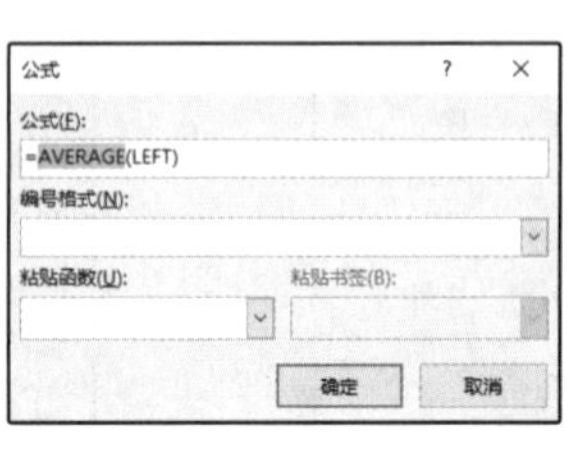

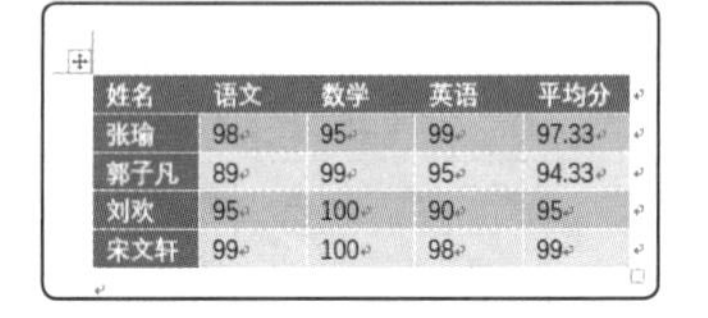

姓名	语文	数学	英语	平均分
张瑜	98	95	99	97.33
郭子凡	89	99	95	94.33
刘欢	95	100	90	95
宋文轩	99	100	98	99

图3-139 计算平均成绩

提示

Word会自动根据计算数据所在单元格的位置，来提供合适的公式及参数。如果需计算的数据位于目标单元格上方，则默认提供的公式为“=SUM(ABOVE)”，表示对上方的数值求和；如果需计算的数据位于目标单元格左侧，则默认提供的公式为“=SUM(LEFT)”，表示对左侧的数值求和。除求和与求平均值以外，常用的函数还包括MAX（求最大值）、MIN（求最小值）、COUNT（统计单元格数量）等。

● **关键词：** Word表格公式

② 排列表格数据

为了更好地表现数据的大小关系，我们可能会需要对表格数据按从高到低或从低到高的方式来排列，其方法为：在“表格工具-布局”/“数据”组中单击“排序”按钮，打开“排序”对话框，在“主要关键字”下拉列表框中选择排序依据，如“平均分”，单击选中“升序”单选按钮（从低到高）或“降序”单选按钮（从高到低），再单击 确定 按钮就能完成排列数据操作，如图3-140所示。

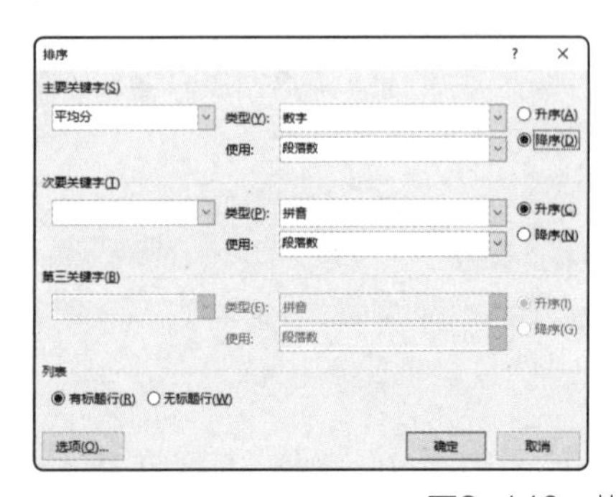

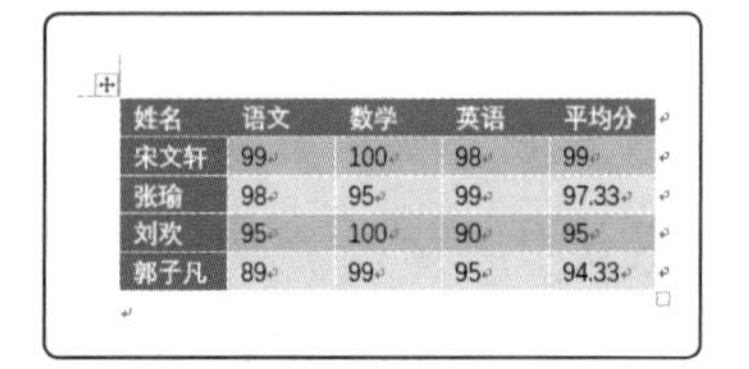

姓名	语文	数学	英语	平均分
宋文轩	99	100	98	99
张瑜	98	95	99	97.33
刘欢	95	100	90	95
郭子凡	89	99	95	94.33

图3-140 排列数据

● **关键词：** Word排序 主要关键字 次要关键字

课后练习

打开“端午节.docx”文档（配套资源：素材/模块3），按照要求完成下列操作。

① 输入并设置表格标题，格式为“方正宋三简体、五号、加粗，居中对齐”。

② 利用“插入表格”对话框插入8行3列的表格，并输入内容。

③ 为表格应用“清单表3-着色6”的样式。完成后的参考效果如图3-141所示（配套资源：效果/模块3/端午节.docx）。

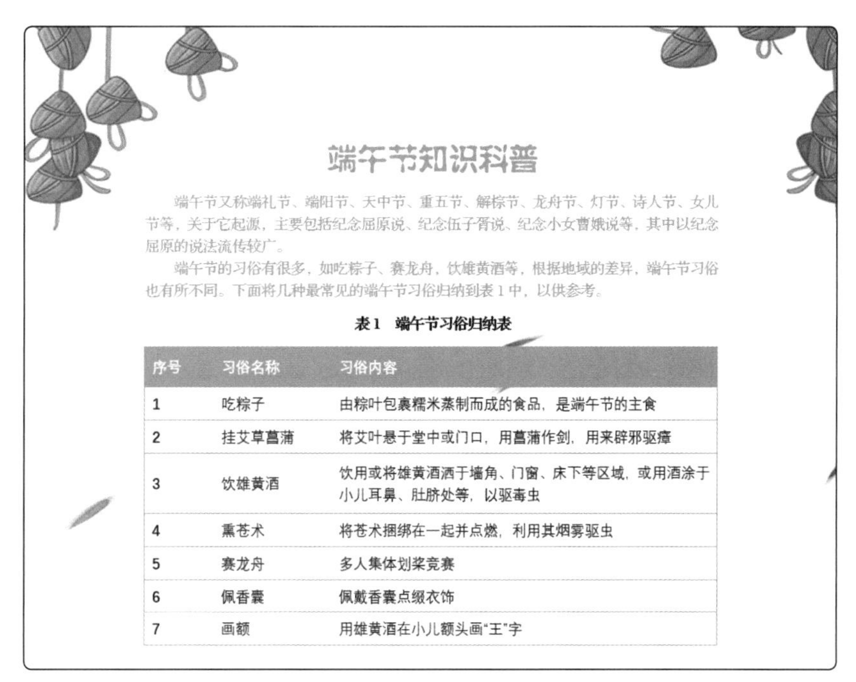

端午节知识科普

端午节又称端礼节、端阳节、天中节、重五节、解粽节、龙舟节、灯节、诗人节、女儿节等，关于它起源，主要包括纪念屈原说、纪念伍子胥说、纪念小女曹娥说等，其中以纪念屈原的说法流传较广。

端午节的习俗有很多，如吃粽子、赛龙舟，饮雄黄酒等，根据地域的差异，端午节习俗也有所不同。下面将几种最常见的端午节习俗归纳到表1中，以供参考。

表1 端午节习俗归纳表

序号	习俗名称	习俗内容
1	吃粽子	由粽叶包裹糯米蒸制而成的食品，是端午节的主食
2	挂艾草菖蒲	将艾叶悬于堂中或门口，用菖蒲作剑，用来辟邪驱瘴
3	饮雄黄酒	饮用或将雄黄酒洒于墙角、门窗、床下等区域，或用酒涂于小儿耳鼻、肚脐处等，以驱毒虫
4	熏苍术	将苍术捆绑在一起并点燃，利用其烟雾驱虫
5	赛龙舟	多人集体划桨竞赛
6	佩香囊	佩戴香囊点缀衣饰
7	画额	用雄黄酒在小儿额头画“王”字

图3-141 完成后的参考效果

项目 3.4 绘制图形

图形对于文档而言，可以起到美化内容、点缀版式、突出重点、强调主体等各种作用，是编辑文档时可以使用的一种重要手段。本项目将全面介绍简单图形、示意图、结构图、二维（2D）模型、三维（3D）模型、思维导图、数学公式，以及各种图形符号的绘制方法。

学习要点

◎ 绘制、编辑并美化简单图形。

◎ 绘制示意图和结构图。

◎ 使用画图程序绘制2D模型。

◎ 使用画图3D程序绘制3D模型。

◎ 绘制思维导图、数学公式、图形符号。

相关知识

1 绘制简单图形

Word自身提供了大量的简单图形，绘制时可采用以下几种方法。

● **拖曳鼠标绘制**。在“插入”/“插图”组中单击“形状”按钮，在弹出的下拉列表中选择某个图形选项，如“椭圆”，然后在文档中按住鼠标左键不放，拖曳鼠标便能绘制出对应的图形。若按住【Shift】键的同时进行绘制，则将绘制出正圆，如图3-142所示。

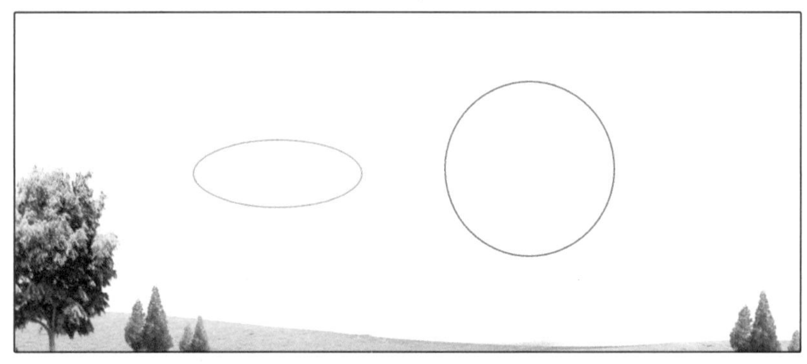

图3-142 拖曳鼠标绘制的椭圆和正圆

● **单击鼠标绘制**。在“插入”/“插图”组中单击“形状”按钮，在弹出的下拉列表中选择某个图形选项，然后在文档中单击鼠标，可快速得到所选图形对应的基本形状。例如，选择的是椭圆，则此操作将得到直径为“2.54厘米”的正圆。

2 编辑与美化简单图形

创建图形后，我们往往还需要对图形进行各种编辑和美化操作，如调整大小、角度、位置，设置轮廓颜色和填充颜色等。对于多个图形，则还可能涉及组合、叠放、对齐、分布等操作。下面分别进行介绍。

● **调整图形大小、角度、位置**。在Word中选择创建的图形后，图形边框上将显示8个白色控制点，拖曳这些控制点可调整图形大小；若拖曳图形上方出现的“旋转”控制点，可调整图形的显示角度；直接在图形上按住鼠标左键进行拖曳，则可移动图形。图3-143显示了图形大小、角度和位置在调整前后的对比效果。

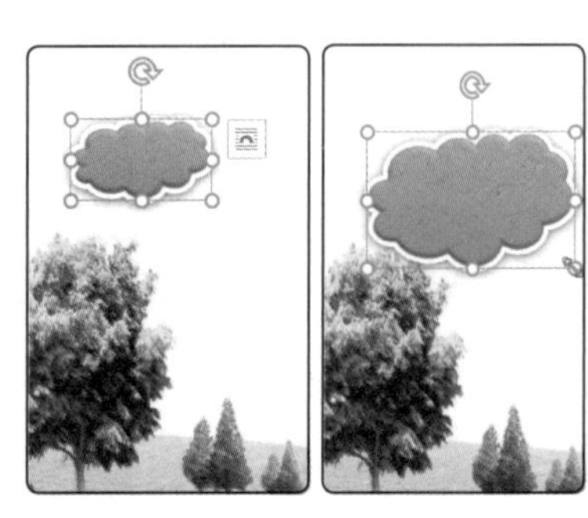

调整大小

调整角度

调整位置

图3-143 调整图形大小、角度、位置

● **设置图形格式**。选择图形，在“绘图工具-格式”/“形状样式”组中可设置图形格式。其中，“样式”下拉列表框中预设了多种样式选项，利用这些样式可快速为图形设置填充、轮廓颜色和各种效果。若需要单独对图形的填充颜色、轮廓颜色或效果进行设置，则可利用该组中的形状填充▾按钮、形状轮廓▾按钮和形状效果▾按钮来操作，如图3-144所示。

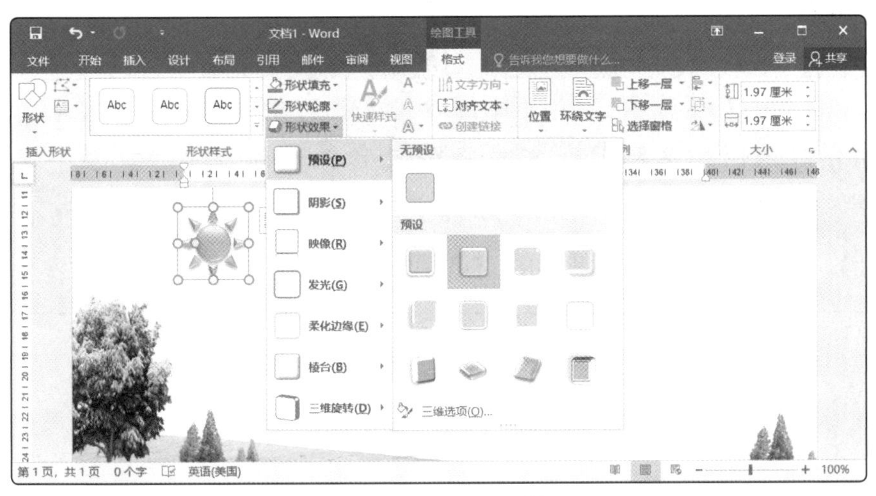

图3-144 设置图形效果

● **组合图形**。当使用多个简单图形创建成一个复杂图形后，可通过组合的方式将这些图形组合为一个整体，以便于同时移动、旋转等操作，图3-145所示为旋转非组合图形和组合图形的对比效果。组合图形的方法为，利用【Ctrl】键或【Shift】键加选多个图形，在“绘图工具-格式”/“排列”组中单击组合▾下拉按钮，在弹出的下拉列表中选择“组合”命令。若在该下拉列表中选择“取消组合”命令，则可将已经组合为一个整体的对象重新分散为多个图形。

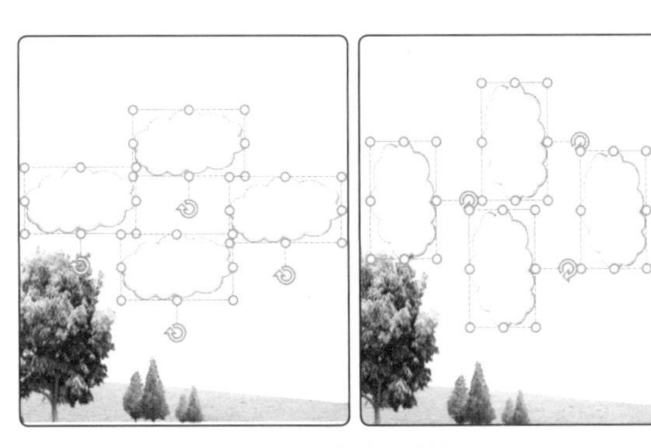

非组合状态下旋转

组合状态下旋转

图3-145 旋转非组合图形和组合图形的对比效果

● **设置图形叠放顺序**。在Word中，先创建的图形默认显示在下方，后创建的图形显示在上方。如果需要调整叠放顺序，可选择某个图形对象，在“绘图工具-格式”/“排列”组中单击上移一层按钮或下移一层按钮逐层调整，或单击这两个按钮右侧的下拉按钮，在弹出的下拉列表中选择“置于顶层”或“置于底层”选项快速调整图形对象到顶层或底层。图3-146所示为将圆形调整到顶层的对比效果。

图3-146　设置图形叠放顺序的对比效果

● **对齐和分布图形**。选择需对齐或分布的多个图形，在“绘图工具-格式”/“排列”组中单击“对齐”按钮，在弹出的下拉列表中选择所需的对齐及分布命令，便可快速对齐及分布图形。图3-147所示为图形的对齐和分布效果。

最初状态

左对齐后

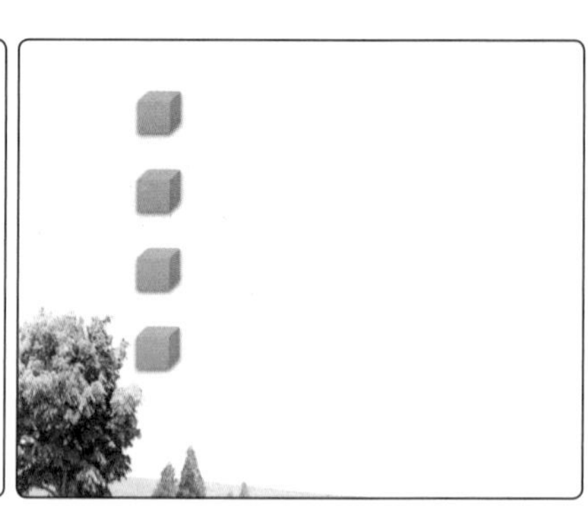

纵向分布后

图3-147　图形的对齐和分布效果

3 绘制示意图和结构图

无论是示意图还是结构图，在Word中都可以利用SmartArt工具来绘制，其方法为：在“插入”/“插图”组中单击“SmartArt”按钮，打开“选择SmartArt图形”对话框，在左侧列表框中选择类型，然后在右侧列表框中选择该类型下的某种SmartArt图形，单击“确定”按钮，最后根据需要输入文本并进行美化设置，如图3-148所示。

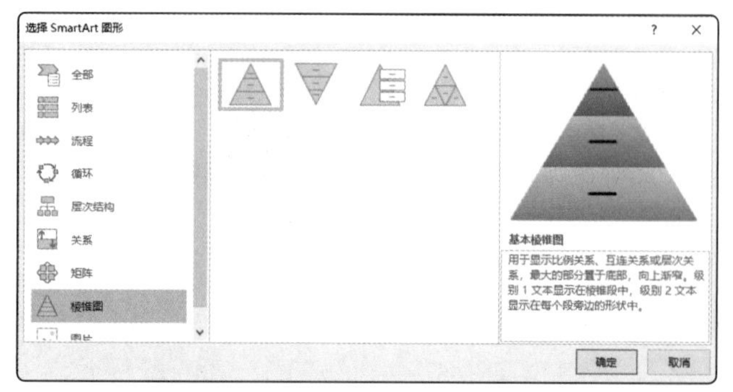

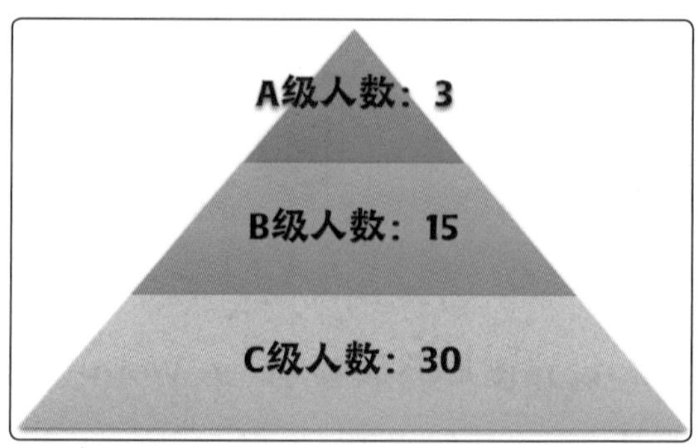

图3-148　绘制的基本棱锥图效果

4 绘制2D模型

打开“开始”菜单，选择“Windows附件”列表中的“画图”选项，可启动画图程序，并打开图3-149所示的工作窗口。在其中我们便可以利用各种工具绘制简单的2D模型，下面主要对“主页”选项卡下部分功能组的作用进行介绍。

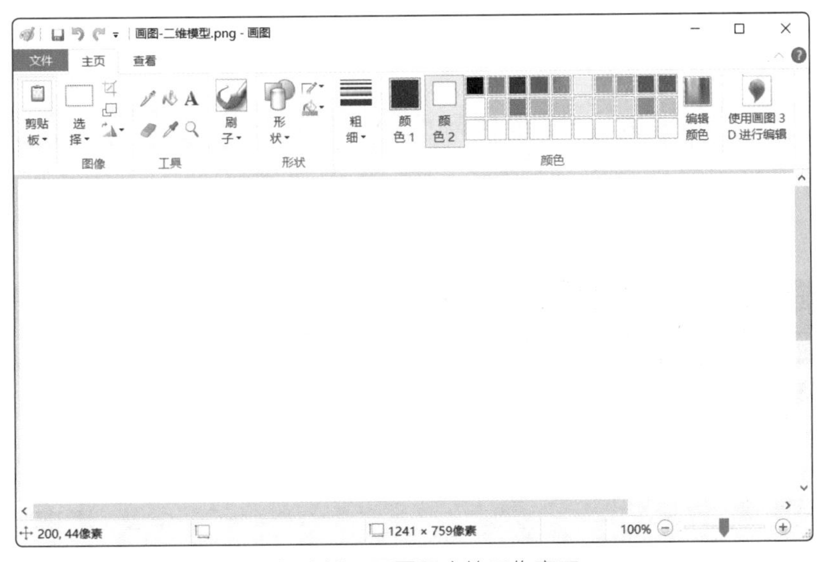

图3-149　画图程序的工作窗口

- **“剪贴板”组**。利用该组的“剪贴板”工具可以对选择的对象进行剪切、复制、粘贴等操作。
- **“图像”组**。在画图程序中打开了一张图片后，可在该组中对图片进行选择、裁剪、调整大小、旋转等操作。
- **“工具”组**。利用该组中的工具可以在画图程序中执行绘制线条、填充区域、输入文本、擦除对象、选取颜色、放大区域等操作。
- **“刷子”组**。该组仅有一个“刷子”工具，我们可以在其中选择需要的刷子样式，然后在画布中随意描绘各种线条和形状。
- **“形状”组**。选择该组中的某个形状，设置轮廓样式和填充样式后，可以在画布上绘制出2D图形。图3-150中的圆角矩形便是使用“油画颜料”样式的轮廓和“蜡笔”样式的填充效果绘制出的（“春节”文本是使用“工具”组“文本”工具输入的）。

图3-150　利用画图程序绘制的二维模型

- **“粗细”组**。该组也仅有一个工具，可以实现轮廓粗细的设置。
- **“颜色”组**。主要用于设置颜色，其中“颜色1”为前景色，也是轮廓色，“颜色2”为背景色，也是填充色。二者都可通过该组的颜色块来指定颜色。

5 绘制3D模型

除画图程序外，Windows 10还提供画图3D程序，利用该程序不仅能绘制2D模型，还能绘制出逼真的3D模型。利用“开始”菜单选择“画图3D”选项，可启动该程序，并打开图3-151所示的工作窗口。下面介绍其中部分参数的作用。

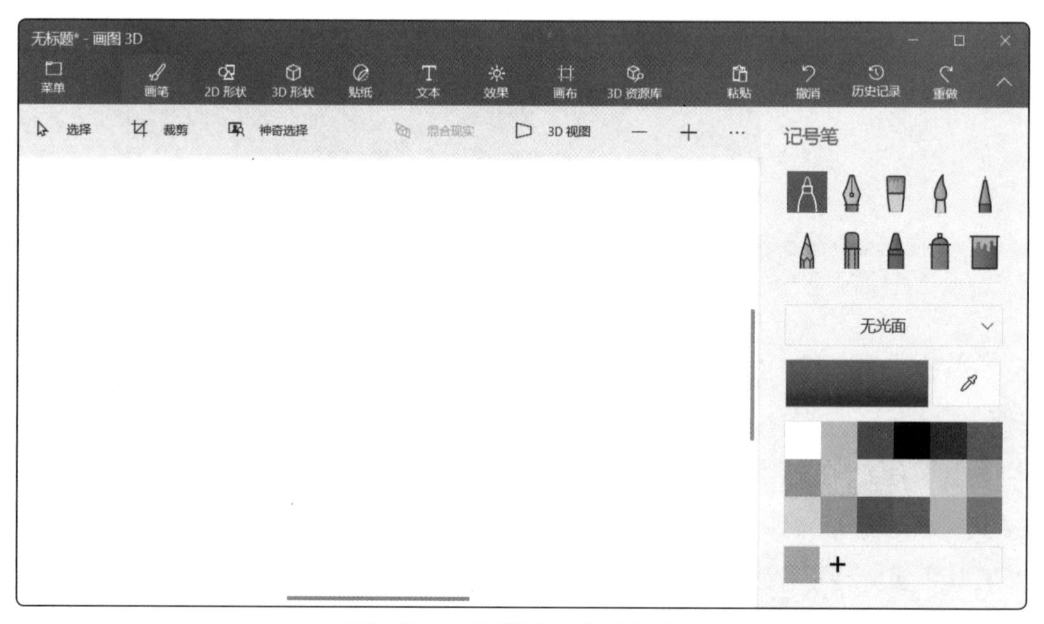

图3-151 画图3D程序的工作窗口

- **“画笔”选项卡**。在其中可选择各种样式的画笔，并设置需要的颜色，然后绘制出需要的线条。
- **“2D形状”选项卡**。在其中可选择各种线条和2D形状，并在画布中绘制这些对象。
- **“3D形状”选项卡**。在其中可选择提供的各种3D对象和3D模型，指定颜色后便可在画布中绘制出3D模型。我们也可以使用3D涂鸦工具自行绘制出形状，程序将根据形状自动生成对应的3D模型。
- **“贴纸”选项卡**。当绘制出3D模型后，可在该选项卡中为3D模型贴上需要的贴纸、纹理或计算机上的图片。
- **“文本”选项卡**。在其中可创建出2D或3D文本对象。
- **“效果”选项卡**。在其中可针对3D模型来设置滤镜效果和亮度效果。
- **“画布”选项卡**。在其中可以针对画布的大小和旋转角度等参数进行设置。
- **“3D资源库”选项卡**。在其中可选择各种已有的3D模型资源。图3-152中的小丑鱼、神仙鱼和水母，便是通过3D资源库添加到画布中的。

图3-152 各种已有的3D模型

项目任务

任务1 绘制功能结构图

功能结构图不仅能以图形的方式展现内容，还能表现出各图形的关系，对提高文档的可读性和美观性都起着不小的作用。在Word中我们可以充分借助其提供的SmartArt工具，快速绘制并设置合适的功能结构图。本任务便将练习SmartArt工具的使用方法，绘制出的SmartArt图形效果如图3-153所示，其具体操作如下。

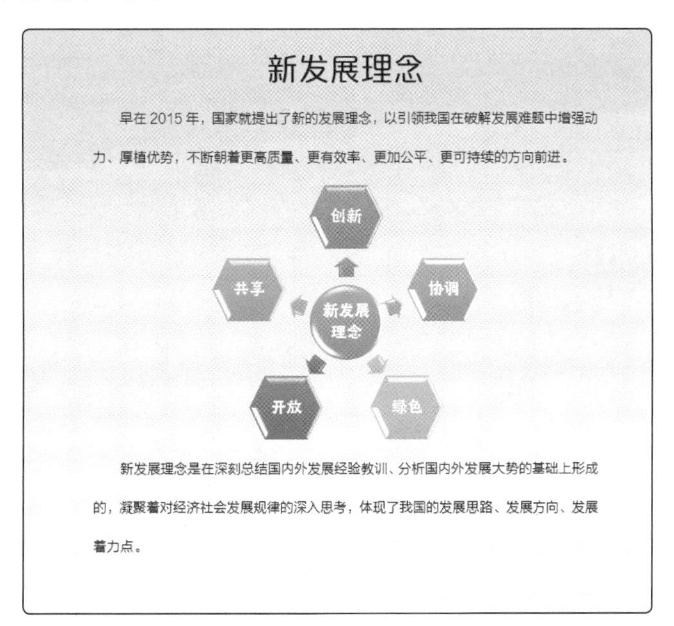

新发展理念

早在 2015 年，国家就提出了新的发展理念，以引领我国在破解发展难题中增强动力、厚植优势，不断朝着更高质量、更有效率、更加公平、更可持续的方向前进。

新发展理念是在深刻总结国内外发展经验教训、分析国内外发展大势的基础上形成的，凝聚着对经济社会发展规律的深入思考，体现了我国的发展思路、发展方向、发展着力点。

图3-153 绘制的SmartArt图形效果

① 打开“新发展理念.docx”文档（配套资源：素材/模块3），在两段正文中间的

空行处单击鼠标定位插入点，在“插入”/“插图”组中单击“SmartArt”按钮，如图3-154所示。

② 打开“选择SmartArt图形”对话框，在左侧列表框中选择“循环”选项，在右侧的列表框中选择“分离射线”选项，单击 确定 按钮，如图3-155所示。

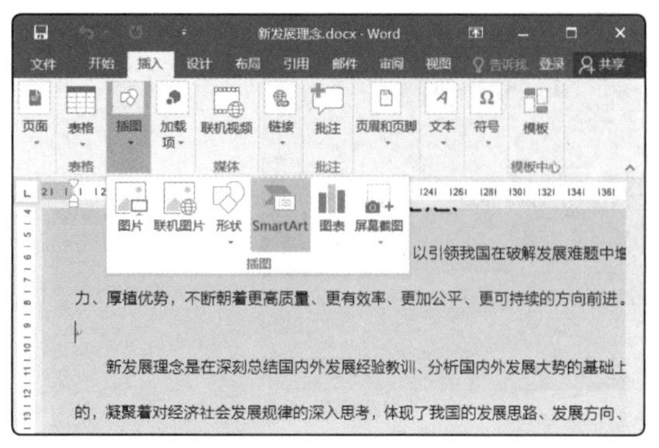
图3-154 单击“SmartArt”按钮

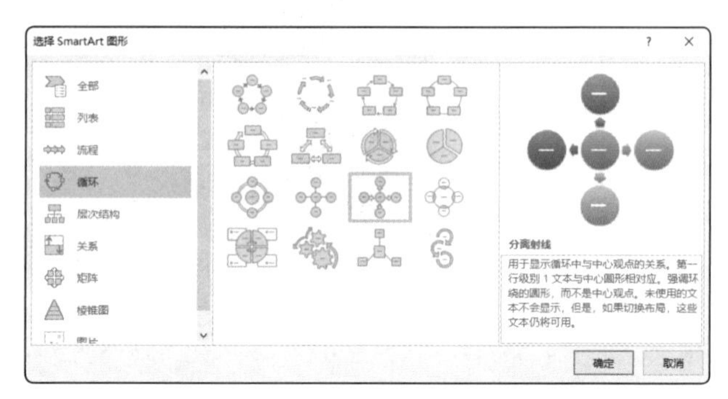
图3-155 选择SmartArt图形类型

③ 插入SmartArt图形，在“SmartArt工具-设计”/“创建图形”组中单击 文本窗格 按钮，打开文本窗格，如图3-156所示。

④ 在打开窗格的最后一段文本中单击鼠标定位插入点，然后按【Enter】键增加一行，此时SmartArt图形也将同步增加一个分支，如图3-157所示。

技巧

选择SmartArt中的分支图形，按【Delete】键可将其删除；单击“SmartArt工具-设计”/“创建图形”组中的 添加形状 按钮可添加分支，其作用与在文本窗格中按【Enter】键类似。

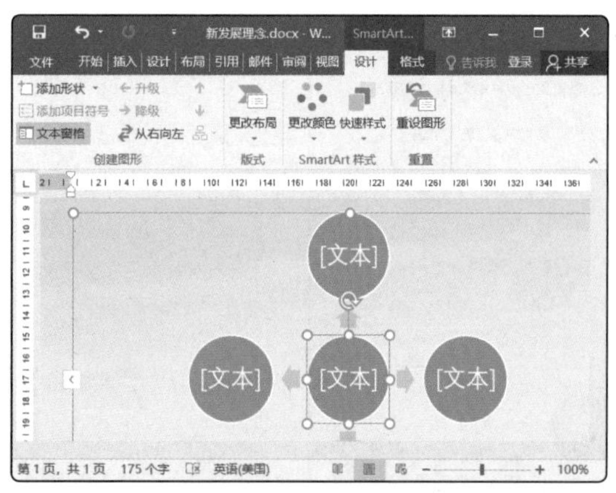
图3-156 打开文本窗格

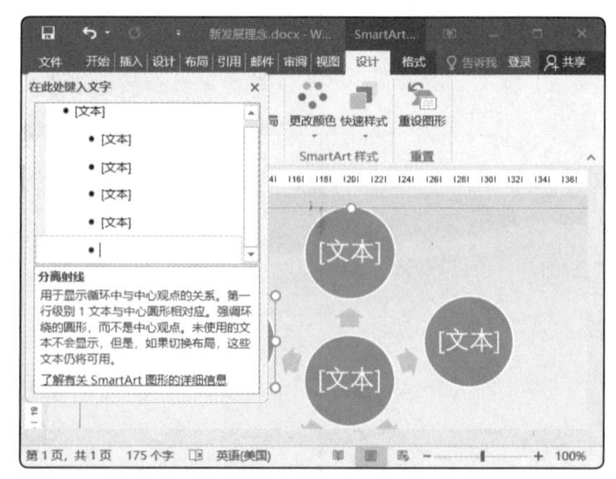
图3-157 调整结构

⑤ 在文本窗格中输入具体的文本内容，如图3-158所示，然后单击“关闭”按钮关闭该窗格。

⑥ 保持SmartArt图形的选中状态，在“SmartArt工具-设计”/“SmartArt样式”组中单击“更改颜色”按钮，在弹出的下拉列表中选择图3-159所示的颜色选项。

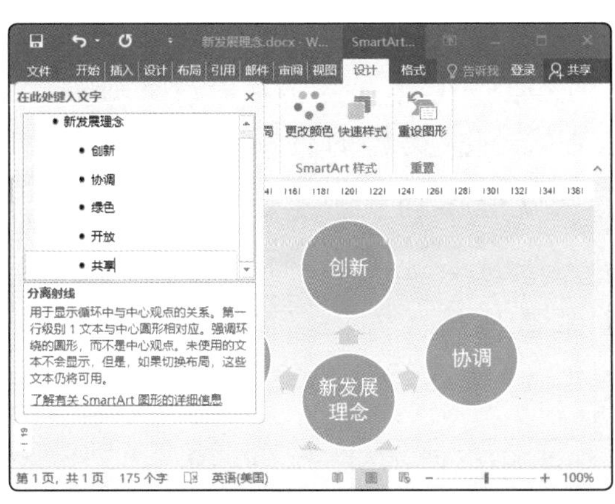

图3-158 输入文本

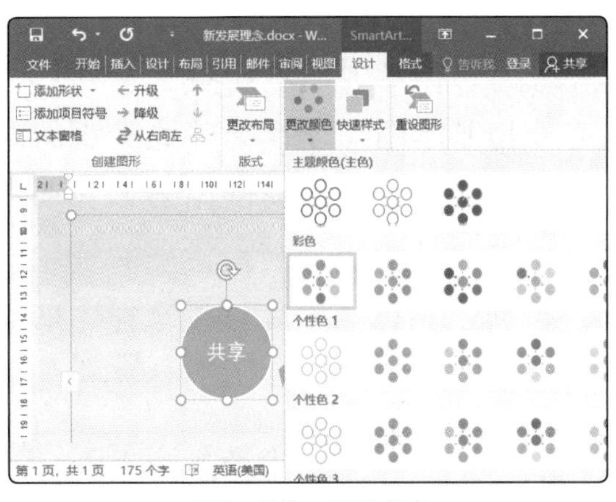

图3-159 更改颜色

⑦ 继续在该组中的“快速样式”下拉列表中选择图3-160所示的样式选项。

⑧ 按住【Ctrl】键的同时，加选外侧的5个分支对象，在“SmartArt工具-格式”/“形状”组中单击 更改形状 按钮，在弹出的下拉列表中选择“基本形状”栏中的“六边形”选项，更改形状，如图3-161所示。

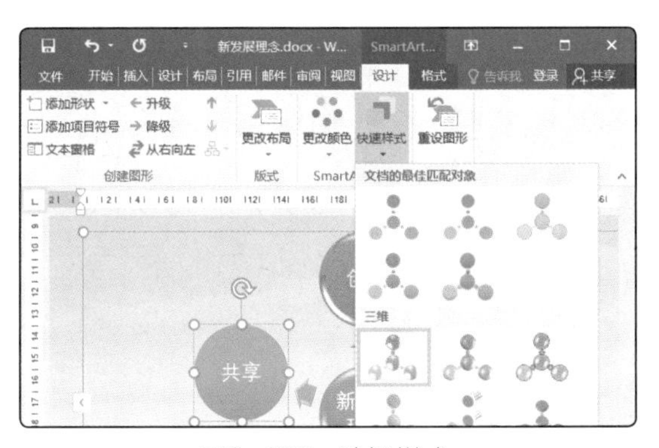

图3-160 选择样式

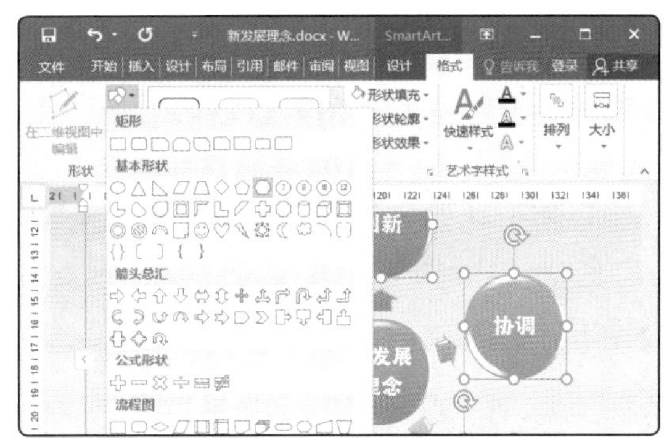

图3-161 更改形状

⑨ 保持当前对象的选中状态，在“大小”组中将高度调整为“2厘米”，如图3-162所示。

⑩ 拖曳SmartArt图形右下角的圆形控制点，适当缩小其大小，然后在该段落中单击鼠标定位插入点，在“开始”/“段落”中单击“居中”按钮设置其对齐方式，完成后保存文档，如图3-163所示（配套资源：效果/模块3/新发展理念.docx）。

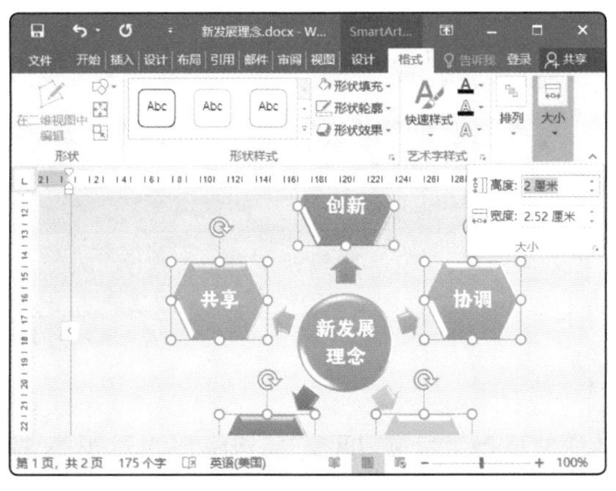

图3-162 调整高度

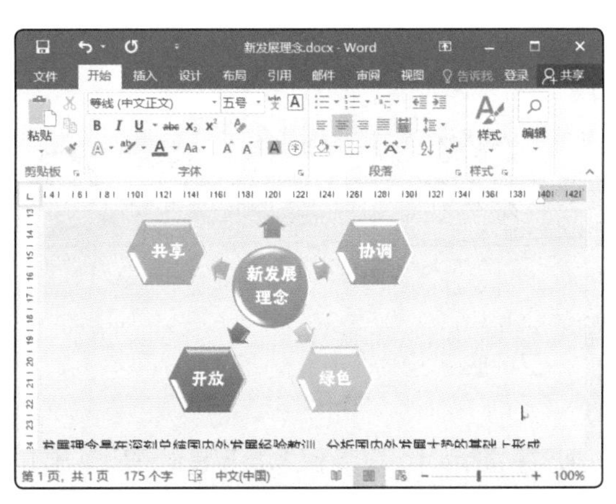

图3-163 设置SmartArt大小和对齐方式

任务2 利用基本图形美化文档

善于将基本图形设计为其他美观的对象，在制作创意文档时便具有一定的优势。有些看似普通的图形，只要稍加处理，就能得到意想不到的效果。本任务将使用矩形制作文档的标题，通过练习综合掌握图形的创建、美化、排列、组合、叠放，以及在图形上添加文本等技巧，制作后的文档标题效果如图3-164所示。其具体操作如下。

图3-164 利用图形制作的文档标题效果

① 打开“指南针.docx”文档（配套资源：素材/模块3），在“插入”/“插图”组中单击“形状”下拉按钮，在弹出的下拉列表中选择“矩形”栏中的“矩形”选项，如图3-165所示。

② 在文档标题位置单击鼠标插入矩形，在“绘图工具-格式”/“大小”组中将图形的高度和宽度均设置为“2厘米”，如图3-166所示。

图3-165 选择图形

图3-166 创建矩形并设置大小

③ 保持图形的选中状态，在“形状样式”组中利用形状填充▾按钮和形状轮廓▾按钮将图形的格式设置为“填充-深红，轮廓-无”，如图3-167所示。

④ 在图形上单击鼠标右键，在弹出的快捷菜单中选择“添加文字”命令，如图3-168所示。

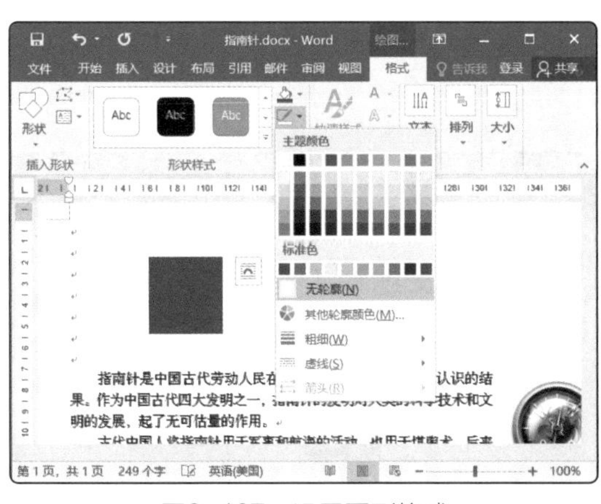

图3-167 设置图形格式

图3-168 选择“添加文字”命令

⑤ 输入“指”，选择该文本，将其格式设置为“汉仪菱心体简，小初”，如图3-169所示。

⑥ 再次插入一个矩形，将其高度和宽度均设置为“1.8厘米”，如图3-170所示。

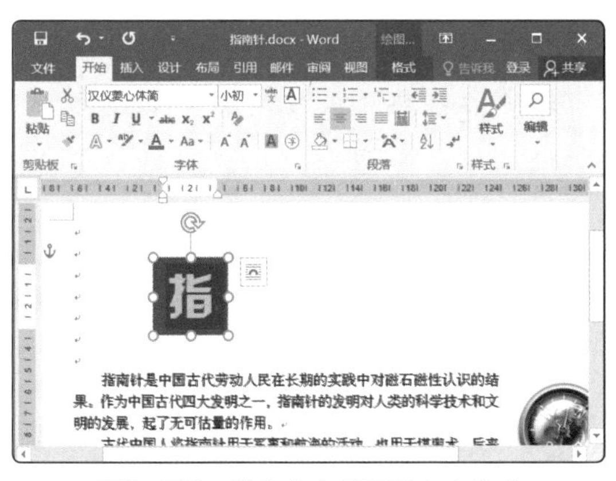

图3-169 输入文本并设置文本格式

图3-170 插入矩形并设置矩形大小

⑦ 将矩形的格式设置为“填充-无，轮廓-白色”，如图3-171所示。

⑧ 按住【Ctrl】键加选2个矩形，在“绘图工具 格式”/“排列”组中单击 对齐 按钮，在弹出的下拉列表中选择“水平居中”命令，如图3-172所示。

图3-171 设置矩形格式

图3-172 对齐图形

⑨ 再次单击 对齐 按钮，在弹出的下拉列表中选择“垂直居中”命令，这样两个矩形实际上便实现了中心对齐的效果，如图3-173所示。

⑩ 保持图形的选中状态，继续在“排列”组中单击[组合]按钮，在弹出的下拉列表中选择“组合”命令，如图3-174所示。

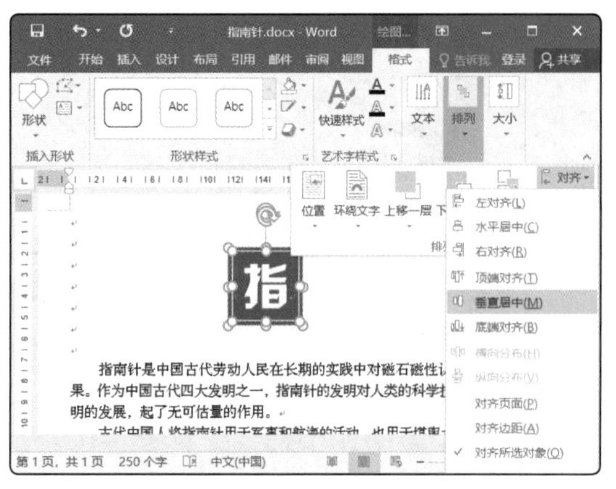

图3-173 再次对齐图形

图3-174 组合图形

当需要组合的图形较多时，按住【Ctrl】键逐一加选就显得非常烦琐，且对于未填充颜色的图形，需单击边框才能选择，这也增加了操作难度。此时，我们可以通过框选的方法一次性选择多个图形，其方法为：在“开始”/“编辑”组中单击[选择]按钮，在弹出的下拉列表中选择“选择对象”命令，此时按住鼠标左键不放，拖曳鼠标将图形框选进来就能选择对象。

⑪ 保持组合图形的选中状态，依次按【Ctrl+C】组合键和【Ctrl+V】组合键，复制组合图形，如图3-175所示。

⑫ 将复制出的图形中的文本内容修改为“南”，如图3-176所示。

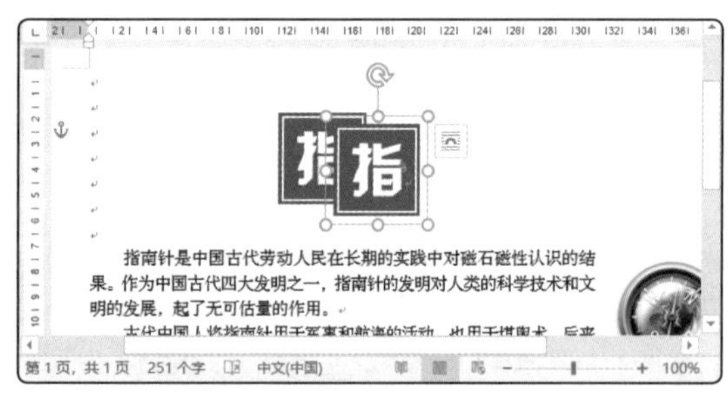

图3-175 复制组合图形

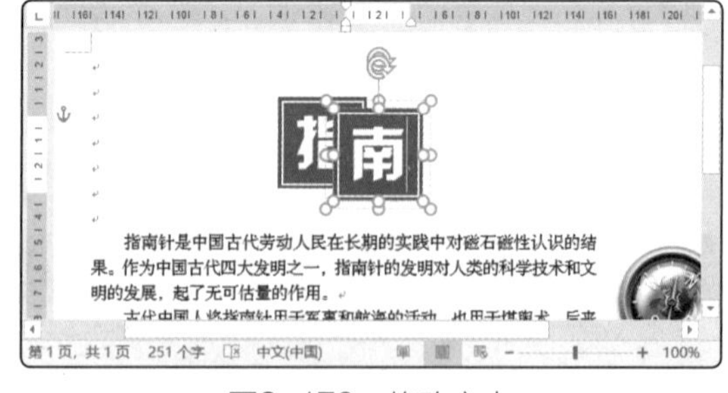

图3-176 修改文本

⑬ 按相同方法继续复制组合图形，并将文本内容修改为“针”，如图3-177所示。

⑭ 拖曳组合图形调整其位置，使其成错落有致的显示效果，如图3-178所示。

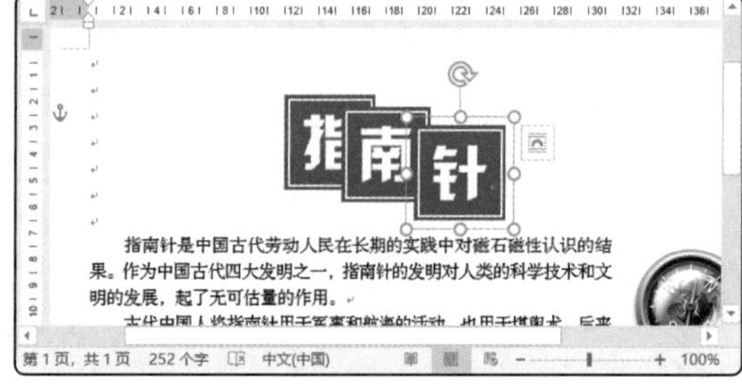

图3-177 继续复制图形并修改文本

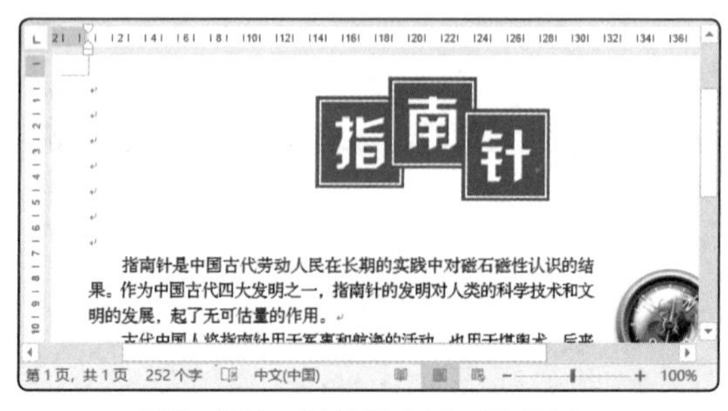

图3-178 调整组合图形的位置

⑮ 在中间的组合图形上单击鼠标右键，在弹出的快捷菜单中选择“置于顶层”命令，调整图形叠放顺序，如图3-179所示。

⑯ 适当旋转中间的组合图形，然后将3个组合图形全部选择，再次将其组合为1个图形，最后保存文档完成操作，如图3-180所示（配套资源：效果/模块3/指南针.docx）。

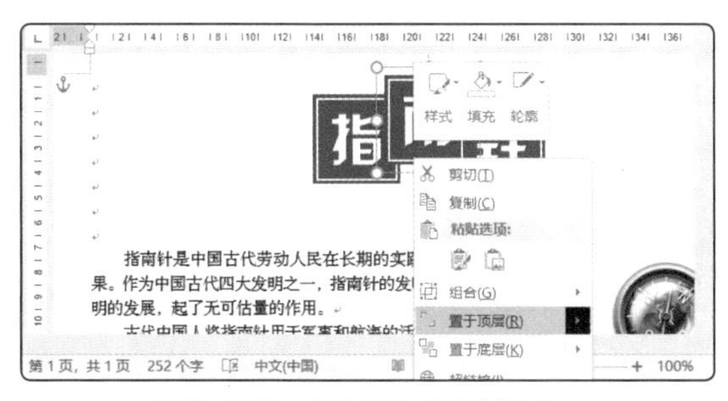

图3-179　调整图形叠放顺序

图3-180　组合图形

拓展知识

1 绘制思维导图

思维导图也叫脑图、心智导图等，它可以将思维形象化，是一种实用性的思维工具。当需要思考某个事情时，可以首先建立一个思考中心，并由此中心向外发散出主要的关节点，每一个关节点与思考中心成为一个有效连接，关节点又可以向外发散出更多的有效信息，最终建立起一个有效的思维体系，如图3-181所示。这样就便于我们更好地认识、理解、处理和记忆各种事物。

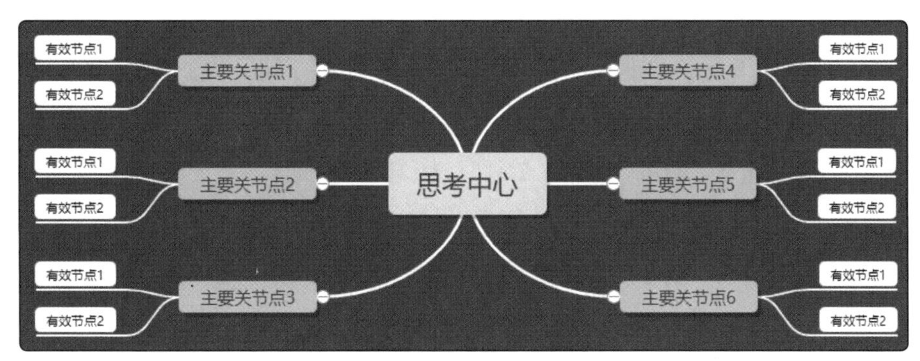

图3-181　思维导图

目前，互联网上存在许多绘制思维导图的工具，如知犀思维导图、百度脑图、钉钉脑图、MindMaster、iMindMap、MindMapper等，无论使用哪种工具，其制作思路都大体一致。归纳而言，绘制思维导图首先需要新建中心主题并输入文本，然后以此为基础，通过插入下级分支创建关节点，然后继续通过插入下级或同级分支创建思维导图的其他内容。最后可以适当通过调整布局和样式来美化图形，图3-182所示为“电子邮件”中心主题的思维导图。

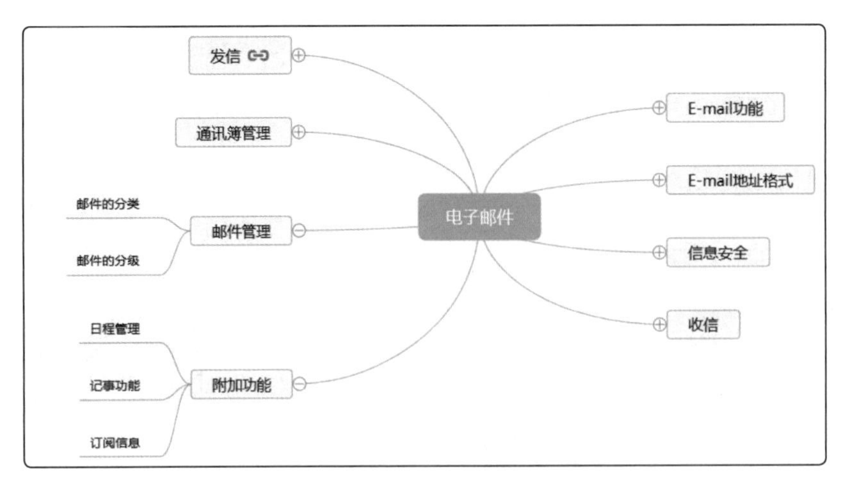

图3-182 “电子邮件”中心主题的思维导图

● **关键词：** 思维导图 脑图 思维导图常用工具

2 建立数学公式

当文档内容涉及数学公式时，我们可以借助Word的公式功能，轻松完成数学公式的制作，其方法为：在文档中将插入点定位到需插入公式的位置，在“插入”/“符号”组中单击“公式”按钮π下方的下拉按钮，在弹出的下拉列表中选择“插入新公式”选项，此时将出现“公式工具-设计”选项卡，利用其中的按钮就能建立各种数学公式，如图3-183所示。

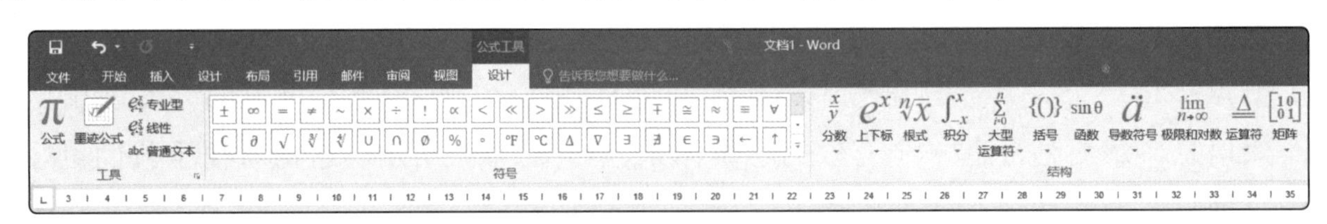

图3-183 建立公式的各种按钮

以建立图3-184所示的公式为例，该公式“=”左侧是一个包含上下标结构的对象，因此需要利用“上下标”按钮e^x来选择“□$^□_□$”选项，然后在其中输入对应的字母内容和“=”。“=”右侧为分数结构，因此需要利用“分数”按钮$\frac{x}{y}$来选择“$\frac{□}{□}$”选项，然后在分母和分子位置输入相应的字母、符号和数字，其中的符号可利用键盘直接输入，如“( )”号，也可利用“符号”组中的“符号”下拉列表框来选择输入，如“!”号和“…”号。

$$C_n^m = \frac{n(n-1)\cdots(n-m+1)}{m!}$$

图3-184 建立的数学公式

● **关键词：** 插入公式

3 插入图形符号

除公式外，一些键盘无法直接输入的特殊图形符号，我们可以采用以下两种方法来插入文档中。

● **使用插入符号功能**。将插入点定位到目标位置，在“插入”/“符号”组中单击“符号”按钮Ω，在弹出的下拉列表中选择“其他符号”命令，在打开的对话框中选择需要的符号。

- **使用软键盘功能**。目前许多中文输入法都配置有软键盘功能，其中预设了大量的图形符号。以搜狗输入法为例，在其输入法语言栏上单击鼠标右键，在弹出的快捷菜单中选择“软键盘”命令，在弹出的子菜单中选择具体的软键盘类型，便可打开相应的软键盘，使用鼠标单击软键盘键位就能输入键位对应的图形符号，如图3-185所示。

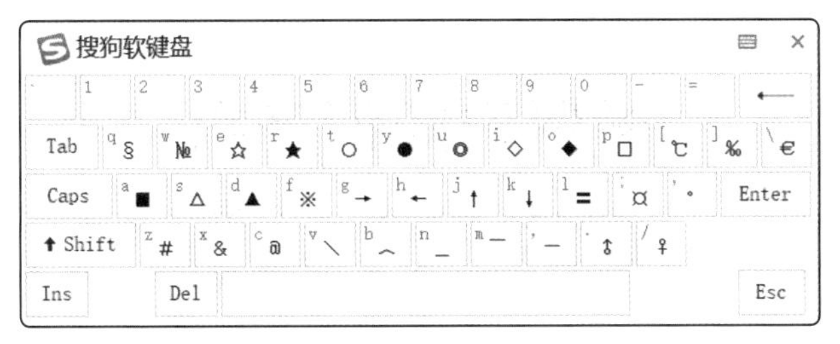

图3-185　搜狗输入法的软键盘界面

- 关键词：插入特殊符号　软键盘

4 选择合适的SmartArt图形

Word提供的SmartArt图形较多，我们使用时应该选择正确的类型，这样才能正确且清晰地表达出内容信息。例如，当需要反映学习计划的各个环节时，使用流程类型的SmartArt图形就较为合适；当需要罗列出需要着重掌握的重点知识时，可以选择使用列表类型的SmartArt图形；当需要制作学生会或其他组织的组织结构图时，则可以使用层次结构类型的SmartArt图形。

- 关键词：SmartArt类型

课后练习

加强知识产权法治保障，形成支持全面创新的基础制度，可以更好地保护创新成果。因此，我们需要树立牢固的知识产权保护意识，认识到保护知识产权就是保护创新，而创新又是引领发展的第一动力。这样，我们才能促进创新发展，推动知识经济不断升级，为国家进步和民族复兴作出更大的贡献。打开“知识产权.docx”文档（配套资源：素材/模块3），按照要求完成下列操作。

① 创建无轮廓的白色椭圆，将其以“衬于文字下方”的方式放置在页面背景上（在“绘图工具-格式”/“排列”组中利用“环绕文字”按钮进行设置）。

② 创建“流程图：延期”图形，格式为“轮廓-绿色，个性色6，填充-无”，将其旋转后放置在白色椭圆上方。

③ 创建标准大小的矩形，为其应用“中等效果-绿色，强调文字颜色6”样式，在其上添加文本，并将文本格式设置为“方正兰亭中黑简体、20号、加粗、居中对齐”。

④ 创建无轮廓无边框的矩形，在其中添加文本，并将文本格式设置为“方正兰亭纤黑简体、8号、左对齐”，字体颜色为“绿色，个性色6”。

⑤ 创建“关系”类型下的“线性维恩图”SmartArt图形，利用文本窗格增加图形并输入内容，然后设置各图形的填充颜色为“绿色，个性色6”，文本格式设置为“方正黑变简体、12号、居中对齐”。文档参考效果如图3-186所示（配套资源：效果/模块3/知识产权.docx）。

图3-186 “知识产权”文档参考效果

项目 3.5 编排图文

作为使用率较高的文档处理工具之一，Word在图文编排上的功能是十分丰富和强大的，可以让我们根据实际需要制作出满意的图文混排、图文表混排等内容。本项目将详细介绍与编排图文相关的操作。

学习要点

◎ 在文档中插入和编辑图片、艺术字、文本框。
◎ 为文档制作目录。
◎ 添加题注、脚注、尾注。
◎ 图文混合排版。
◎ 各类版式设计规范。

相关知识

1 插入图片、艺术字、文本框

为了进一步丰富文档内容，我们可以在文档中插入图片、艺术字、文本框等各种对象，其方法分别如下。

- **插入图片**。在“插入”/“插图”组中单击“图片”按钮，打开“插入图片”对话框，在其中选择计算机上保存的图片对象，单击 插入(S) 按钮。

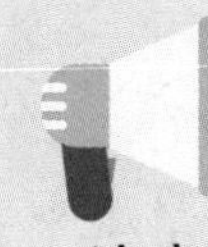

注意

插入图片后，我们可以按调整图形大小和角度的方法对图片的大小和角度进行调整。但由于图片插入文档中默认为“嵌入型”的环绕文字方式，因此如果想要像拖曳图形一样来改变图片的位置，则首先需要在“图片工具-格式”/“排列”组中单击“环绕文字”按钮，在弹出的下拉列表中选择“浮于文字上方”或“衬于文字下方”选项，才能随意移动图片。

- **插入艺术字**。在“插入”/“文本”组中单击“艺术字”按钮，在弹出的下拉列表中选择艺术字样式，然后输入艺术字内容。
- **插入文本框**。在“插入”/“文本”组中单击“文本框”按钮，在弹出的下拉列表中选择“绘制文本框”命令，在文档中单击鼠标或拖曳鼠标创建文本框，并在其中输入需要的文本内容。

提示

无论是艺术字还是文本框，都可以看作是无轮廓色和无填充色的矩形，并在其中添加了文本，且艺术字中的文本预先设置好了各种格式和效果。因此，这两种对象的编辑和美化方法均可以参考图形的编辑与美化操作。至于图片对象，我们可以在“图片工具-格式”选项卡中对其亮度、对比度、色调、颜色、饱和度、样式、边框、效果等进行设置，操作方法也大致相似。

2 插入目录

当文档内容较多时，为了更好地让使用者了解文档内容并引导阅读，我们应该在文档前面插入目录。插入目录的方法为：在“引用”/“目录”组中单击“目录”按钮，在弹出的下拉列表中选择“自定义目录”命令，打开“目录”对话框，在其中设置目录的格式和显示级别，单击 确定 按钮，如图3-187所示。

图3-187　“目录”对话框

注意

目录提取的是具有大纲级别的段落内容，因此在插入目录之前，我们需要为各级标题段落指定对应的大纲级别，方法为：选择段落，打开“段落”对话框，在“大纲级别”下拉列表框中选择相应的级别后确认设置。

3 添加题注、脚注、尾注

无论题注、脚注还是尾注，都是补充说明文档内容的工具，在文档中添加它们的方法分别如下。

- **添加题注**。题注是指在图片、表格等对象的上方或下方添加的带有编号的说明信息，当文档中的这些对象的数量和位置发生变化时，Word会自动更新题注编号。选择需添加题注的对象，在“引用”/“题注”组中单击“插入题注”按钮，打开“题注”对话框，单击 新建标签(N)... 按钮，打开“新建标签”对话框，在“标签”文本框中输入题注标签名称，单击 确定 按钮。然后返回“题注”对话框，在“题注”文本框中输入说明文字，在“位置”下拉列表框中选择位置，单击 确定 按钮完成添加，如图3-188所示。

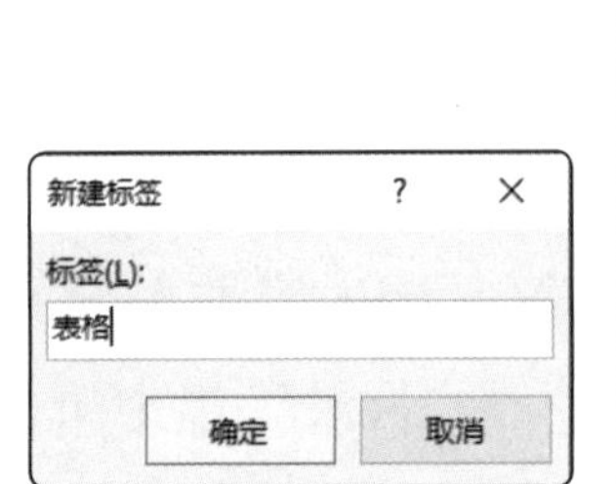

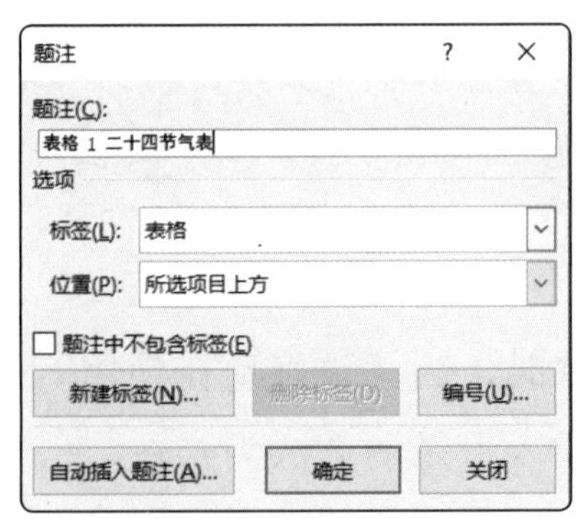

图3-188 添加题注

- **添加脚注**。脚注位于文档页面底部，用于对当页中的某些内容进行注释或说明。在“引用”/“脚注”组中单击“插入脚注”按钮，插入点将自动跳转至当前页面下方，此时便可输入需要的注释文本内容。
- **添加尾注**。尾注位于文档末尾，用于集中说明整个文档的情况或列出引文的出处等。在“引用”/“脚注”组中单击 插入尾注 按钮，插入点将自动跳转至文档末尾，此时可按需要输入相应的注释文本内容。

4 批量自动生成文档

当需要大量生成相同格式和内容的文档时，我们可以使用Word的邮件合并功能来实现，如成绩单、奖状、工资条、邀请函等，这类文档的格式一致，内容大体相似，只需更改少数内容，完全可以利用批量生成的方法提高制作效率。

以批量生成学生成绩单为例，其方法为：利用Excel将各学生的姓名和成绩录入并保存下来，如图3-189所示。

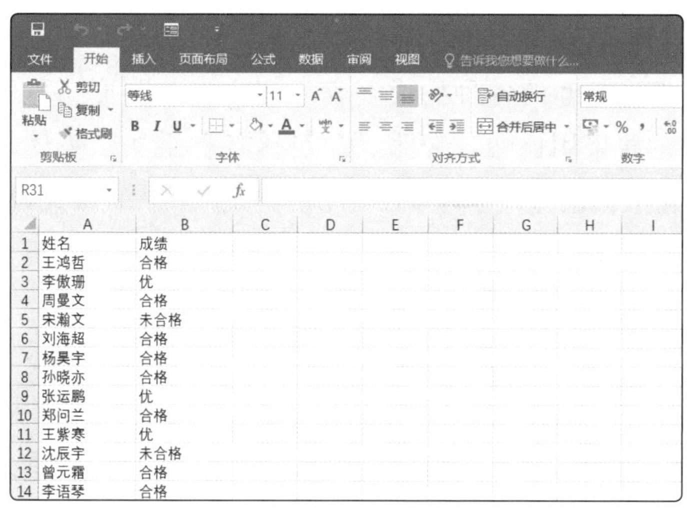

图3-189　利用Excel将各学生的姓名和成绩录入并保存

在Word中创建成绩单文档内容并设置好各文本和段落的格式，其中学生姓名和成绩结果无须输入。在“邮件”/“开始邮件合并”组中单击“选择收件人”按钮，在弹出的下拉列表中选择“使用现有列表”命令。打开“选取数据源”对话框，在其中选择前面准备好的包含学生姓名和成绩的Excel表格，单击 打开(O) 按钮。

此时将打开“选择表格”对话框，单击选中“数据首行包含列标题”复选框，并单击 确定 按钮。将插入点定位到需插入学生姓名的位置，在“编写和插入域”组中单击“插入合并域”按钮下方的下拉按钮，在弹出的下拉列表中选择“姓名”选项，按相同方法在合适的位置插入“成绩”域，如图3-190所示。在“预览结果”组中单击“预览结果”按钮显示结果，然后可单击该组中相应的切换按钮来预览每个成绩单的内容。确认无误后单击“完成”组中的“完成并合并”按钮，在弹出的下拉列表中选择“编辑单个文档”命令，打开“合并到新文档”对话框，单击选中“全部”单选按钮，单击 确定 按钮便生成“信函1”新文档，该文档中包含了所有学生的成绩结果，如图3-191所示。

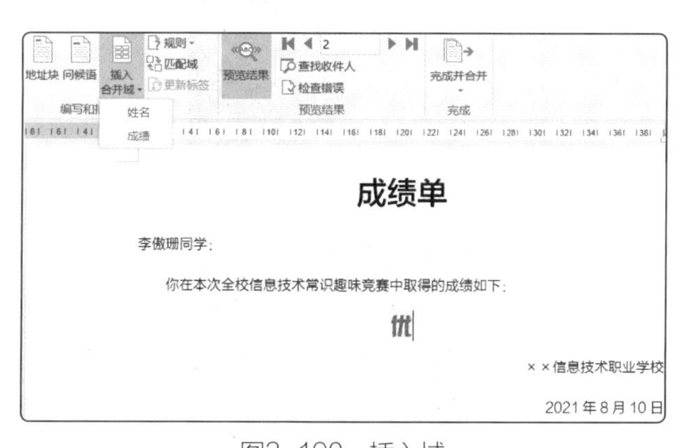

图3-190　插入域

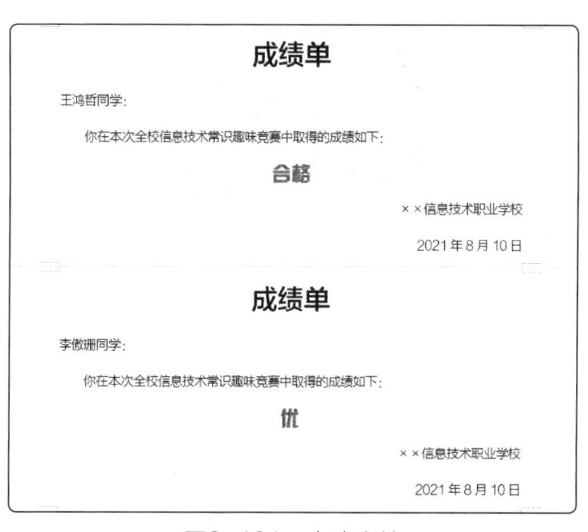

图3-191　生成文档

5 各类版式设计规范

版式设计主要是指将版面的各种构成要素（如文本、图形、色彩等）通过点、线、面的不同组合与排列，并采用比喻、夸张、象征等各种手法，来体现不同的视觉效果，以起到传递信息和美化版面的效用。下面简单介绍几类常见的版式设计及规范。

- **严谨型版式设计**。这类版式设计较常应用于书籍上，往往以竖向通栏、双栏等形式使用大量文本和少数图片混合排列，给人以严谨、和谐、理性的感观，让书籍内容显得既理性有条理，又活泼而具有弹性。图3-192所示为书籍内页效果。
- **全图型版式设计**。这类版式设计较常应用于各种出版物的封面或插图页面，往往以图像撑满页面，用少量文本进行说明，有较强的视觉冲击力。图3-193所示为杂志封面效果。

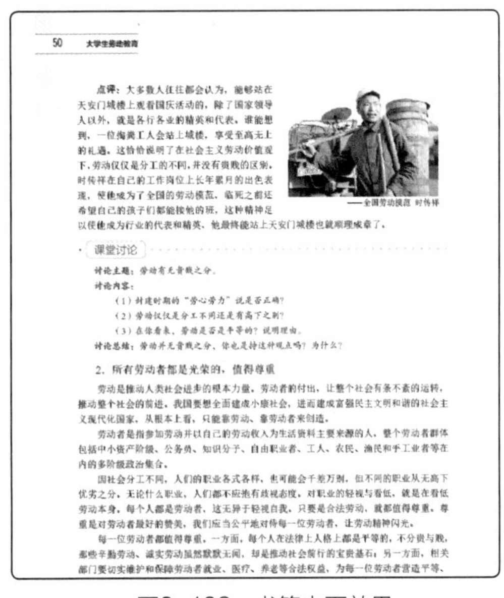

50 大学生劳动教育

点评：大多数人往往都会认为，能够站在天安门城楼上观看国庆活动的，除了国家领导人以外，就是各行各业的精英和代表。谁能想到，一位掏粪工人会站上城楼，享受至高无上的礼遇。这恰恰说明了在社会主义劳动价值观下，劳动仅仅是分工的不同，并没有贵贱的区别。时传祥在自己的工作岗位上长年累月的出色表现，使他成为了全国的劳动模范，临死之前还希望自己的孩子们都能接他的班，这种精神足以使他成为行业的代表和精英，他最终能站上天安门城楼也就顺理成章了。

——全国劳动模范 时传祥

课堂讨论

讨论主题：劳动有无贵贱之分。

讨论内容：

（1）封建时期的"劳心劳力"说是否正确？

（2）劳动仅仅是分工不同还是有高下之别？

（3）在你看来，劳动是否是平等的？说明理由。

讨论总结：劳动并无贵贱之分，你也是持这种观点吗？为什么？

2. 所有劳动者都是光荣的，值得尊重

劳动是推动人类社会进步的根本力量。劳动者的付出，让整个社会有条不紊的运转，推动整个社会的前进。我国要想全面建成小康社会，进而建成富强民主文明和谐的社会主义现代化国家，从根本上看，只能靠劳动、靠劳动者来创造。

劳动者是指参加劳动并以自己的劳动收入为生活资料主要来源的人，整个劳动者群体包括中小资产阶级、公务员、知识分子、自由职业者、工人、农民、渔民和手工业者等在内的多阶级政治集合。

因社会分工不同，人们的职业各式各样，也可能会千差万别，但不同的职业从无高下优劣之分。无论什么职业，人们都不应抱有歧视态度，对职业的轻视与看低，就是在看低劳动本身。每个人都是劳动者，这无异于轻视自我，只要是合法劳动，就都值得尊重，尊重是对劳动者最好的赞美，我们应当公平地对待每一位劳动者，让劳动精神闪光。

每一位劳动者都值得尊重，一方面，每个人在法律上人格上都是平等的，不分贵与贱，那些辛勤劳动、诚实劳动虽然默默无闻，却是推动社会前行的宝贵基石；另一方面，相关部门要切实维护和保障劳动者就业、医疗、养老等合法权益，为每一位劳动者营造平等、

图3-192 书籍内页效果

图3-193 杂志封面效果

- **图文混排型版式设计**。这类版式设计较常应用于报刊杂志内页，其版式设计灵活多变，强调使用图文混排的设计风格突出美观、精致等效果，如图3-194所示。

图3-194 杂志内页的各种效果

项目任务

任务1 批量制作荣誉证书

掌握利用Word的邮件合并功能批量制作文件，可以极大地提高工作效率。本任务将使用该功能为在比赛中获奖的多位同学制作荣誉证书，制作后的参考效果如图3-195所示，其具体操作如下。

图3-195 荣誉证书参考效果

① 新建“荣誉证书.docx”文档，将纸张大小设置为“宽度：21厘米，高度：15厘米”，然后利用【Enter】键创建5个空行，如图3-196所示。

② 从最下方的空行处开始，依次输入称谓、正文和落款等4个文本段落，如图3-197所示。

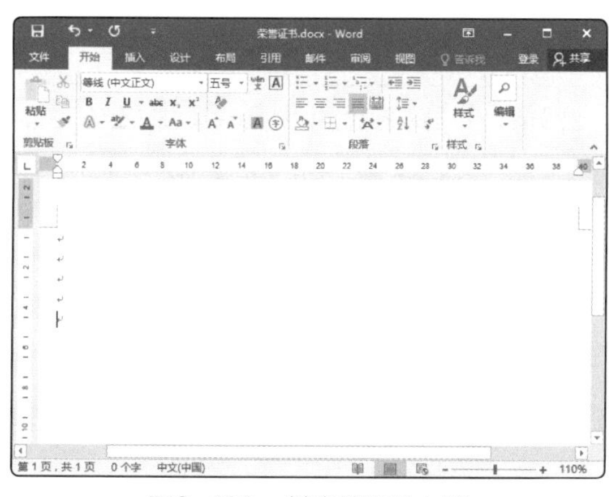

图3-196 创建并设置文档

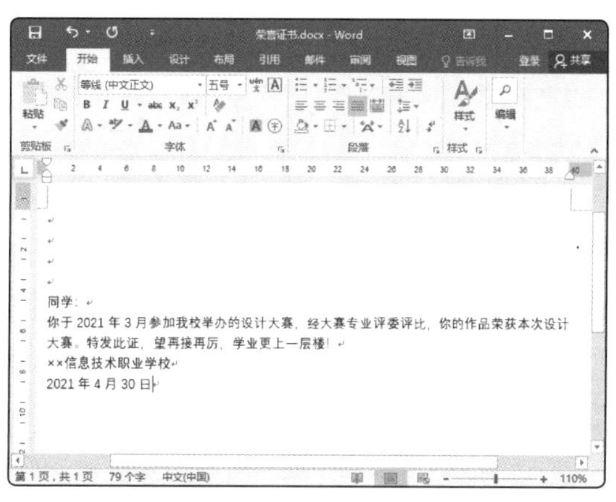

图3-197 输入文本

③ 将输入的文本段落的字体格式设置为“中文字体-方正仿宋简体，西文字体-Times

New Roman，小四”，如图3-198所示。

④ 将正文段落设置为“首行缩进2字符”，并将两段落款设置为“右对齐”，如图3-199所示。

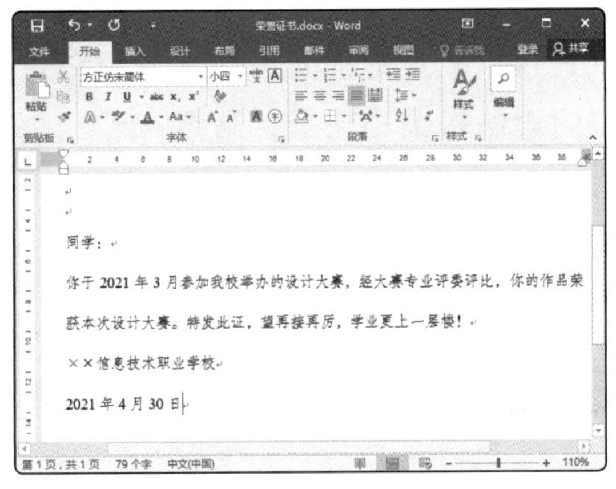

图3-198　设置字体格式

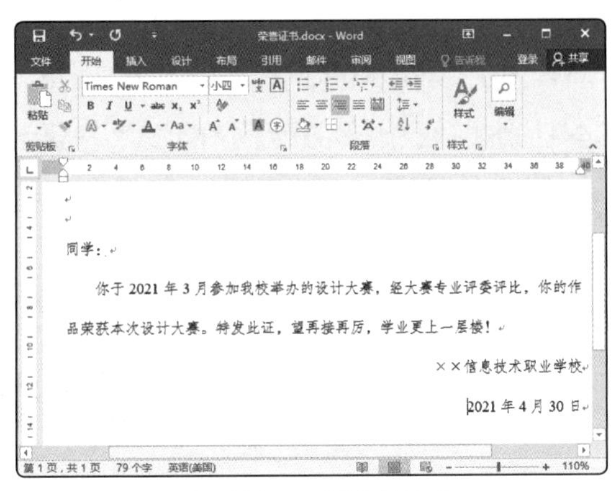

图3-199　设置段落格式

⑤ 将插入点定位到文档开始位置，在“插入”/“插图”组中单击“图片”按钮，如图3-200所示。

⑥ 在打开的对话框中双击“荣誉证书.jpeg”图片文件（配套资源：素材/模块3），插入图片，然后在“图片工具-格式”/“排列”组中单击“环绕文字”按钮，在弹出的下拉列表中选择“衬于文字下方”命令，如图3-201所示。

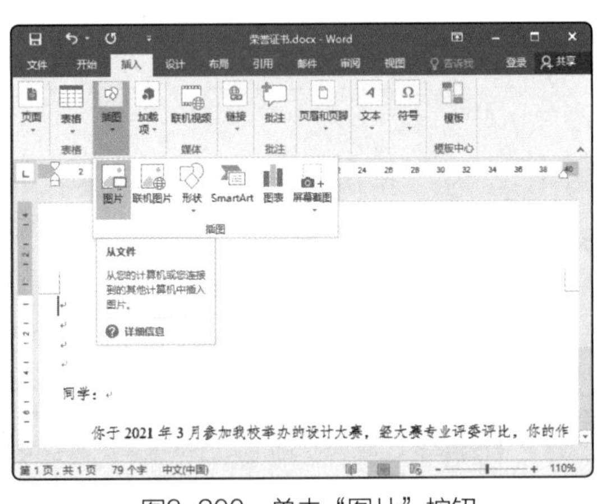

图3-200　单击“图片”按钮

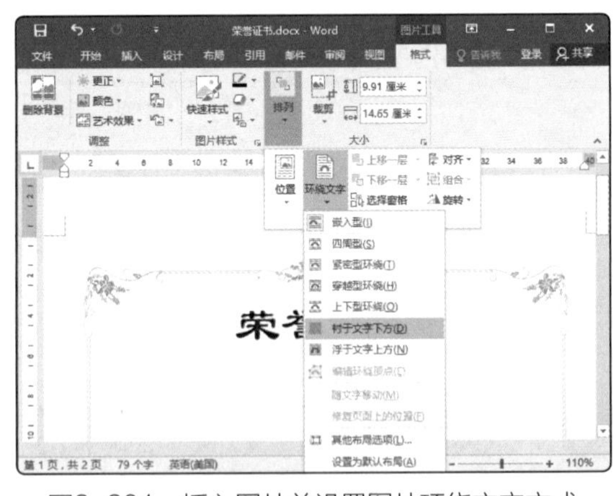

图3-201　插入图片并设置图片环绕文字方式

⑦ 拖曳图片边框上的白色控制点，将其大小调整为完全覆盖页面区域，如图3-202所示。

⑧ 在“邮件”/“开始邮件合并”组中单击“选择收件人”按钮，在弹出的下拉列表中选择“使用现有列表”命令，如图3-203所示。

⑨ 打开“选取数据源”对话框，选择“表单.xlsx”文件（配套资源：素材/模块3），单击 打开(O) 按钮，如图3-204所示。

⑩ 打开“选择表格”对话框，单击选中“数据首行包含列标题”复选框，单击 确定 按钮，如图3-205所示。

图3-202　调整图片大小

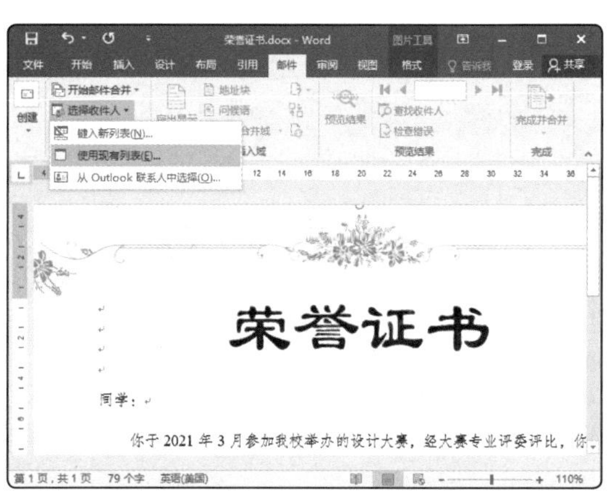

图3-203　选择"使用现有列表"命令

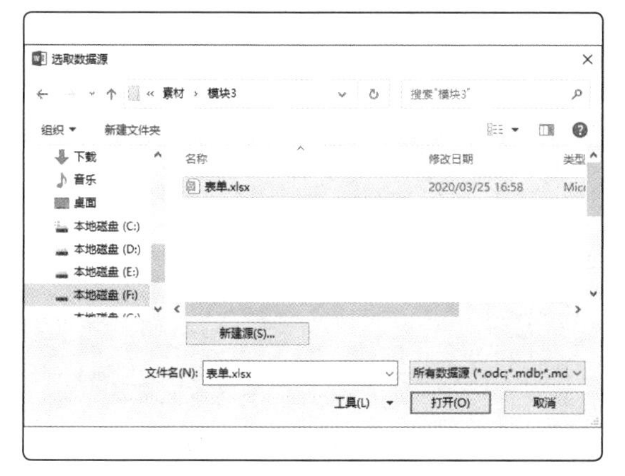

图3-204　选择"表单.xlsx"文件

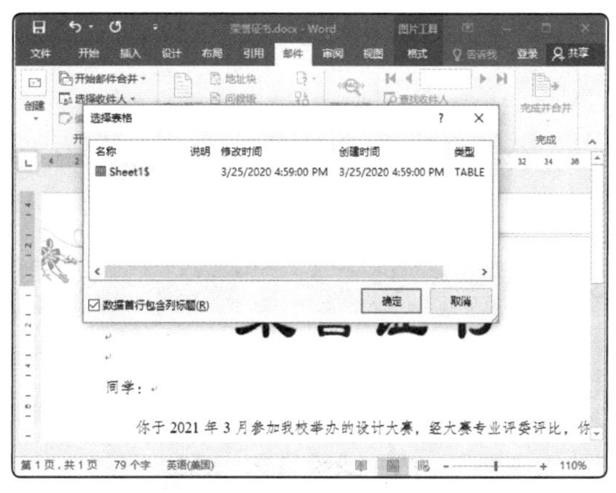

图3-205　选择表格

⑪ 将插入点定位到"同学"文本左侧，在"编写和插入域"组中单击"插入合并域"按钮下方的下拉按钮，在弹出的下拉列表中选择"姓名"选项，如图3-206所示。

⑫ 选择插入的合并域，将文本格式设置为"加粗、下画线"，如图3-207所示。

图3-206　插入合并域

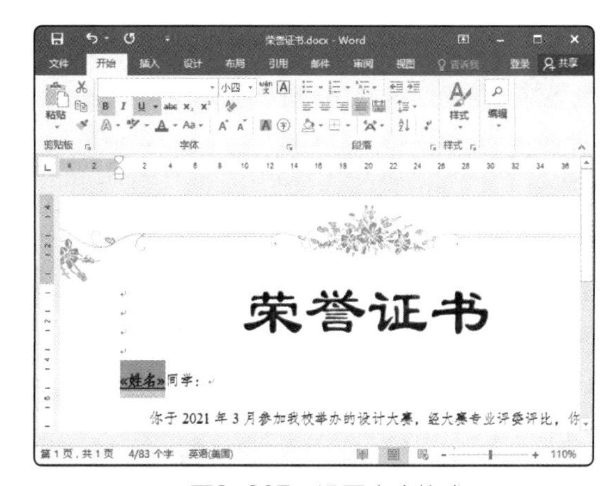

图3-207　设置文本格式

⑬ 按相同方法在"荣获本次设计大赛"文本右侧插入"名次"合并域，并将其格式设置为"加粗、下画线"，如图3-208所示。。

⑭ 在"预览结果"组中单击"预览结果"按钮显示结果，如图3-209所示。

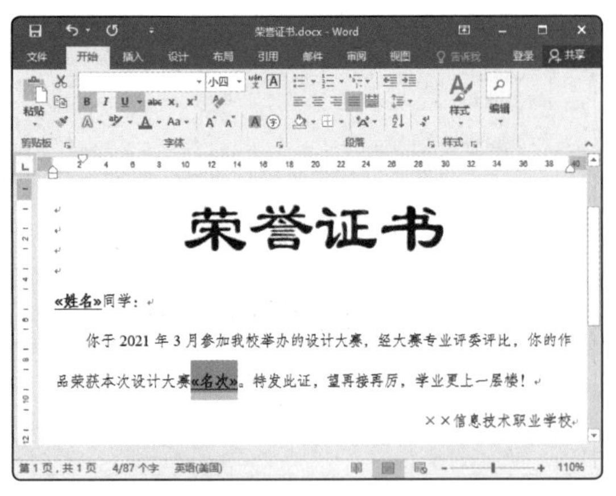

图3-208　插入其他合并域

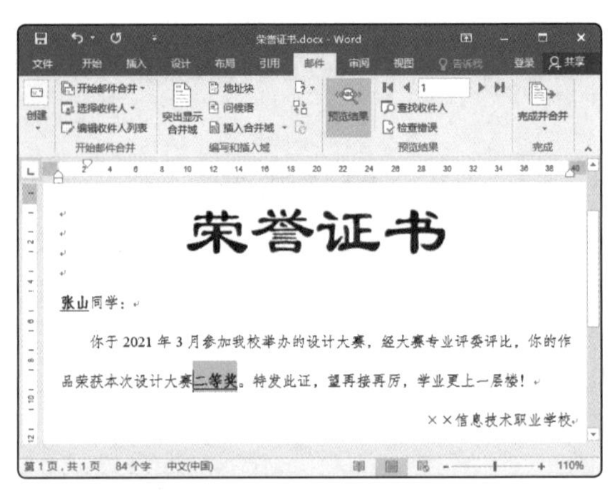

图3-209　预览结果

⑮ 单击该组中的“下一记录”按钮▶，预览下一条记录的内容是否正确，如图3-210所示。

⑯ 继续预览剩余的所有记录，确认所有内容均正确无误后，单击“完成”组中的“完成并合并”按钮，在弹出的下拉列表中选择“编辑单个文档”命令，如图3-211所示。

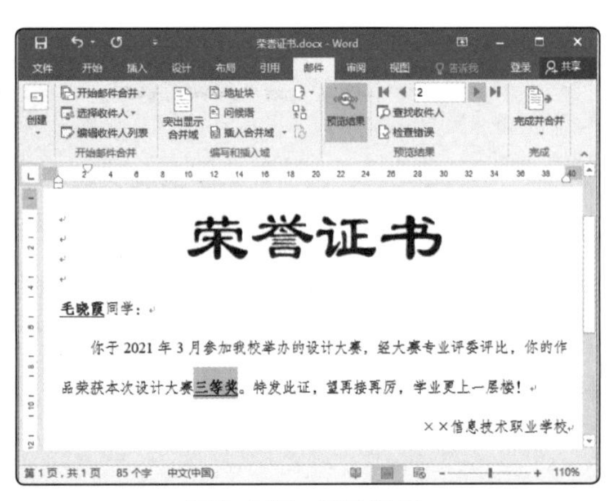

图3-210　预览结果

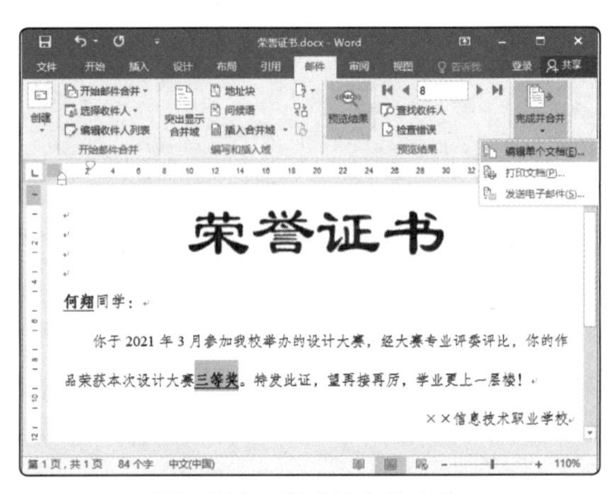

图3-211　完成并合并文件

⑰ 打开“合并到新文档”对话框，单击选中“全部”单选按钮，单击 确定 按钮，设置合并范围，如图3-212所示。

⑱ 将合并后的新文档另存为“荣誉证书（批量）”，完成本次操作，如图3-213所示[配套资源：效果/模块3/荣誉证书.docx、荣誉证书（批量）.docx]。

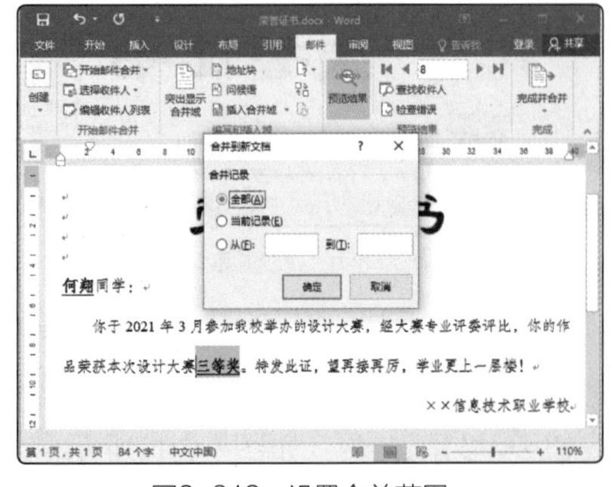

图3-212　设置合并范围

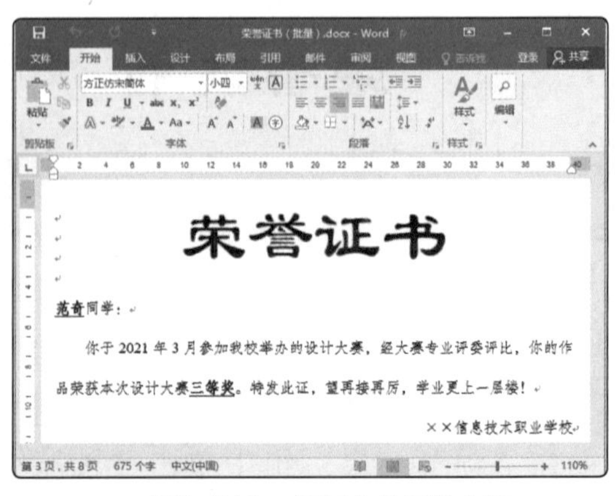

图3-213　保存合并后的文档

任务2 制作元宵节海报

合理使用图片、图形、艺术字、文本框等对象，可以制作出精美且版式灵活的文档效果。本任务便将充分利用这些对象，制作一个元宵节的海报，参考效果如图3-214所示。其具体操作如下。

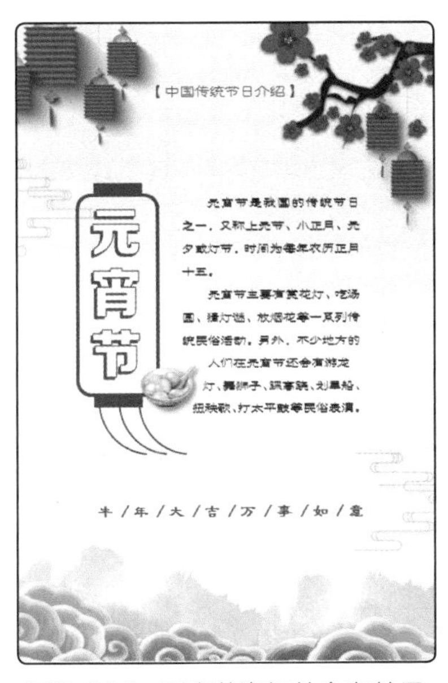

图3-214 元宵节海报的参考效果

① 新建“元宵节”文档，将纸张大小设置为“宽度：10.3厘米，高度：15.4厘米”，如图3-215所示。

② 插入“元宵节背景.jpeg”图片文件（配套资源：素材/模块3），将图片环绕文字方式设置为“衬于文字下方”，并将图片大小调整为完全覆盖页面区域，如图3-216所示。

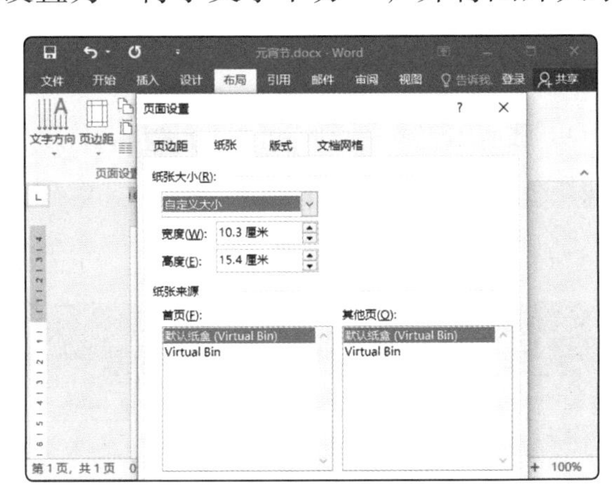

图3-215 设置纸张大小

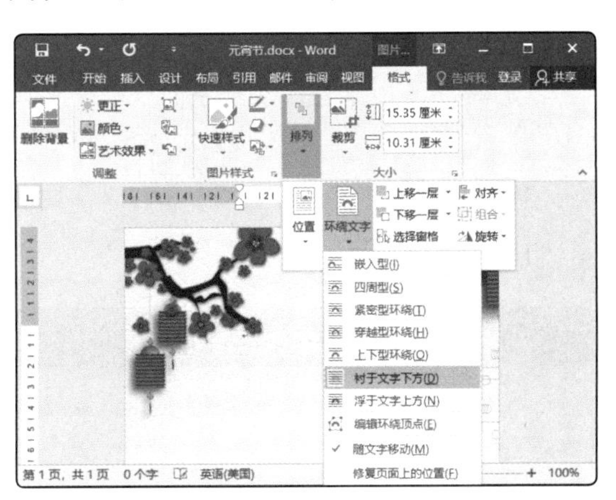

图3-216 插入并设置图片

③ 在“图片工具-格式”/“排列”组中单击旋转按钮，在弹出的下拉列表中选择“水平翻转”命令，水平翻转图片，如图3-217所示。

④ 在“插入”/“文本”组中单击“文本框”下拉按钮，在弹出的下拉列表中选择“绘制文本框”命令，如图3-218所示。

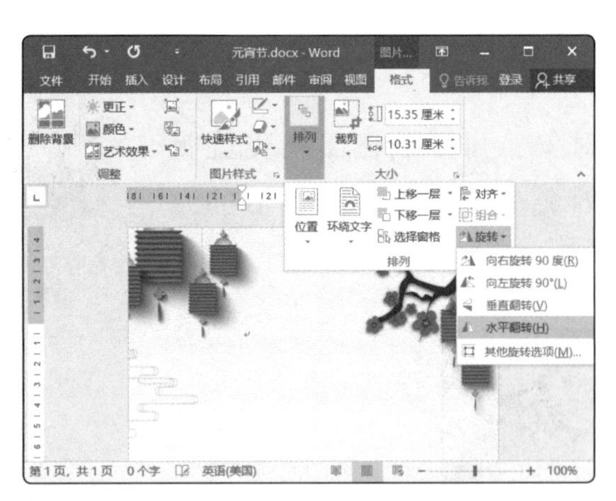

图3-217　水平翻转图片

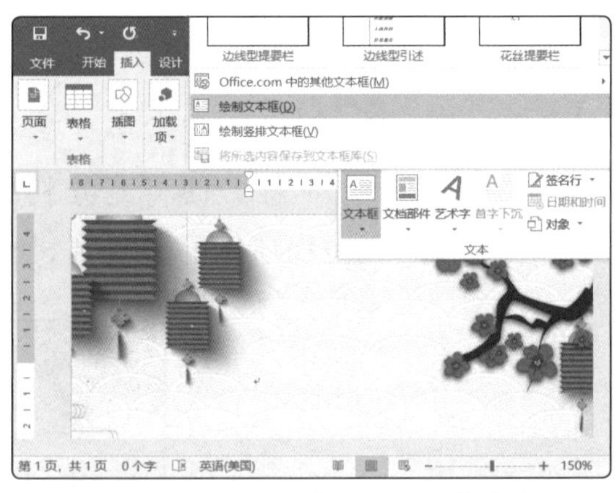

图3-218　选择“绘制文本框”命令

⑤ 在文档上方按住鼠标左键不放，拖曳鼠标绘制适当大小的文本框，如图3-219所示。

⑥ 选择绘制的文本框，在“绘图工具-格式”/“形状样式”组中将其轮廓和填充均设置为“无颜色”，如图3-220所示。

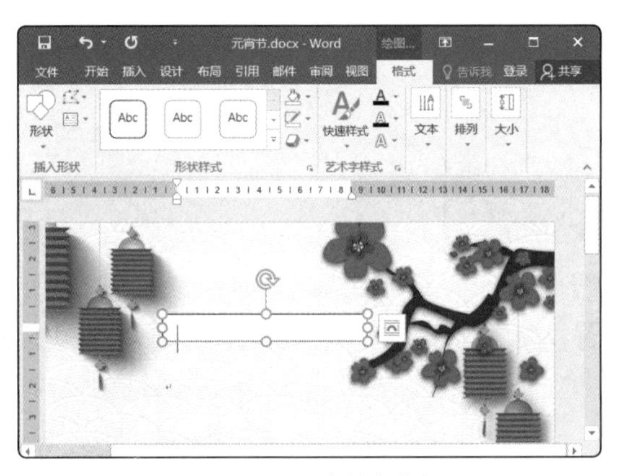

图3-219　绘制文本框

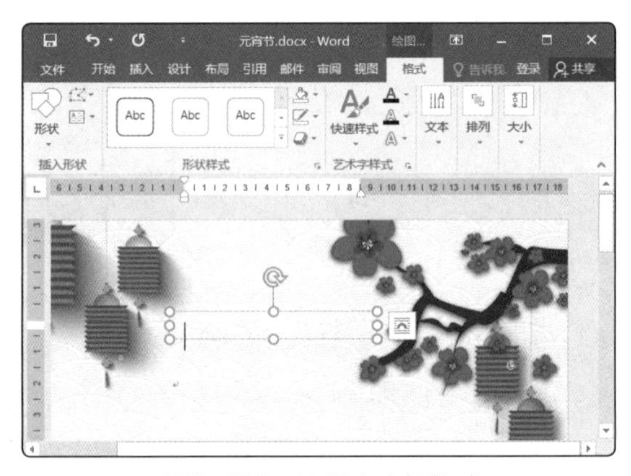

图3-220　设置文本框格式

⑦ 在文本框中输入“【中国传统节日介绍】”文本，将文本格式设置为“方正铁筋隶书简体、五号、字体颜色-深红”，如图3-221所示。

⑧ 单击文本框边框将其选中，依次按【Ctrl+C】组合键和【Ctrl+V】组合键复制文本框，拖曳复制的文本框的边框，将其移至文档下方，并修改文本内容为“牛/年/大/吉/万/事/如/意”，如图3-222所示。

图3-221　输入并设置文本

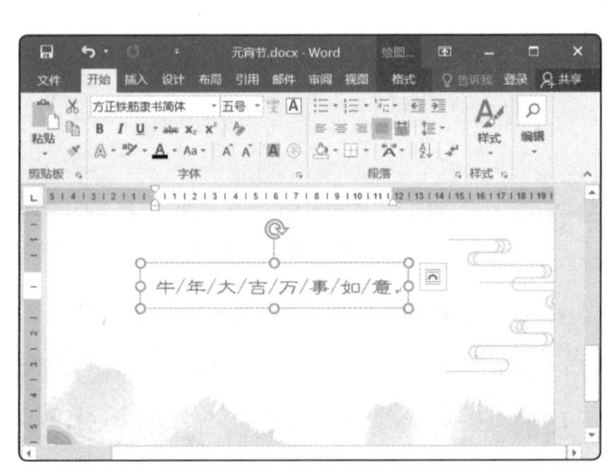

图3-222　复制文本框并修改内容

⑨ 选择修改后的文本内容，打开“字体”对话框，单击“高级”选项卡，在“间距”下拉列表框中选择“加宽”选项，在“磅值”数值框中输入“3磅”，单击 确定 按钮，如图3-223所示。

⑩ 将文本格式修改为“方正隶变简体、加粗”，然后适当调整文本框的宽度和位置，如图3-224所示。

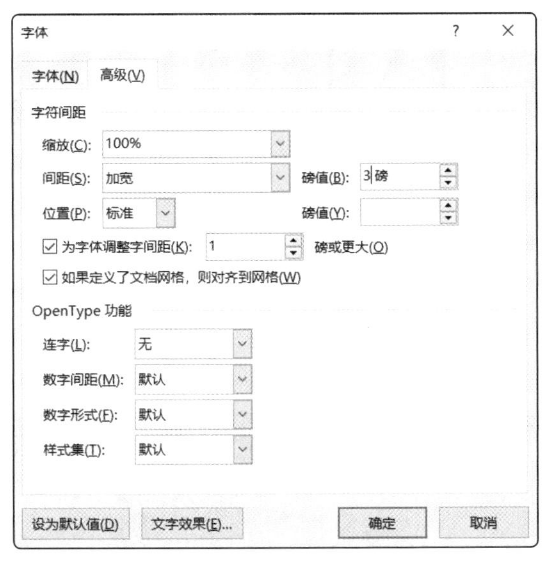

图3-223　设置字符间距

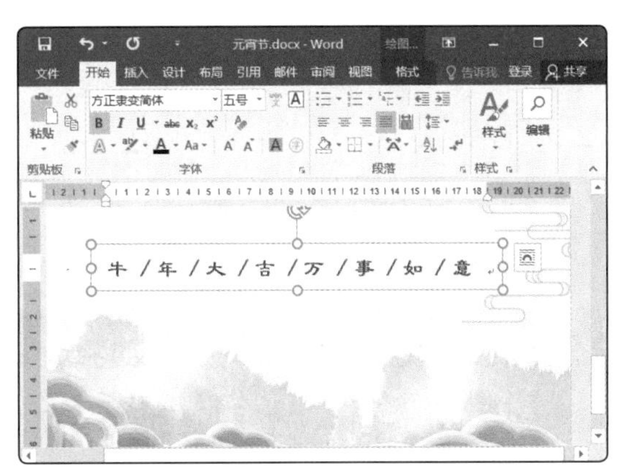

图3-224　设置文本格式并调整文本框

⑪ 绘制一个高度为“0.3厘米”、宽度为“1.2厘米”的矩形，将其轮廓格式设置为无、填充格式设置为“深红”，如图3-225所示。

⑫ 绘制一个高度为“4.8厘米”、宽度为“2厘米”的圆角矩形，将其填充格式设置为“无颜色”，将轮廓格式设置为“深红，粗细2.25磅”（利用 形状轮廓 按钮中的“粗细”命令进行设置），如图3-226所示。

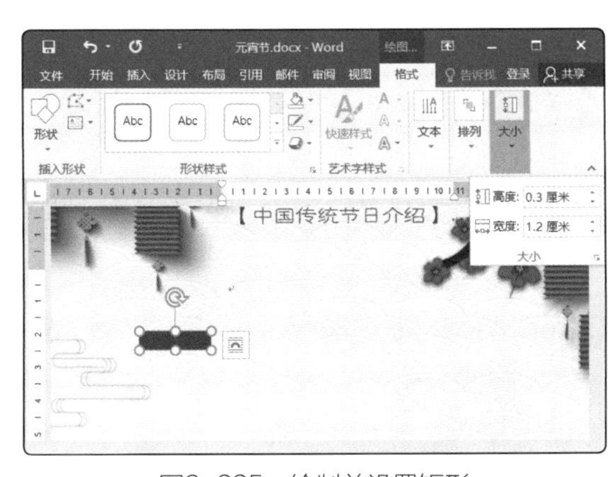

图3-225　绘制并设置矩形

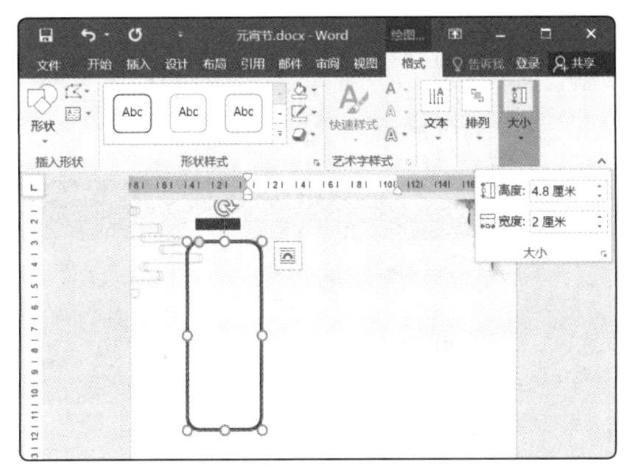

图3-226　绘制并设置圆角矩形

⑬ 通过单击鼠标的方法绘制弧形，将其轮廓颜色设置为“深红”、轮廓粗细设置为“1磅”，然后适当旋转其角度，如图3-227所示。

⑭ 按住【Ctrl】键的同时拖曳图形，复制出1个矩形和2个弧形，如图3-228所示。

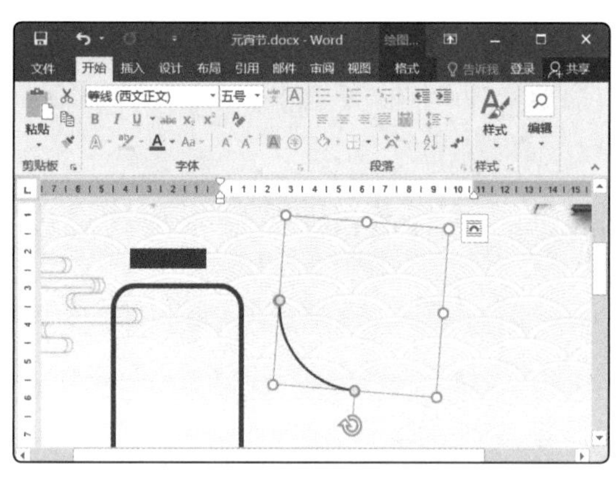
图3-227 绘制并设置弧形

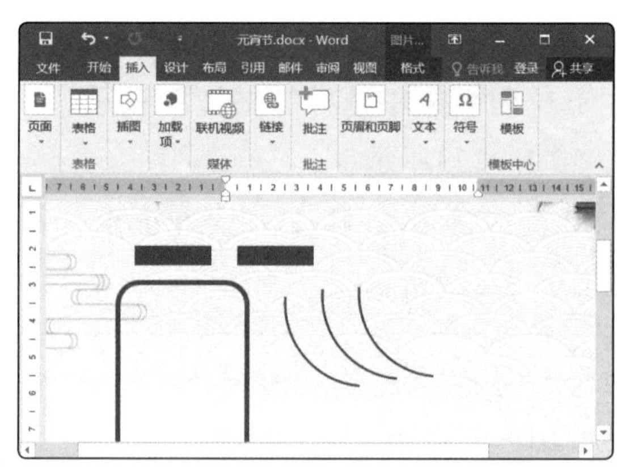
图3-228 复制图形

⑮ 将2个矩形放置在圆角矩形上下两侧，然后将这3个图形水平居中排列，如图3-229所示。

⑯ 将3个弧形进行顶端对齐和横向分布，然后放置在下方的矩形处，如图3-230所示。

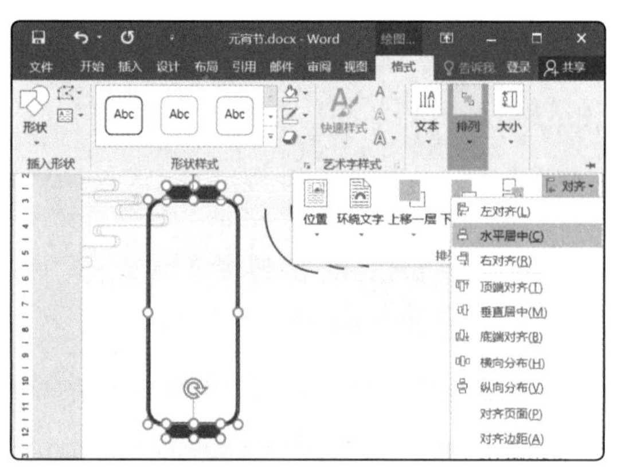
图3-229 排列圆角矩形

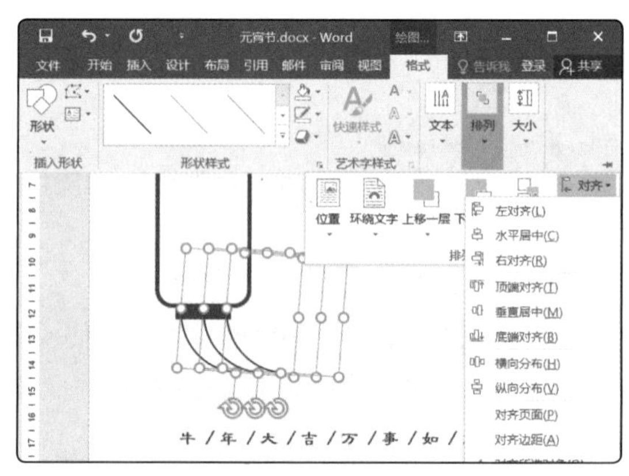
图3-230 排列弧形

⑰ 选择6个图形，将其组合为一个整体，如图3-231所示。

⑱ 在“插入”/“文本”组中单击“艺术字”按钮A，在弹出的下拉列表中选择图3-232所示的样式，创建艺术字。

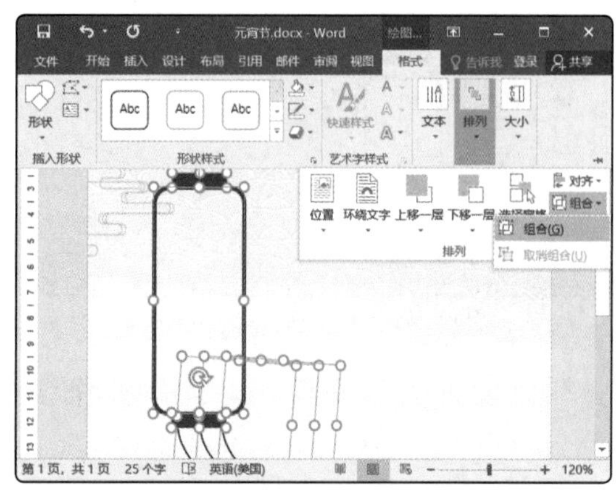
图3-231 组合图形

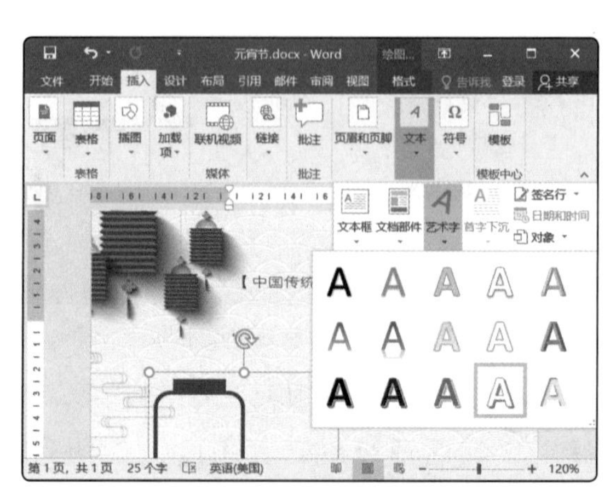
图3-232 创建艺术字

⑲ 继续在"绘图工具-格式"/"文本"组中单击"文字方向"下拉按钮文字方向▾，在弹出的下拉列表中选择"垂直"选项，如图3-233所示。

⑳ 输入"元宵节"文本，将字体设置为"方正正大黑简体"，将字符间距设置为"加宽3磅"，然后拖曳艺术字边框，将其移至圆角矩形内部，如图3-234所示。

图3-233 设置文字方向

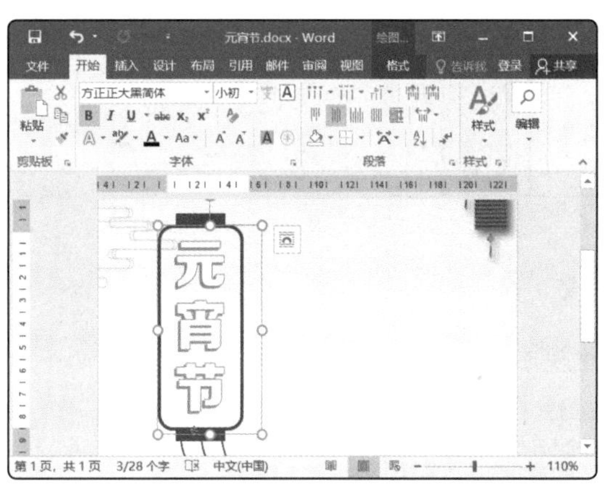

图3-234 设置文本格式

㉑ 选择艺术字文本，在"绘图工具-格式"/"艺术字样式"组中单击"文本轮廓"按钮文本轮廓▾，在弹出的下拉列表中选择"深红"选项，如图3-235所示。

㉒ 继续在该组中单击"文本效果"按钮，在弹出的下拉列表中选择"阴影"/"阴影选项"命令，如图3-236所示。

提示

艺术字兼具图形和文本的特性，其载体实际上就是一个无轮廓无填充颜色的文本框，内部则是文本对象。因此我们可以分别对其形状格式和文本格式进行设置。其中，利用"文本效果"按钮下的"转换"选项，还可以调整艺术字的外观形状，从而得到更加丰富的效果。

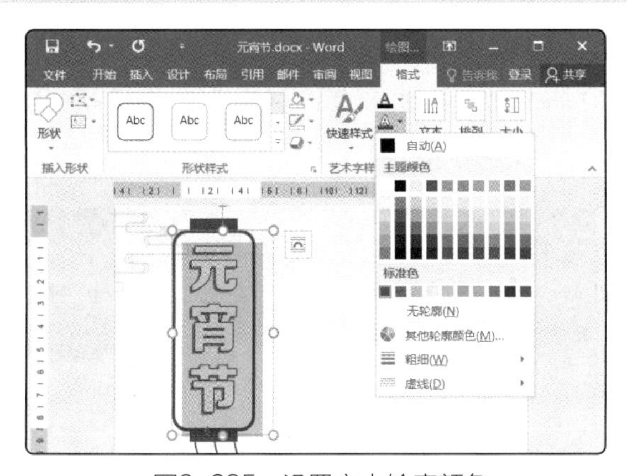

图3-235 设置文本轮廓颜色

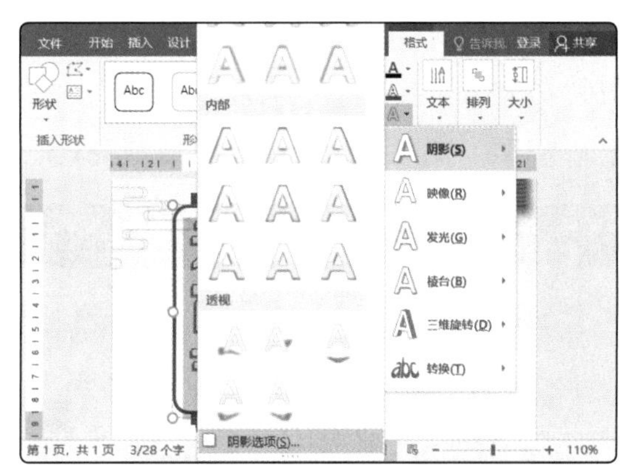

图3-236 设置文本阴影效果

㉓ 打开"设置形状格式"任务窗格，单击"颜色"按钮，在弹出的下拉列表中选择"深红"选项，如图3-237所示。

㉔ 插入"元宵.png"图片文件（配套资源：素材/模块3），将其环绕文字方式设置为"浮于文字上方"，缩小图片尺寸，然后把图片移至图3-238所示的位置。

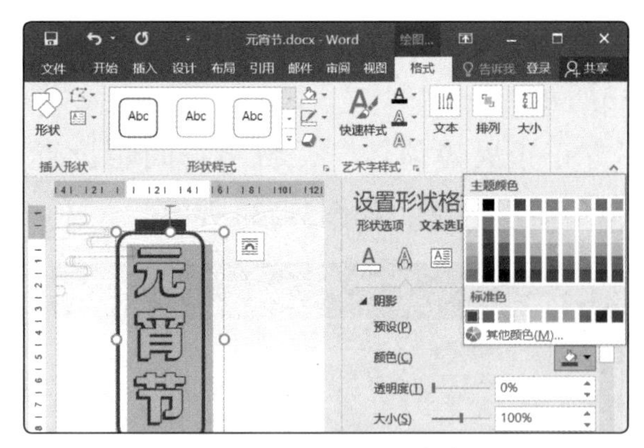
图3-237 设置阴影颜色

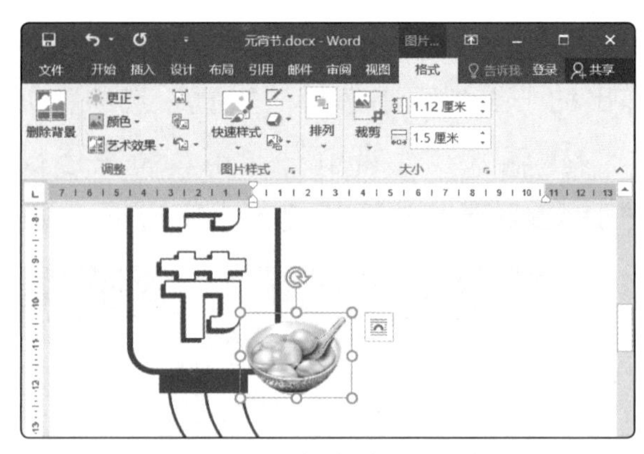
图3-238 插入并设置图片

㉕ 选择图片，在“图片工具-格式”/“图片样式”组中单击“图片效果”按钮 图片效果，在弹出的下拉列表中选择图3-239所示的阴影样式。

㉖ 在组合图形右侧绘制1个文本框，如图3-240所示。

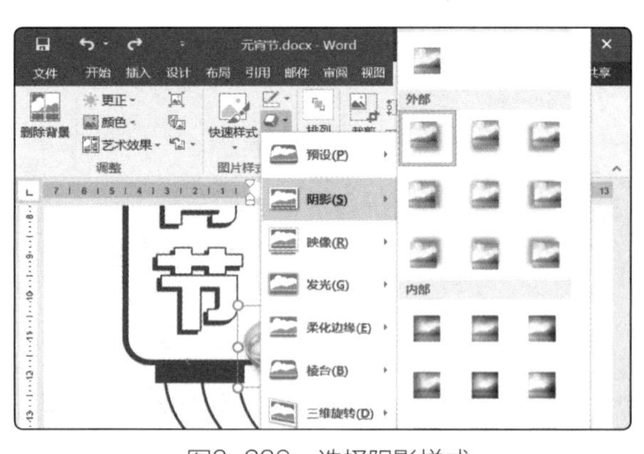
图3-239 选择阴影样式

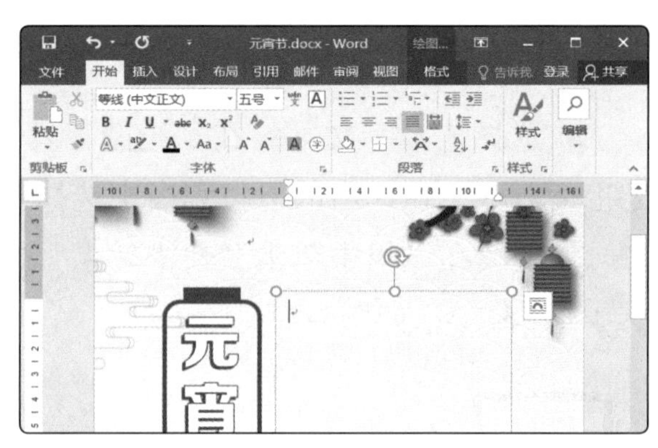
图3-240 绘制文本框

㉗ 在文本框中输入需要的文本，将文本和段落格式设置为“方正铁筋隶书简体、小五、首行缩进2字符”，如图3-241所示。

㉘ 利用【Enter】键换行，并结合标尺上的“首行缩进”滑块▽，调整文本的缩进，使图片处的3行文本呈围绕图片排列的效果，最后保存文档完成操作，如图3-242所示（配套资源：效果/模块3/元宵节.docx）。

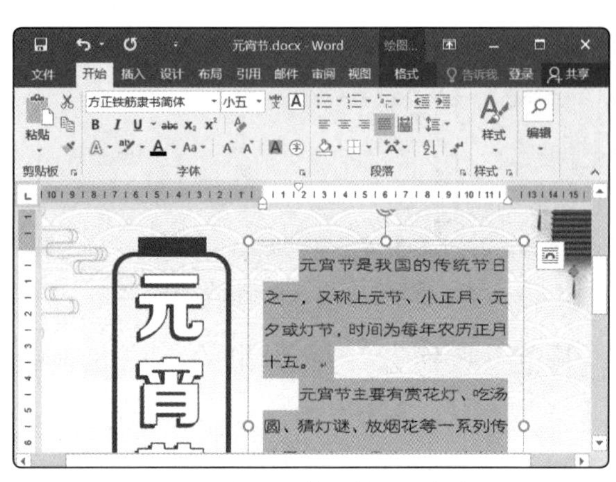
图3-241 输入并设置文本

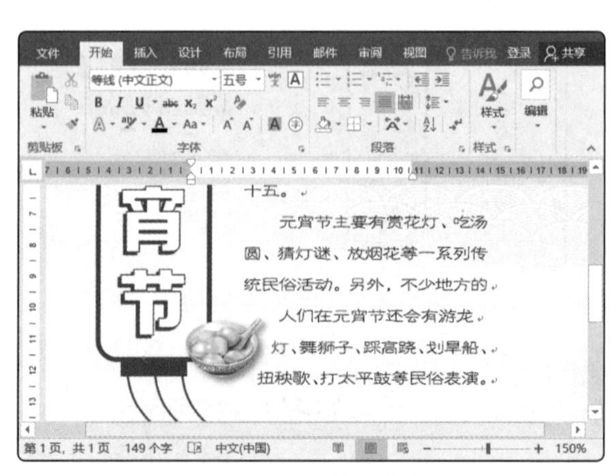
图3-242 调整文本缩进

拓展知识

1 美学的作用

要想设计出既具有创意，又显得精美的文档，我们有必要了解一些与美学相关的常识。对于文档编排来说，美学代表的是通过色彩、版面和各种文档元素展现出自然美感。下面首先来了解美学的作用。

很显然，美学最根本也最直接的作用便是产生视觉效应。精心设计出的极具美感的文档，不仅有令人愉悦的风格，同时也有醒目的标题，精致的内容，让使用者可以在“赏心悦目”的状态下阅读文档内容。在此基础上，无论是内容的形象化，还是文档的实用化，都借助美学而得到了提升，这也是美学作用的一种延伸。

● 关键词：美学　色彩　版面

2 美学的表现手段

美学最直接的体现自然是绘画，就文档而言，绘画这种表现手法则借助于图形、图像、文字等具体化的对象来展现。首先，我们通过绘制图形、插入图片、设置文本格式等操作，使这些对象具有了美学的意义；其次，表现美学的另一种不可忽略的手段就是色彩，从某种意义上说，色彩是构成美学的精华，是人们最为敏感的部分，精确到位的色彩组合、具有良好和谐的色彩搭配，都是提升文档美感的有效手段；最后，版面也是表现美学的重要手段之一，它是构成美学的逻辑规则。我们通过对版面上“点”“线”“面”的逻辑思考，可以打破固定和呆板的版面空间，让版面更加灵活、生动，这也会极大地提高文档的美观性。

● 关键词：版面设计　版面布局　色彩搭配

课后练习

请大家充分利用Word提供的各种图形图像功能，发挥自己的想象力，制作1个介绍中秋节的海报，具体排版方向（横版或竖版均可）和内容不限，但要求海报设计和版式有一定的创意，且能够使更多的人通过海报了解中秋节的相关知识。

模块小结

本模块主要对文档编排做了详细介绍，知识结构体系如图3-243所示。需要我们掌握的主要是如何使用Word 2016完成文档的各种编辑操作，其中的重点内容包括文档的各种基本操作，文本和段落的格式设置，表格的插入、编辑与美化，图形图像的使用，以及图文编排的基本方法等内容。

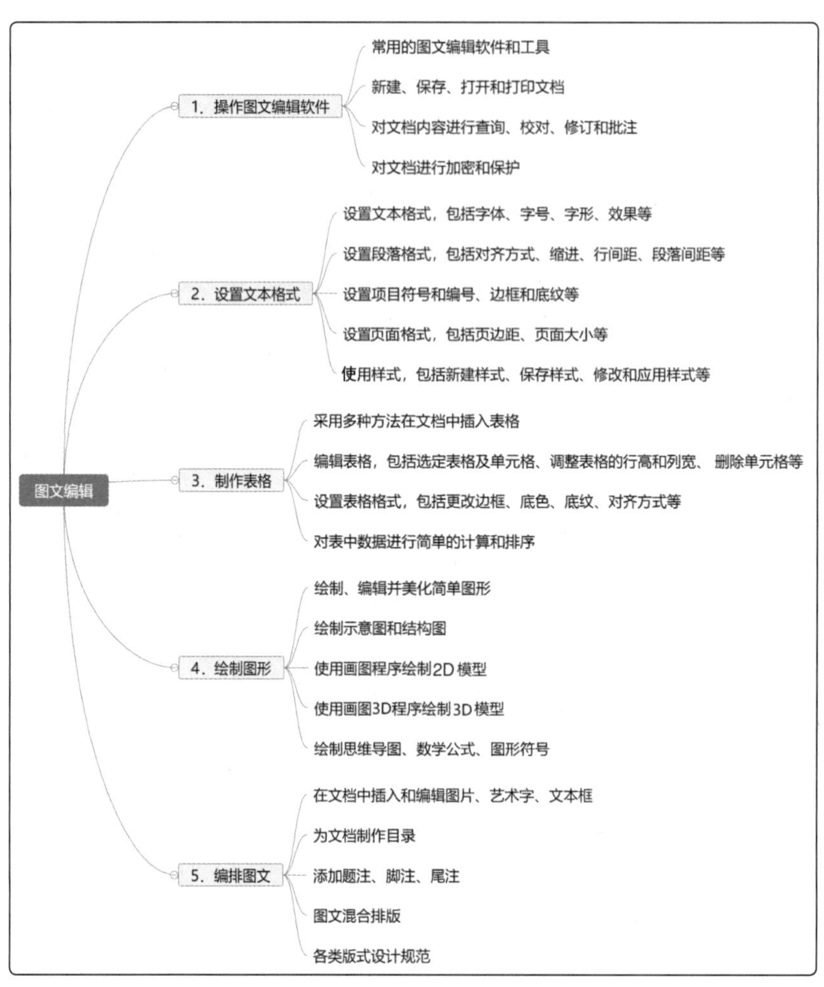

图3-243 本模块知识结构体系

一、填空题

1. Word 2016文档的扩展名是________。

2. 若要将A文档的一部分文本内容插入B文档中，可采用如下方法：打开这两个文档，在A文档中选择对应的文本内容，按【Ctrl+____】组合键进行________操作，切换到B文档，在目标位置________定位插入点，然后按【Ctrl+____】组合键进行________操作。

3. Word文档上方的区域一般称为________，下方的区域则称为________，其中往往可以插入________对象。

4. Windows 10操作系统的________程序可以实现三维模型的制作。

5. 文档中用于注释或说明当前页面中部分文本内容的对象称为________，它一般位于页面________。

二、选择题

1. 下列选项中，由我国金山公司自主研发的一款办公软件是（　　）。

A. Word　　B. WPS　　C. InDesign　　D. 方正飞翔

2. Word中，按（　　）快捷键可打开一个已存在的文档。

A. 【Ctrl+N】　　B. 【Ctrl+O】　　C. 【Ctrl+S】　　D. 【Ctrl+P】

3. 段落“左缩进”“右缩进”是指段落的左右边界（　　）。

A. 以纸张边缘为基准向内缩进

B. 以页边距的位置为基准向内缩进

C. 以页边距的位置为基准，都向左移动或都向右移动

D. 以纸张的中心位置为基准，分别向左、向右移动

4. 关于Word表格的表述，下列选项正确的是（　　）。

A. Word表格只能进行简单排序，无法进行计算

B. Word表格只能进行计算，无法进行排序

C. Word表格既能计算，也能排序

D. Word表格既不能计算，也不能排序

5. 为文档插入目录之前，需要预先进行的操作是（　　）。

A. 为标题对象设置文本格式　　B. 为标题对象应用样式

C. 为标题对象设置大纲级别　　D. 为标题对象插入页码

三、操作题

启动Word 2016，按照下列要求对文档进行操作。

（1）新建并保存文档，调整纸张方向为“横向”，纸张大小为“宽度：20厘米，高度：12厘米”。

（2）插入“港珠澳大桥.jpeg”图片（配套资源：素材/模块3），调整其环绕文字方式为“衬于文字下方”，使其尺寸完全覆盖页面。

（3）插入无轮廓的矩形，将其尺寸完全覆盖页面，然后为其填充渐变色，并在“设置形状格式”任务窗格中设置渐变光圈的颜色、位置和不透明度。（提示：在矩形上单击鼠标右键，在弹出的快捷菜单中选择“设置形状格式”命令，在打开的任务窗格中单击选中“渐变填充”单选按钮，在“渐变光圈”栏上单击鼠标可添加渐变光圈，将光圈

拖曳出该栏可将其删除，选择渐变光圈后，可在下方设置颜色、位置和透明度。）

（4）绘制多个文本框，通过设置文本框的轮廓、填充格式，以及内部的文本格式来完成本题的操作，效果如图3-244所示（配套资源：效果/模块3/港珠澳大桥.docx）。

图3-244　文档制作后的参考效果

四、思考题

从以前Office办公软件在办公领域中“一家独大”的局面，到WPS等国内软件的不断崛起，逐步实现“分庭抗礼”的场景，我国软件行业的发展呈现出良好的趋势。根据工信部发布的《2020年软件和信息技术服务业统计公报》来看，2020年全国软件和信息技术服务业规模以上企业超4万家，累计完成软件业务收入81616亿元，同比增长13.3%，呈现平稳发展态势。分析人员认为，中国软件产业将进入量增质优的新阶段。请思考我们在应用软件的使用上应采取哪些措施才能促进国产软件的发展。